BIM软件
从入门到精通

Autodesk Revit Architecture 2022
市政工程设计

从入门到精通

杨海燕　胡仁喜◎编著

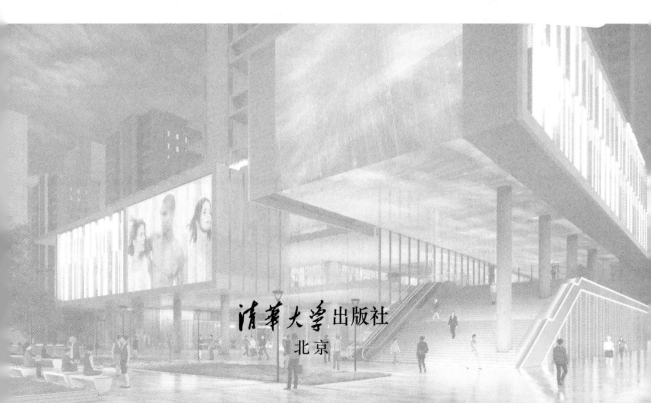

清华大学出版社
北京

内 容 简 介

本书重点介绍 Autodesk Revit Architecture 2022 中文版在市政工程方面的应用及其各种基本操作方法和技巧。全书共 12 章，内容包括 Revit 2022 基础、设置绘图环境、基本操作工具、族、概念体量、场地设计、空间定位、道路、桥梁、市政管线综合设计、出图、工程量统计等知识。在介绍该软件的过程中，注重由浅入深、从易到难，各章节既相对独立又前后关联。编者根据自己多年经验及学习者的心理，及时给出总结和相关提示，以帮助读者快速地掌握所学知识。

本书内容翔实、图文并茂、语言简洁、思路清晰、实例丰富，可以作为相关院校的教材，也可作为初学者的自学指导书。

图书在版编目(CIP)数据

Autodesk Revit Architecture 2022 市政工程设计从入门到精通/杨海燕,胡仁喜编著. —北京：清华大学出版社,2023.9
(BIM 软件从入门到精通)
ISBN 978-7-302-64521-4

Ⅰ. ①A… Ⅱ. ①杨… ②胡… Ⅲ. ①市政工程—计算机辅助设计—应用软件 Ⅳ. ①TU99-39

中国国家版本馆 CIP 数据核字(2023)第 167117 号

责任编辑：秦　娜　赵从棉
封面设计：李召霞
责任校对：王淑云
责任印制：丛怀宇

出版发行：清华大学出版社
　　　网　　　址：http://www.tup.com.cn, http://www.wqbook.com
　　　地　　　址：北京清华大学学研大厦 A 座　　　邮　　编：100084
　　　社 总 机：010-83470000　　　邮　　购：010-62786544
　　　投稿与读者服务：010-62776969, c-service@tup.tsinghua.edu.cn
　　　质量反馈：010-62772015, zhiliang@tup.tsinghua.edu.cn
印 装 者：北京嘉实印刷有限公司
经　　销：全国新华书店
开　　本：185mm×260mm　　印　　张：22.5　　字　　数：515 千字
版　　次：2023 年 9 月第 1 版　　印　　次：2023 年 9 月第 1 次印刷
定　　价：85.00 元

产品编号：085090-01

前 言
Preface

建筑信息模型(BIM)是一种数字信息的应用,利用 BIM 可以显著提高建筑工程整个进程的效率,并大大降低风险的发生率。在一定范围内,BIM 可以模拟实际的建筑工程建设行为。BIM 还可以四维模拟实际施工,以便于在早期设计阶段就发现后期真正施工阶段会出现的各种问题并进行提前处理,为后期活动打下坚实的基础。在后期施工时它可以作为施工的实际指导,也可作为可行性指导,还可以提供合理的施工方案以及合理的人员、材料配置,从而在最大范围内实现资源合理运用。

市政工程是指市政基础设施建设工程。在我国,市政基础设施是指在市规划建设范围内设置,基于政府责任和义务为居民提供有偿或无偿公共产品和服务的各种建筑物、构筑物、设备等。城市生活配套的各种公共基础设施建设都属于市政工程范畴,比如常见的城市道路、桥梁、地铁、地下管线、隧道、河道、轨道交通、污水处理、垃圾处理处置等工程,与生活紧密相关的各种管线,包括雨水、污水、给水、中水、电力(红线以外部分)、电信、热力、燃气等管线,以及广场、城市绿化等建设工程。

Revit 软件作为最经典的 BIM 系统,具备强大的信息化建模功能,在市政工程领域有广泛的应用。本书将结合 Autodesk Revit Architecture 2022,阐述 BIM 系统在市政工程领域的具体应用。

一、本书特点

1. 作者权威

本书由 Autodesk 中国认证考试管理中心首席专家胡仁喜博士领衔的 CAD/CAM/CAE 技术联盟编写,所有编者都是在高校从事计算机辅助设计教学研究多年的一线人员,具有丰富的教学实践经验与教材编写经验。多年的教学工作使他们能够准确地把握学生的心理与实际需求,前期出版的一些相关书籍经过市场检验很受读者欢迎。本书由编者在总结多年的设计经验以及教学的心得体会基础上,历经多年的精心准备编写而成,力求全面、细致地展现 Revit 软件在市政工程领域的各种功能和使用方法。

2. 实例丰富

对于 Revit 这类专业软件在市政工程领域应用的工具书,我们力求避免空洞的介绍和描述,而是步步为营,逐个知识点采用市政工程设计实例演绎,这样读者在实例操作过程中就牢固地掌握了软件功能。实例的种类也非常丰富,有知识点讲解的小实例,有几个知识点或全章知识点综合的综合实例,以及完整实用的工程案例。各种实例交错讲解,以达到巩固读者理解的目标。

Note

3．突出提升技能

本书从全面提升 Revit 实际应用能力的角度出发,结合大量的案例来讲解如何利用 Revit 软件进行市政工程专业设计,使读者了解 Revit 并能够独立地完成各种市政工程设计和制图。

本书中有很多实例本身就是市政工程设计项目案例,经过编者精心提炼和改编,不仅可以使读者学好知识点,更重要的是能够帮助其掌握实际的操作技能,同时培养其市政工程设计实践能力。

二、本书的基本内容

本书重点介绍了 Autodesk Revit Architecture 2022 中文版在市政工程方面的各种基本操作方法和技巧。全书共 12 章,内容包括 Revit 2022 基础、设置绘图环境、基本操作工具、族、概念体量、场地设计、空间定位、道路、桥梁、市政管线综合设计、出图、工程量统计等知识。各章之间紧密联系,前后呼应。

三、本书的配套资源

本书通过扫二维码下载提供了极为丰富的学习配套资源,期望读者在最短的时间内学会并精通这门技术。

1．配套教学视频

针对本书实例专门制作了 50 集配套教学视频,读者可以先看视频,像看电影一样轻松愉悦地学习本书内容,然后对照课本加以实践和练习,这样可以大大提高学习效率。

2．全书实例的源文件和素材

本书附带了很多实例,包含实例和练习实例的源文件和素材,读者可以安装 Revit 2022 软件,打开并使用它们。

四、关于本书的服务

1．关于本书的技术问题或有关本书信息的发布

读者如遇到与本书有关的技术问题,可以登录网站 www.sjzswsw.com 或将问题发到邮箱 714491436@qq.com,我们将及时回复。

2．安装软件的获取

按照本书的实例进行操作练习,以及使用 Revit 进行市政工程专业的设计和制图时,需要事先在计算机上安装相应的软件。读者可从网络下载相应软件,或者从当地电脑城、软件经销商处购买。QQ 交流群也会提供网络下载地址和安装方法教学视频,需要的读者可以关注。

本书主要由 CAD/CAM/CAE 技术联盟编写,具体参与编写工作的有胡仁喜、刘昌丽、张亭等。本书的编写和出版得到了很多朋友的大力支持,值此图书出版发行之际,向他们表示衷心的感谢。

书中主要内容来自编者几年来使用 Revit 的经验总结,也有部分内容取自国内外有关文献资料。虽然编者几易其稿,但由于时间仓促,加之水平有限,书中纰漏与失误在所难免,恳请广大读者批评指正。

编 者

2023 年 7 月

0-1

目　录

Contents

Note

Note

第1章

Revit 2022基础

　　作为一款专为建筑行业的建筑信息模型（Building Information Modeling，BIM）构建的软件，Revit为许多专业的设计人员和施工人员提供了基于模型的新的工作方法与工作流程，将设计师的设计创意从最初的想法变为虚拟的工程三维模型。

1.1 Autodesk Revit 概述

在 Revit 模型中,所有的图纸、二维视图和三维视图以及明细表都是同一个基本模型数据库的信息表现形式。在图纸视图和明细表视图中操作时,Revit 将收集有关建筑项目的信息,并在项目的其他所有表现形式中共享该信息。Revit 参数化修改引擎可自动共享在任何位置(模型视图、图纸、明细表、剖面和平面中)进行的修改。

1.1.1 Revit 的特性

BIM 支持建筑师在施工前可以预测竣工后的建筑,使他们在如今日益复杂的商业环境中保持竞争优势。Autodesk Revit 软件专为建筑信息模型(BIM)而构建。BIM 是以从设计、施工到运营的协调、可靠的项目信息为基础而构建的集成流程。通过采用BIM,建筑公司可以在整个流程中使用一致的信息来设计和绘制创新项目,并且可以通过精确实现建筑外观的可视化来支持良好的沟通,模拟真实性能,以便让项目各方了解成本、工期与环境影响。

建筑行业中的竞争极为激烈,我们需要采用独特的技术来充分展现专业人员的技能和丰富的经验。

Autodesk Revit 软件能够帮助用户在项目设计流程前期探究最新颖的设计概念和外观,并能在整个施工文档中忠实体现用户设计理念,其支持可持续设计、碰撞检测、施工规划和建造,促使工程师、承包商与业主更好地沟通协作。设计过程中的所有变更都会在相关设计与文档中自动更新,使流程协调一致,从而获得可靠的设计文档。

Autodesk Revit 全面创新的概念设计功能带来易用工具,可帮助用户进行自由形状的建模和参数化设计,还能够让用户对早期设计进行分析。借助这些功能,用户可以自由绘制草图,快速创建三维形状,交互地处理各个形状。可以利用内置的工具为建造和施工准备模型。随着设计的持续推进,Autodesk Revit 能够针对复杂的地形自动构建参数化框架,并提供较高的创建控制能力、精确性和灵活性。从概念模型到施工文档的整个设计流程都在一个直观环境中完成。

1.1.2 常用术语

1. 项目

在 Revit 中,项目是单个设计信息数据库——建筑信息模型。项目文件中包含建筑的所有设计信息,包括用于设计模型的构件、项目视图和设计图纸。通过使用单个项目文件,Revit 不仅可以轻松修改设计,还可以使修改体现在所有关联区域中,仅需要跟踪一个文件即可,方便项目管理。

2. 图元

在创建项目时,可以向项目添加 Revit 参数化建筑图元,Revit 软件会按照类别、族和类型对图元进行分类。

3．类别

类别是一组用于建筑设计进行建模或记录的图元。例如，模型图元类别包括墙、梁等；注释类别包括标记和文字注释等。

4．族

族是某一类别中图元的类。族根据参照集相同与不同和图形相似之处来对图元进行分组，一个族中不同图元的部分或全部属性可能有不同的值，但是属性的设置是相同的。

5．类型

每一个族都可以拥有多个类型，类型可以是族的特定尺寸，如 30×40 或楼板 150 等，也可以是样式，如尺寸标注的默认对齐样式或默认角度样式。

6．实例

实例是放置在项目中的实际项，它们在建筑或图纸中都有特定的位置。

1.1.3　图元属性

在 Revit 中，放置在图纸中的每个图元都是某个族类型的一个实例。类型属性和实例属性是用来控制图元外观和行为的属性。

1．类型属性

同一组类型属性由一个族中的所有图元共用，而且特定族类型的所有实例的每个属性都有相同的值，修改类型属性值会影响该类型当前和以后的所有实例。

2．实例属性

一组共用的实例属性适用于属于特定族类型的所有图元，但是这些属性的值可能会因图元在建筑或项目中的位置而异。例如，窗的尺寸标注是类型属性，但其在标高处的高程则是实例属性。同样，梁的剖面尺寸标注是类型属性，而梁的长度是实例属性。

修改实例属性的值只影响选择集内的图元或者将要放置的图元。例如，如果选择一个墙，并且在属性选项板上修改它的某个实例属性值，则只有该墙受到影响；如果选择一个用于放置墙的工具，并且修改该墙的某个实例属性值，则新值将应用于该工具放置的所有墙。

1.2　Autodesk Revit 2022 界面

在学习 Revit 软件之前，首先要了解 2022 版 Revit 的操作界面。新版软件更加人性化，不仅提供了便捷的操作工具，便于初级用户快速熟悉操作环境，而且对熟悉该软件的用户而言，操作将更加方便。

单击桌面上的 Revit 2022 图标，进入如图 1-1 所示的 Autodesk Revit 2022 主页，单击"模型"→"新建"按钮，新建一项目文件，进入 Revit 2022 绘图界面，如图 1-2 所示。

图 1-1　Autodesk Revit 2022 主页

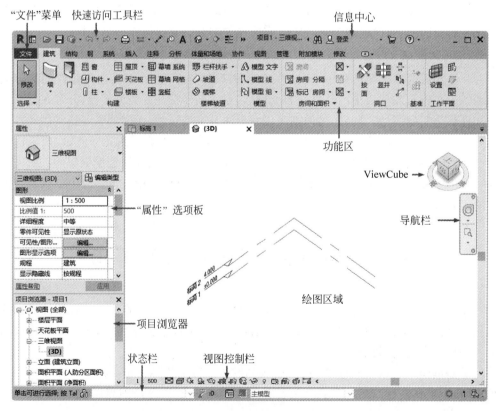

图 1-2　Autodesk Revit 2022 绘图界面

1.2.1 "文件"菜单

"文件"菜单中提供了常用文件操作，如"新建""打开""保存"等。Revit 2022允许使用更高级的工具（如"导出"和"发布"）来管理文件。单击"文件"字样，打开"文件"菜单，如图1-3所示。"文件"菜单无法在功能区中移动。

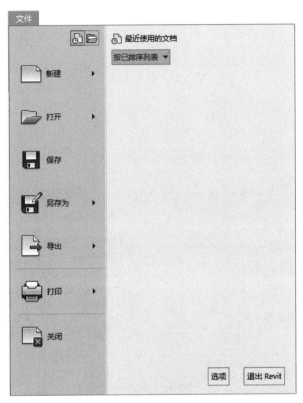

图1-3 "文件"菜单

"文件"菜单中的命令分为两类，一类是单独的命令，选择这些命令将执行默认的操作；另一类是右侧带有 ▶ 标志的命令，选择这些命令将打开下一级菜单（即子菜单），可从中选择所需命令进行相应的操作。

1.2.2 快速访问工具栏

在主界面左上角图标的右侧，系统列出了一排相应的工具图标，即快速访问工具栏，用户可以直接单击相应的按钮进行命令操作。

单击快速访问工具栏上的"自定义访问工具栏"按钮 ▼，打开如图1-4所示的下拉菜单，可以对该工具栏进行自定义，选中命令在快速访问工具栏上显示，取消选中命令则隐藏。

在快速访问工具栏的某个工具按钮上右击，弹出如图1-5所示的快捷菜单，选择"从快速访问工具栏中删除"命令，将删除选中的工具按钮。选择"添加分隔符"命令，在工具的右侧添加分隔符线。选择"在功能区下方显示快速访问工具栏"命令，快速访问工具栏可以显示在功能区的下方。单击"自定义快速访问工具栏"命令，打开如图 1-6 所示的"自定义快速访问工具栏"对话框，可以对快速访问工具栏中的工具按钮进行排序、添加或删除分割线。

图 1-4　下拉菜单

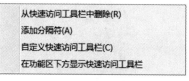

图 1-5　快捷菜单

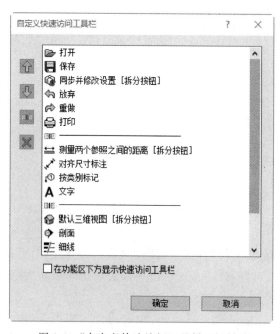

图 1-6　"自定义快速访问工具栏"对话框

"自定义快速访问工具栏"对话框中的选项说明如下。

➢ "上移"按钮 ⇧ /"下移"按钮 ⇩：在对话框的列表中选择命令，然后单击 ⇧ 或 ⇩ 按钮将该工具移动到所需位置。

➢ "添加分隔符"按钮 ⬚⬚⬚：选择要显示在分隔线上方的工具，然后单击"添加分隔符"按钮，添加分隔线。

➢ "删除"按钮 ✖：从工具栏中删除工具或分隔线。

在功能区上的任意工具按钮上右击，打开快捷菜单，然后选择"添加到快速访问工具栏"命令，该工具按钮即可添加到快速访问工具栏中默认命令的右侧。

☎ **注意**：上下文选项卡中的某些工具无法添加到快速访问工具栏中。

1.2.3 信息中心

信息中心工具栏包括一些常用的数据交互访问工具，如图1-7所示，利用它可以访问许多与产品相关的信息源。

（1）搜索：在搜索框中输入要搜索信息的关键字，然后单击"搜索"按钮 🔍，可以在联机帮助中快速查找信息。

（2）Autodesk Account：使用该工具可以登录 Autodesk Account 以访问与桌面软件集成的联机服务器。

（3）Autodesk App Store：单击此按钮，可以登录 Autodesk 官方的 App 网站下载不同系列软件的插件。

图1-7 信息中心

1.2.4 功能区

功能区位于快速访问工具栏的下方，是创建建筑设计项目所有工具的集合。Revit 2022 将这些命令工具按类别放在不同的选项卡面板中，如图1-8所示。

图1-8 功能区

功能区包含功能区选项卡、功能区子选项卡和面板等部分。其中，在每个选项卡中都将命令工具细分为几个面板进行集中管理。而当选择某图元或者激活某命令时，系统将在功能区主选项卡后添加相应的子选项卡，且该子选项卡中列出了和该图元或命令相关的所有子命令工具，用户不必再在下拉菜单中逐级查找子命令。

创建或打开文件时，功能区会显示系统提供的创建项目或族所需的全部工具。调整窗口的大小时，功能区中的工具会根据可用空间自动调整。每个选项卡集成了相关的操作工具，方便用户使用。用户可以单击功能区选项后面的 ⬚⬚ 按钮控制功能的展开与收缩。

（1）修改功能区：单击功能区选项卡右侧的向右箭头，可见系统提供了三种功能区的显示方式，分别为"最小化为选项卡""最小化为面板标题""最小化为面板按钮"，如图1-9所示。

（2）移动面板：面板可以在绘图区"浮动"，在面板上按住鼠标左键并拖动（见图1-10），将其放置到绘图区域或桌面上即可。将鼠标指针放到浮动面板的右上角处，显示"将面板返回功能区"，如图1-11所示。单击此处，即可使它变为"固定"面板。将鼠标指针移动到面板上以显示一个夹子，拖动该夹子到所需位置即可移动面板。

图1-9　下拉菜单

图1-10　拖动面板

图1-11　固定面板

（3）展开面板：面板标题旁的箭头 ▼ 表示该面板可以展开，单击箭头显示相关的工具和控件，如图1-12所示。默认情况下单击面板以外的区域时，展开的面板会自动关闭。单击图钉按钮 📌，面板会在其功能区选项卡显示期间始终保持展开状态。

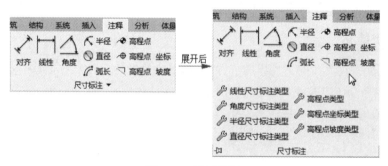

图1-12　展开面板

（4）上下文功能区选项卡：使用某些工具或者选择图元时，上下文功能区选项卡中会显示与该工具或图元的上下文相关的工具，如图1-13所示。退出该工具或取消选择时，该选项卡将关闭。

图1-13　上下文功能区选项卡

1.2.5　"属性"选项板

"属性"选项板是一个无模式对话框，通过该对话框可以查看和修改用来定义图元属性的参数。

项目浏览器下方的浮动面板即为"属性"选项板。当选择某图元时,"属性"选项板会显示该图元的图元类型和属性参数等,如图1-14所示。

（1）类型选择器

选项板上面一行的预览框和类型名称即为图元类型选择器。用户可以单击右侧的下拉箭头,从列表中选择已有的合适构件类型直接替换现有类型,而不需要反复修改图元参数。

（2）属性过滤器

属性过滤器用来标识图元类别,或者标识绘图区域中所选图元的类别和数量。如果选择了多个类别或类型,则选项板上仅显示所有类别或类型所共有的实例属性。当选择了多个类别时,使用过滤器的下拉列表框可以仅查看特定类别或视图本身的属性。

（3）"编辑类型"按钮

单击此按钮,打开相关的"类型属性"对话框,用户可以复制、重命名对象类型,并可以通过编辑其中的类型参数值来改变与当前选择图元相同类型的所有图元的外观尺寸等,如图1-15所示。

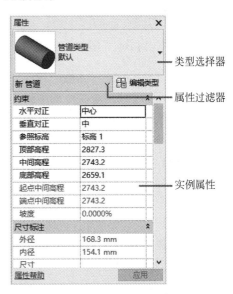

图1-14　"属性"选项板

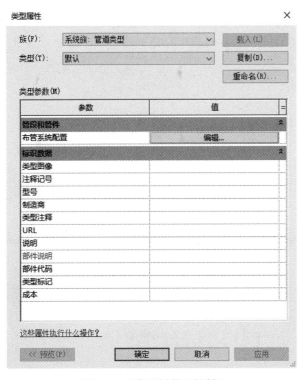

图1-15　"类型属性"对话框

（4）实例属性

在大多数情况下，"属性"选项板中既显示可由用户编辑的实例属性，又显示只读实例属性。当某属性的值由软件自动计算或赋值，或者取决于其他属性的设置时，该属性可能是只读属性，不可编辑。

1.2.6　项目浏览器

Revit 2022 将所有可访问的视图和图纸等都放置在项目浏览器中进行管理，使用项目浏览器可以方便地在各视图间进行切换操作。

项目浏览器用于组织和管理当前项目中包含的所有信息，包括项目中的所有视图、明细表、图纸、族、组和链接的 Revit 模型等项目资源。Revit 2022 按逻辑层次关系组织这些项目资源，且展开和折叠各分支时，系统将显示下一层级的内容，如图 1-16 所示。

（1）打开视图：双击视图名称打开视图，也可以在视图名称上右击，弹出如图 1-17 所示的快捷菜单，选择"打开"命令，打开视图。

（2）打开放置了视图的图纸：在视图名称上右击，弹出如图 1-17 所示的快捷菜单，选择"打开图纸"选项，打开放置了视图的图纸。如果快捷菜单中的"打开图纸"选项不可用，则要么视图未放置在图纸上，要么视图是明细表或可放置在多个图纸上的图例视图。

（3）将视图添加到图纸中：将视图名称拖曳到图纸名称上或拖曳到绘图区域中的图纸上。

（4）从图纸中删除视图：在图纸名称下的视图名称上右击，在弹出的快捷菜单中选择"从图纸中删除"命令，删除视图。

（5）单击"视图"选项卡"窗口"面板中的"用户界面"按钮 ，打开如图 1-18 所示的下拉列表，选中"项目浏览器"复选框。如果取消选中"项目浏览器"复选框或单击项目浏览器顶部的"关闭"按钮 ，则隐藏项目浏览器。

图 1-16　项目浏览器

图 1-17　快捷菜单

图 1-18　下拉列表

（6）拖曳项目浏览器的边框调整其大小。

（7）在 Revit 窗口中拖曳浏览器移动时会显示一个轮廓，按住鼠标，将浏览器移动到所需位置；松开鼠标，还可以将项目浏览器从 Revit 窗口拖曳到桌面上。

1.2.7　视图控制栏

视图控制栏位于视图窗口的底部，状态栏的上方，如图 1-19 所示。它可以控制当前视图中模型的显示状态。

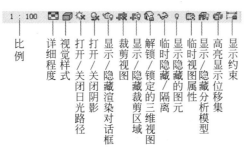

图 1-19　视图控制栏

（1）比例：在图纸中用于表示对象的比例。可以为项目中的每个视图指定不同比例，也可以创建自定义视图比例。在"比例"图标上单击打开如图 1-20 所示的比例列表，选择需要的比例；也可以单击"自定义比例"选项，打开"自定义比例"对话框，输入比率，如图 1-21 所示。

注意：不能将自定义视图比例应用于该项目中的其他视图。

（2）详细程度：可根据视图比例设置新建视图的详细程度，包括粗略、中等和精细三种程度。当在项目中创建新视图并设置其视图比例后，视图的详细程度将会自动根据表格中的排列进行设置。通过预定义详细程度，可以控制不同视图比例下同一几何图形的显示。

（3）视觉样式：可以为项目视图指定许多不同的图形样式，如图 1-22 所示。

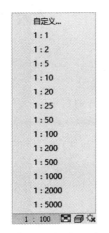

图 1-20　比例列表　　　图 1-21　"自定义比例"对话框　　　图 1-22　视觉样式

➢ 线框：显示绘制了所有边和线而未绘制表面的模型图像。视图显示线框视觉样式时，可以将材质应用于选定的图元类型。这些材质不会显示在线框视图中，但是表面填充图案仍会显示，如图 1-23 所示。

➢ 隐藏线：显示模型除被表面遮挡部分以外的所有边和线，如图 1-24 所示。

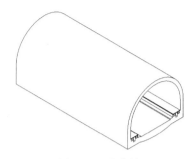

图 1-23　线框　　　　　　　　　　　　　图 1-24　隐藏线

➢ 着色：显示处于着色模式下的图像，而且具有显示间接光及其阴影的选项，如图 1-25 所示。

➢ 一致的颜色：显示所有表面都按照表面材质颜色设置进行着色的图像。该样式会保持一致的着色颜色，使材质始终以相同的颜色显示，而不论以何种方式将其定向到光源，如图 1-26 所示。

➢ 真实：可在模型视图中即时显示真实材质外观。旋转模型时，表面会显示在各种照明条件下呈现的外观，如图 1-27 所示。

图 1-25　着色　　　　　　图 1-26　一致的颜色　　　　　图 1-27　真实

☎ **注意**：“真实”视觉视图中不会显示人造灯光。

（4）打开/关闭日光路径：控制日光路径可见性。在一个视图中打开或关闭日光路径时，其他任何视图都不受影响。

（5）打开/关闭阴影：控制阴影的可见性。在一个视图中打开或关闭阴影时，其他任何视图都不受影响。

（6）显示/隐藏渲染对话框：单击此按钮，打开“渲染”对话框，如图 1-28 所示，可进行照明、曝光、分辨率、背景和图像质量的设置。

（7）裁剪视图：确定项目视图的边界。在所有图形项目视图中显示模型裁剪区域和注释裁剪区域。

（8）显示/隐藏裁剪区域：可以根据需要显示或隐藏裁剪区域。在绘图区域中选择裁剪区域,则会显示注释和模型裁剪。内部裁剪是模型裁剪,外部裁剪是注释裁剪。

（9）解锁/锁定的三维视图:锁定三维视图的方向,以在视图中标记图元并添加注释记号,包括"保存方向并锁定视图""恢复方向并锁定视图""解锁视图"三个选项。

> 保存方向并锁定视图:将视图锁定在当前方向。在该模式中无法动态观察模型。

> 恢复方向并锁定视图:将解锁的、旋转方向的视图恢复到原来锁定的方向。

> 解锁视图:解锁当前方向,从而允许定位和动态观察三维视图。

（10）临时隐藏/隔离:使用"隐藏"工具可在视图中隐藏所选图元,使用"隔离"工具可在视图中显示所选图元并隐藏其他所有图元。

（11）显示隐藏的图元:临时查看隐藏图元或取消其隐藏特性。

（12）临时视图属性:包括"启用临时视图属性""临时应用样板属性""最近使用的模板""恢复视图属性"四种视图选项。

图 1-28 "渲染"对话框

（13）显示/隐藏分析模型:可以在任何视图中显示分析模型。

（14）高亮显示位移集:单击此按钮,启用高亮显示模型中所有位移集的视图。

（15）显示约束:在视图中临时查看尺寸标注和对齐约束,用于显示或修改模型中的图元。"显示约束"绘图区域将显示一个彩色边框,以指明处于"显示约束"模式。所有约束都以彩色显示,而模型图元以半色调(灰色)显示。

1.2.8 状态栏

状态栏在屏幕的底部,如图 1-29 所示。状态栏中给出有关要执行的操作的提示。高亮显示图元或构件时,状态栏会显示族和类型的名称。

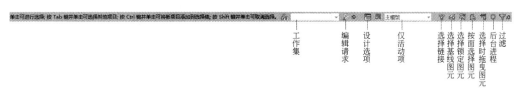

图 1-29 状态栏

（1）工作集:显示处于活动状态的工作集。

（2）编辑请求:对于工作共享项目,表示未决的编辑请求数。

（3）设计选项:显示处于活动状态的设计选项。

（4）仅活动项:用于过滤所选内容,以便仅选择活动的设计选项构件。

（5）选择链接：用于在已链接的文件中选择链接和单个图元。

（6）选择基线图元：用于在底图中选择图元。

（7）选择锁定图元：用于选择锁定的图元。

（8）按面选择图元：通过单击某个面来选中某个图元。

（9）选择时拖曳图元：不用先选择图元就可以通过拖曳操作移动图元。

（10）后台进程：显示在后台运行的进程列表。

（11）过滤：用于优化在视图中选定的图元类别。

1.2.9 ViewCube

ViewCube 默认在绘图区的右上方。通过 ViewCube 可以在标准视图和等轴测视图之间切换。

（1）单击 ViewCube 上的某个角，可以根据由模型的三个侧面定义的视口将模型的当前视图重定向到四分之三视图；单击其中一条边缘，可以根据模型的两个侧面将模型的视图重定向到二分之一视图；单击相应面，将视图切换到相应的主视图。

（2）如果从某个面视图中查看模型时 ViewCube 处于活动状态，则四个正交三角形会显示在 ViewCube 附近。使用这些三角形可以切换到某个相邻的面视图。

（3）单击或拖动 ViewCube 中指南针的东、南、西、北字样，切换到西南、东南、西北、东北等方向视图。

（4）单击"主视图"图标🏠，不管视图目前是何种视图都会恢复到主视图方向。

（5）从某个面视图查看模型时，两个滚动箭头图标 会显示在 ViewCube 附近。单击 图标，视图以 90°逆时针或顺时针旋转。

（6）单击"关联菜单"按钮 ，打开如图 1-30 所示的关联菜单。

① 转至主视图：恢复随模型一同保存的主视图。

② 保存视图：使用唯一的名称保存当前的视图方向。此选项只允许在查看默认三维视图时使用唯一的名称保存三维视图。如果查看的是以前保存的正交三维视图或透视（相机）三维视图，则视图仅以新方向保存，而且系统不会提示用户提供唯一名称。

③ 锁定到选择项：当视图方向随 ViewCube 发生更改时，使用选定对象可以定义视图的中心。

④ 透视/正交：在三维视图的平行和透视模式之间切换。

⑤ 将当前视图设置为主视图：根据当前视图定义模型的主视图。

图 1-30　关联菜单

⑥ 将视图设定为前视图：在下拉菜单中定义前视图的方向，并将三维视图定向到该方向。

⑦ 重置为前视图：将模型的前视图重置为其默认方向。

⑧ 显示指南针：显示或隐藏围绕 ViewCube 的指南针。

⑨ 定向到视图：将三维视图设置为项目中的任何平面、立面、剖面或三维视图的方向。

⑩ 确定方向：将相机定向到北、南、东、西、东北、西北、东南、西南或顶部。

⑪ 定向到一个平面：将视图定向到指定的平面。

1.2.10　导航栏

Revit 提供了多种视图导航工具，可以对视图进行平移和缩放等操作，它们一般位于绘图区右侧。用于视图控制的导航栏是一种常用的工具集。视图导航栏在默认情况下为50%透明显示，不会遮挡视图。它包括"控制盘"和"缩放控制"两大工具，即SteeringWheels和"缩放工具"，如图 1-31 所示。

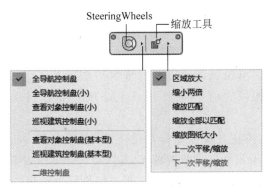

图 1-31　导航栏

1. SteeringWheels

SteeringWheels 是控制盘的集合，通过这些控制盘，可以在专门的导航工具之间快速切换。每个控制盘都被分成不同的按钮。每个按钮都包含一个导航工具，用于重新定位模型的当前视图。它包含几种形式，如图 1-32 所示。

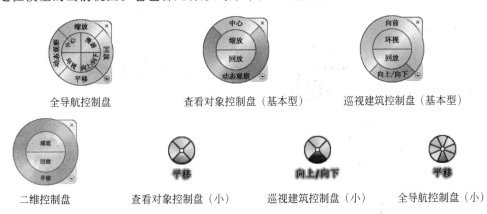

图 1-32　SteeringWheels

单击控制盘右下角的"显示控制盘菜单"按钮，打开如图 1-33 所示的控制盘菜单，菜单中包含所有全导航控制盘的视图工具，单击"关闭控制盘"命令关闭控制盘，也可以单击控制盘上的"关闭"按钮关闭控制盘。

全导航控制盘中各个工具按钮的含义如下。

（1）平移：单击此按钮并按住鼠标左键拖动即可平移视图。

（2）缩放：单击此按钮并按住鼠标左键不放，系统将在光标位置放置一个绿色球体，把当前光标位置作为缩放轴心。此时，拖动鼠标即可缩放视图，且轴心随着光标位置变化。

（3）动态观察：单击此按钮并按住鼠标左键不放，在模型的中心位置将显示绿色轴心球体。此时，拖动鼠标即可围绕轴心点旋转模型。

（4）回放：利用该工具可以从导航历史记录中检索以前的视图，并可以快速恢复到以前的视图，还可以滚动浏览所有保存的视图。单击"回放"按钮并按住鼠标左键不放，此时向左侧移动鼠标即可滚动浏览以前的导航历史记录。若要恢复到以前的视图，只要在该视图记录上松开鼠标左键即可。

图 1-33　控制盘菜单

（5）中心：单击此按钮并按住鼠标左键不放，光标将变为一个球体，此时拖动鼠标，到某构件模型上松开鼠标左键放置球体，即可将该球体作为模型的中心位置。

（6）环视：利用该工具可以沿垂直和水平方向旋转当前视图，且旋转视图时，人的视线将围绕当前视点旋转。单击此按钮并按住鼠标左键拖动，模型将围绕当前视图的位置旋转。

（7）向上/向下：利用该工具可以沿模型的 Z 轴调整当前视点的高度。

（8）漫游：利用漫游可以查看模型，有交互感。

2．缩放工具

缩放工具包括区域放大、缩小两倍、缩放匹配、缩放全部以匹配和缩放图纸大小等工具。

（1）区域放大：放大所选区域内的对象。

（2）缩小两倍：将视图窗口显示的内容缩小到原来的 1/2。

（3）缩放匹配：在当前视图窗口中自动缩放以显示所有对象。

（4）缩放全部以匹配：缩放以显示所有对象的最大范围。

（5）缩放图纸大小：将视图自动缩放为实际打印大小。

（6）上一次平移/缩放：显示上一次平移或缩放结果。

（7）下一次平移/缩放：显示下一次平移或缩放结果。

1.2.11　绘图区域

Revit 窗口中的绘图区域显示当前项目的视图以及图纸和明细表，每次打开项目中的某一视图时，默认情况下此视图会显示在绘图区域中其他打开的视图的上面。其他视图仍处于打开状态，但是这些视图在当前视图下面。

绘图区域的背景颜色默认为白色。

1.3　文　件　管　理

1.3.1　新建文件

单击"文件"→"新建"下拉按钮,打开"新建"菜单,如图 1-34 所示,用于创建项目文件、族文件、概念体量等。

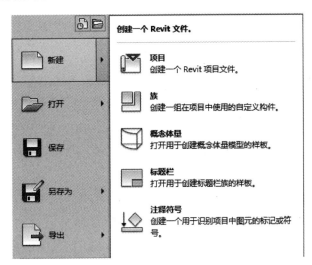

图 1-34　"新建"菜单

下面以新建项目文件为例介绍新建文件的步骤:

(1) 单击"文件"→"新建"→"项目"命令,打开"新建项目"对话框,如图 1-35 所示。

图 1-35　"新建项目"对话框

(2) 在"样板文件"下拉列表框中选择样板,也可以单击"浏览"按钮,打开如图 1-36 所示的"选择样板"对话框,选择需要的样板,单击"打开"按钮,打开样板文件。

(3) 选择"项目"单选按钮,单击"确定"按钮,创建一个新项目文件。

☎注意:在 Revit 中,项目是整个建筑物设计的联合文件。建筑的所有标准视图、建筑设计图以及明细表都包含在项目文件中,只要修改模型,所有相关的视图、施工图和明细表都会随之自动更新。

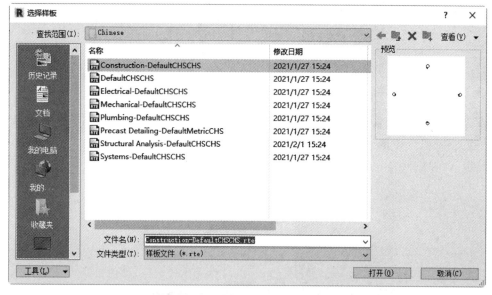

图 1-36 "选择样板"对话框

1.3.2 打开文件

单击"文件"→"打开"下拉按钮,打开"打开"菜单,如图 1-37 所示,用于打开云模型、项目文件、族文件、IFC 文件、样例文件等。

图 1-37 "打开"菜单

（1）云模型：选择此命令，登录 Autodesk Account，选择要打开的云模型。

（2）项目：单击此命令，打开"打开"对话框，在对话框中可以选择要打开的 Revit

项目文件和族文件,如图1-38所示。

图1-38　"打开"对话框(一)

> 核查:扫描、检测并修复模型中损坏的图元。此选项可能会大大增加打开模型所需的时间。

> 从中心分离:独立于中心模型而打开工作共享的本地模型。

> 新建本地文件:打开中心模型的本地副本。

(3)族:单击此命令,打开"打开"对话框,可以打开软件自带族库中的族文件,或用户自己创建的族文件,如图1-39所示。

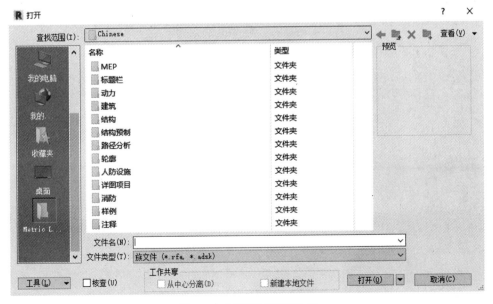

图1-39　"打开"对话框(二)

（4）Revit 文件：单击此命令，可以打开 Revit 所支持的文件，例如 ＊.rvt、＊.rfa、＊.adsk 和 ＊.rte 文件。

（5）建筑构件：单击此命令，在对话框中选择要打开的 Autodesk 交换文件，如图 1-40 所示。

图 1-40　"打开 ADSK 文件"对话框

（6）IFC：单击此命令，在对话框中可以打开 IFC 类型文件，如图 1-41 所示。IFC 文件格式含有模型的建筑物或设施，也包括空间的元素、材料和形状。IFC 文件通常用于 BIM 工业程序之间的交互。

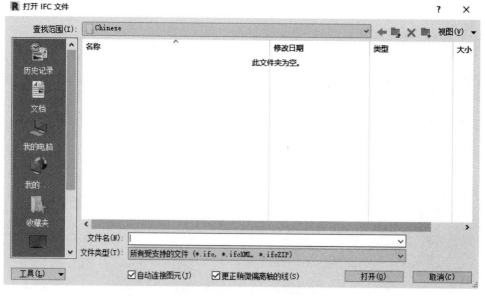

图 1-41　"打开 IFC 文件"对话框

（7）IFC选项：单击此命令，打开"导入IFC选项"对话框，在此对话框中可以设置IFC类型名称对应的Revit类别，如图1-42所示。此命令只有在打开Revit文件的状态下才可以使用。

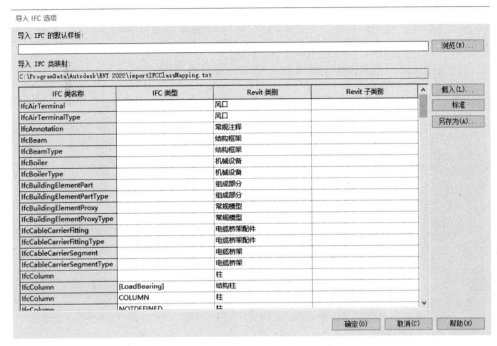

图1-42　"导入IFC选项"对话框

（8）样例文件：单击此命令，打开"打开"对话框，可以打开软件自带的样例项目文件和族文件，如图1-43所示。

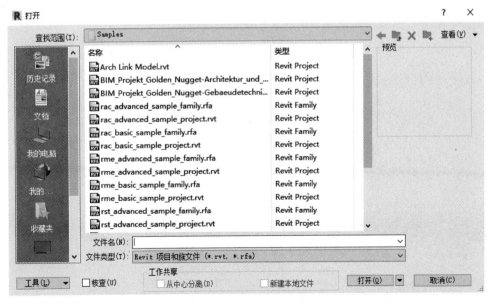

图1-43　"打开"对话框（三）

1.3.3 保存文件

单击"文件"→"保存"命令,可以保存当前项目、族文件、样板文件等。若文件已命名,则 Revit 自动保存。若文件未命名,则系统打开"另存为"对话框(见图 1-44),用户可以命名并保存。在"保存于"下拉列表框中可以指定保存文件的路径;在"文件类型"下拉列表框中可以指定保存文件的类型。为了防止因意外操作或计算机系统故障导致正在绘制的图形文件丢失,可以对当前图形文件设置自动保存。

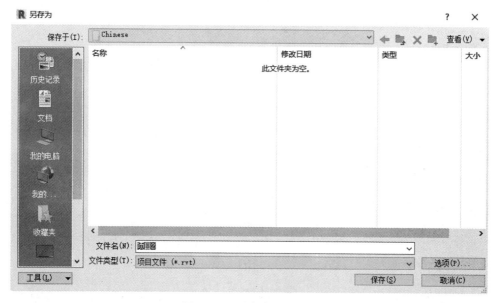

图 1-44 "另存为"对话框

单击"选项"按钮,打开如图 1-45 所示的"文件保存选项"对话框,可以指定备份文件的最大数量以及与文件保存相关的其他设置。

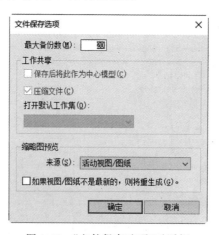

图 1-45 "文件保存选项"对话框

"文件保存选项"对话框中的选项说明如下。

➤ 最大备份数:指定最多备份文件的数量。默认情况下,非工作共享项目有 3 个备份,工作共享项目最多有20个备份。

> 保存后将此作为中心模型:将当前已启用工作集的文件设置为中心模型。

> 压缩文件:保存已启用工作集的文件时缩小文件。在正常保存时,Revit 仅将新图元和经过修改的图元写入现有文件。这可能会导致文件变得非常大,但会加快保存的速度。压缩过程会重写整个文件并删除旧的部分以节省空间。

> 打开默认工作集:设置中心模型在本地打开时所对应的工作集默认设置。从该列表中可以将一个工作共享文件保存为始终以下列选项之一为默认设置:"全部""可编辑""上次查看的"或者"指定"。用户修改该选项的唯一方式是选择"文件保存选项"对话框中的"保存后将此作为中心模型",以重新保存新的中心模型。

> 缩略图预览:指定打开或保存项目时显示的预览图像。此选项的默认值为"活动视图/图纸"。

> 如果视图/图纸不是最新的,则将重生成:Revit 只能根据打开的视图创建预览图像。如果选中此复选框,则无论用户何时打开或保存项目,Revit 都会更新预览图像。

1.3.4　另存为文件

单击"文件"→"另存为"命令,打开"另存为"菜单,如图 1-46 所示,可以将文件保存为项目、族、样板和库四种类型文件。

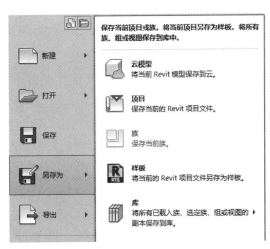

图 1-46　"另存为"菜单

执行其中一种命令后打开"另存为"对话框,如图 1-44 所示,Revit 用另存名保存,并为当前图形更名。

第2章

设置绘图环境

　　用户可以根据自己的需要设置绘图环境，可以分别对系统、项目和图形进行设置，通过定义设置，使用样板来执行办公标准并提高效率。

2.1 系 统 设 置

"选项"对话框控制软件及其用户界面的各个方面。

单击"文件"菜单中的"选项"按钮 [选项] ,打开"选项"对话框,如图 2-1 所示。

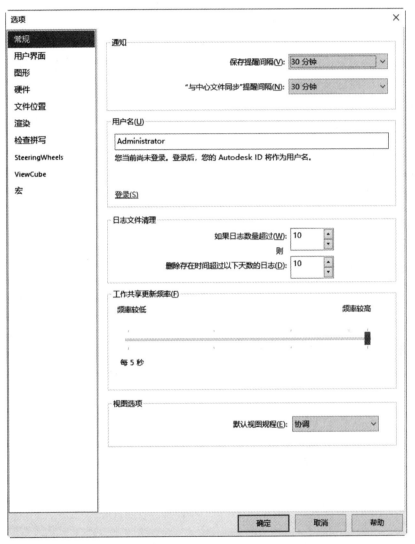

图 2-1 "选项"对话框

2.1.1 "常规"设置

在"常规"选项卡中可以设置通知、用户名和日志文件清理等参数,如图 2-1 所示。

1."通知"选项组

Revit 不能自动保存文件,可以通过"通知"选项组设置用户建立项目文件或族文件保存文档的提醒时间。在"保存提醒间隔"下拉列表框中选择保存提醒间隔,设置保存提醒间隔最少为 15 分钟。

2．"用户名"选项组

Revit 首次在工作站中运行时,使用 Windows 登录名作为默认用户名。在以后的设计中可以修改和保存用户名。如果需要使用其他用户名,以便在某个用户不可用时放弃该用户的图元,可先注销 Autodesk 账户,然后在"用户名"字段中输入另一个用户的 Autodesk 用户名。

3．"日志文件清理"选项组

日志文件是记录 Revit 任务中每个步骤的文本文档,这些文件主要用于软件支持进程。当要检测问题或重新创建丢失的步骤或文件时,可运行日志。设置要保留的日志文件数量以及要保留的天数后,系统会自动进行清理,并始终保留设定数量的日志文件,后面产生的新日志会自动覆盖前面的日志文件。

4．"工作共享更新频率"选项组

工作共享是一种设计方法,此方法允许多名团队成员同时处理同一项目模型,拖动对话框中的滑块来设置工作共享的更新频率。

5．"视图选项"选项组

对于不存在默认视图样板,或存在视图样板但未指定视图规程的视图,指定其默认规程。系统提供了 6 种视图规程,如图 2-2 所示。

图 2-2　视图规程

2.1.2　"用户界面"设置

"用户界面"选项卡用来设置用户界面,包括功能区的设置、活动主题、快捷键的设置和选项卡的切换等,如图 2-3 所示。

1．"配置"选项组

(1) 工具和分析:可以通过选中或清除"工具和分析"列表框中的复选框,控制用户界面功能区中选项卡的显示和关闭。例如:取消选中"'系统'选项卡:管道工具"复选框,单击"确定"按钮后,功能区中"系统"选项卡不再显示,如图 2-4 所示。

(2) 快捷键:用于设置命令的快捷键。单击"自定义"按钮,打开"快捷键"对话框,如图 2-5 所示。也可以在"视图"选项卡"用户界面"下拉列表框中单击"快捷键"按钮，打开"快捷键"对话框。

设置快捷键的方法:搜索要设置快捷键的命令或者在列表中选择要设置快捷键的命令,然后在"按新键"文本框中输入快捷键,单击"指定"按钮 ，添加快捷键。

提示:Revit 与 AutoCAD 的快捷键不同,AutoCAD 的快捷键是单个字母,一般是命令的英文首字母,而 Revit 的快捷键只能是两个字母;Revit 与 AutoCAD 另一个不同是,在 AutoCAD 中按 Enter 键或者空格键都能重复上个命令,但在 Revit 中重复上个命令只能按 Enter 键,按空格键不能重复上个命令。

Note

图 2-3 "用户界面"选项卡

图 2-4 选项卡的关闭

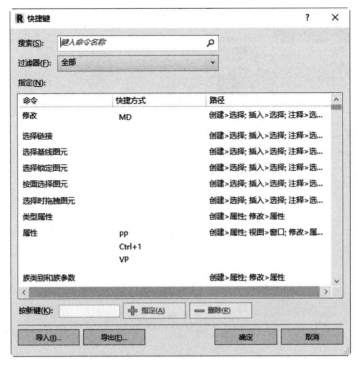

图 2-5　"快捷键"对话框

（3）双击选项：指定用于进入族、绘制的图元、部件、组等类型的编辑模式的双击动作。单击"自定义"按钮，打开如图 2-6 所示的"自定义双击设置"对话框，选择图元类型，然后在对应的"双击操作"栏中单击，右侧会出现下拉箭头，单击下拉箭头，在打开的下拉列表框中选择对应的双击操作，单击"确定"按钮，完成双击设置。

图 2-6　"自定义双击设置"对话框

（4）工具提示助理：工具提示提供有关用户界面中某个工具或绘图区域中某个项目的信息，或者在工具使用过程中提供下一步操作的说明。将光标停留在功能区的某个工具之上时，默认情况下 Revit 会显示工具提示。工具提示提供该工具的简要说明。如果光标在该功能区工具上再停留片刻，则会显示附加的信息（如果有的话），如图 2-7

所示。系统提供了"无""最小""标准""高"四种类型。

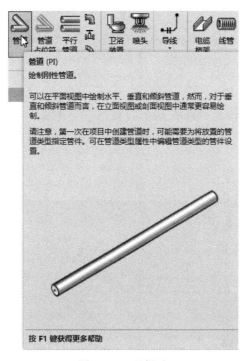

图 2-7　工具提示

① 无：关闭功能区工具提示和画布中工具提示，使它们不再显示。

② 最小：只显示简要说明，而隐藏其他信息。

③ 标准：为默认选项。当光标移动到工具上时，显示简要说明；如果光标再停留片刻，则接着显示更多信息。

④ 高：同时显示有关工具的简要说明和更多信息（如果有的话），没有时间延迟。

（5）在首页启用最近使用文件列表：启动 Revit 时，首页页面中会列出用户最近处理过的项目和族的列表，还会提供对联机帮助和视频的访问。

2．"功能区选项卡切换"选项组

"功能区选项卡切换"选项组用于设置上下文选项卡在功能区中的行为。

（1）清除选择或退出后：在项目环境或族编辑器中指定所需的行为。列表中包括"返回上一个选项卡"和"停留在'修改'选项卡"选项。

① 返回上一个选项卡：在取消选择图元或者退出工具之后，Revit 显示上一次出现的功能区选项卡。

② 停留在"修改"选项卡：在取消选择图元或者退出工具之后，仍保留在"修改"选项卡上。

（2）选择时显示上下文选项卡：选中此复选框，当激活某些工具或者编辑图元时会自动增加并切换到"修改|xx"选项卡，如图 2-8 所示，其中包含一组只与该工具或图元的上下文相关的工具。

图 2-8　"修改|××"选项卡

3．"视图切换"选项组

使用键盘快捷键切换视图选项卡时，使用以下设置指定行为。

（1）制表符位置顺序：Ctrl＋(Shift)＋Tab 组合键可基于视图的制表符位置顺序循环显示打开的视图。

（2）历史记录顺序：Ctrl＋(Shift)＋Tab 组合键可根据视图打开时的历史记录来循环显示打开的视图，最新的是上次打开的视图。

4．"视觉体验"选项组

（1）活动主题：用于设置 Revit 用户界面的视觉效果，包括明和暗两种，如图 2-9 所示。

(a)亮

(b)暗

图 2-9　活动主题

（2）使用硬件图形加速（若有）：通过使用可用的硬件，提高渲染 Revit 用户界面时的性能。

2.1.3 "图形"设置

"图形"选项卡主要控制图形和文字在绘图区域中的显示，如图 2-10 所示。

1．"视图导航性能"选项组

（1）重绘期间允许导航：可以在二维或三维视图中导航模型（平移、缩放和动态观察视图），而无须在每一步等待软件完成图元绘制。软件会中断视图中模型图元的绘制，从而可以更快和更平滑地导航。在大型模型中导航视图时使用该选项可以改进性能。

（2）在视图导航期间简化显示：通过减少显示的细节量并暂停某些图形效果，提高导航视图（平移、动态观察和缩放）时的性能。

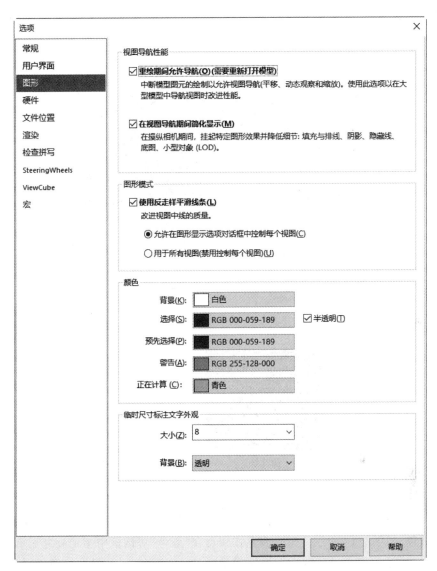

图 2-10 "图形"选项卡

2."图形模式"选项组

选中"使用反走样平滑线条"复选框,可以提高视图中的线条质量,使边显示得更平滑。如果要在使用反走样时体验最佳性能,则在"硬件"选项卡中选中"使用硬件加速"复选框,启用硬件加速。如果没有启用硬件加速,并使用反走样,则在缩放、平移和操纵视图时性能会降低。

3."颜色"选项组

(1)背景:更改绘图区域中背景和图元的颜色。单击颜色按钮,打开如图 2-11 所示的"颜色"对话框,指定新的背景颜色。系统会自动根据背景色调整图元颜色,比如较暗的颜色将导致图元显示为白色,如图 2-12 所示。

(2)选择:用于显示绘图区域中选定图元的颜色,如图 2-13 所示。单击颜色按钮可在"颜色"对话框中指定新的选择颜色。选中"半透明"复选框,可以查看选定图元下面的图元。

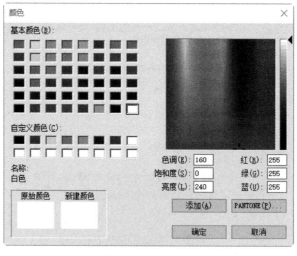

图 2-11　"颜色"对话框

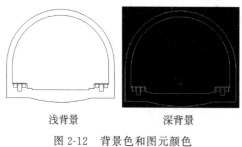

浅背景　　　　深背景

图 2-12　背景色和图元颜色

图 2-13　选择图元

（3）预先选择：设置在将光标移动到绘图区域中的图元时,用于显示高亮显示的图元的颜色,如图 2-14 所示。单击颜色按钮可在"颜色"对话框中指定高亮显示颜色。

（4）警告：设置在出现警告或错误提示时选择的用于显示图元的颜色,如图 2-15 所示。单击颜色按钮可在"颜色"对话框中指定新的警告颜色。

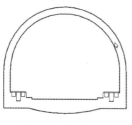

图 2-14　高亮显示

图 2-15　警告颜色

（5）正在计算：定义用于显示后台计算中所涉及图元的颜色。单击颜色按钮可在"颜色"对话框中指定新的计算颜色。

4．"临时尺寸标注文字外观"选项组

（1）大小：用于设置临时尺寸标注中文字的字体大小，如图 2-16 所示。

（2）背景：用于指定临时尺寸标注中的文字背景为透明或不透明，如图 2-17 所示。

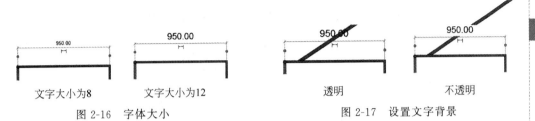

图 2-16　字体大小　　　　　　　　　　　图 2-17　设置文字背景

2.1.4　"硬件"设置

"硬件"选项卡用来设置硬件加速，如图 2-18 所示。

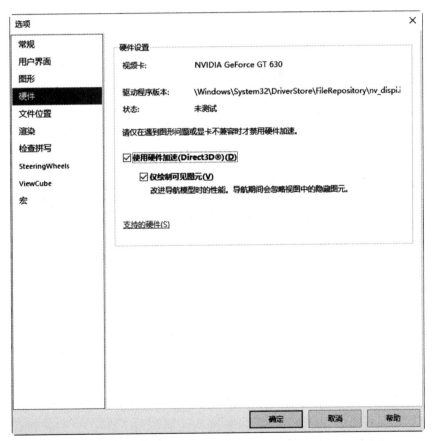

图 2-18　"硬件"选项卡

（1）使用硬件加速：选中此复选框，Revit 会使用系统的视频卡来渲染模型的视图。

（2）仅绘制可见图元：仅生成和绘制每个视图中可见的图元（也称为阻挡消隐）。

Revit 不会尝试渲染在导航时视图中隐藏的任何图元，例如墙后的楼梯，从而提高性能。

2.1.5 "文件位置"设置

"文件位置"选项卡用来设置 Revit 文件和目录的路径，如图 2-19 所示。

图 2-19 "文件位置"选项卡

（1）项目模板：指定在创建新模型时要在"最近使用的文件"窗口和"新建项目"对话框中列出的样板文件。

（2）用户文件默认路径：指定 Revit 保存当前文件的默认路径。

（3）族样板文件默认路径：指定样板和库的路径。

（4）点云根路径：指定点云文件的根路径。

（5）放置：添加公司专用的第二个库。单击此按钮，打开如图 2-20 所示的"放置"对话框，添加或删除库路径。

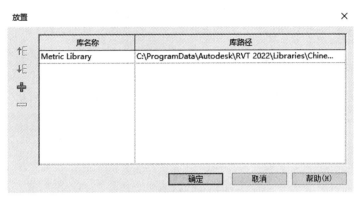

图 2-20　"放置"对话框

（6）系统分析工作流：指定要在"系统分析"对话框中列出以供 OpenStudio 使用的工作流文件。默认提供用于"年度建筑能量模拟"和"暖通空调系统负荷和尺寸"的文件。

2.1.6　"渲染"设置

"渲染"选项卡提供有关在渲染三维模型时如何访问要使用的图像的信息，如图 2-21 所示。在此选项卡中可以指定用于渲染外观的文件路径以及贴花的文件路径。

图 2-21　"渲染"选项卡

单击"添加值"按钮➕，输入路径，打开"浏览器文件夹"对话框设置路径。选择列表中的路径，单击"删除值"按钮➖，删除路径。

2.1.7 "检查拼写"设置

"检查拼写"选项卡用于进行文字输入时的语法设置，如图 2-22 所示。

图 2-22 "检查拼写"选项卡

（1）设置：选中或取消选中相应的复选框，以指示检查拼写工具是否应忽略特定单词或查找重复单词。

（2）恢复默认值：单击此按钮，恢复到安装软件时的默认设置。

（3）主字典：在列表中选择所需的字典。

（4）其他词典：指定用于定义检查拼写工具可能会忽略的自定义单词和建筑行业术语的词典文件的位置。

2.1.8 SteeringWheels 设置

SteeringWheels 选项卡用来设置 SteeringWheels 视图导航工具的选项，如图 2-23 所示。

图 2-23　SteeringWheels 选项卡

1．"文字可见性"选项组

（1）显示工具消息：显示或隐藏工具消息，如图 2-24 所示。不管该设置如何，始终显示基本控制盘工具消息。

（2）显示工具提示：显示或隐藏工具提示，如图 2-25 所示。

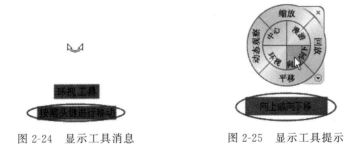

图 2-24　显示工具消息　　　　　图 2-25　显示工具提示

（3）显示工具光标文字：工具处于活动状态时显示或隐藏光标文字。

2．"大控制盘外观"/"小控制盘外观"选项组

（1）尺寸：用于设置大/小控制盘的大小，包括大、中、小三种尺寸。

Note

（2）不透明度：用于设置大/小控制盘的不透明度，可以在其下拉列表框中选择不透明度值。

3．"环视工具行为"选项组

反转垂直轴：反转环视工具的向上、向下查找操作。

4．"漫游工具"选项组

（1）将平行移动到地平面：使用"漫游"工具漫游模型时，选中此复选框可将移动角度约束到地平面。取消选中此复选框，漫游角度将不受约束，会沿查看的方向"飞行"，可沿任何方向或以任意角度在模型中漫游。

（2）速度系数：使用"漫游"工具漫游模型或在模型中"飞行"时，可以控制移动速度。移动速度由光标从"中心圆"图标移动的距离控制。拖动滑块调整速度系数，也可以直接在文本框中输入。

5．"缩放工具"选项组

单击一次鼠标放大一个增量：允许通过单次单击缩放视图。

6．"动态观察工具"选项组

保持场景正立：使视图的边垂直于地平面。取消选中此复选框，可以360°旋转动态观察模型。此功能在编辑一个族时很有用。

2.1.9 ViewCube 设置

ViewCube 选项卡用于设置 ViewCube 导航工具的选项，如图 2-26 所示。

图 2-26　ViewCube 选项卡

1．"ViewCube 外观"选项组

（1）显示 ViewCube：在三维视图中显示或隐藏 ViewCube。

（2）显示位置：指定在全部三维视图或仅活动视图中显示 ViewCube。

（3）屏幕位置：指定 ViewCube 在绘图区域中的位置，如"右上""右下""左下""左上"。

（4）ViewCube 大小：指定 ViewCube 的大小，包括"自动""微型""小""中""大"。

（5）不活动时的不透明度：指定未使用 ViewCube 时它的不透明度。如果选择了 0%，则需要将光标移动至 ViewCube 位置上方，否则 ViewCube 不会显示在绘图区域中。

2．"拖曳 ViewCube 时"选项组

捕捉到最近的视图：选中此复选框，将捕捉到最近的 ViewCube 的视图方向。

3．"在 ViewCube 上单击时"选项组

（1）视图更改时布满视图：选中此复选框后，在绘图区中选择图元或构件，并在 ViewCube 上单击，则视图将相应地进行旋转，并进行缩放以匹配绘图区域中的该图元。

（2）切换视图时使用动画转场：选中此复选框，切换视图方向时显示动画操作。

（3）保持场景正立：使 ViewCube 和视图的边垂直于地平面。取消此复选框的选中，可以 360°动态观察模型。

4．"指南针"选项组

同时显示指南针和 ViewCube(仅当前项目)：选中此复选框，在显示 ViewCube 的同时显示指南针。

2.1.10 "宏"设置

"宏"选项卡定义用于创建自动化重复任务的宏的安全性设置，如图 2-27 所示。

图 2-27　"宏"选项卡

1."应用程序宏安全性设置"选项组

（1）启用应用程序宏：选择此选项，打开应用程序宏。

（2）禁用应用程序宏：选择此选项，关闭应用程序宏，但是仍然可以查看、编辑和构建代码，修改后不会改变当前模块状态。

2."文档宏安全性设置"选项组

（1）启用文档宏前询问：系统默认选择此选项。如果在打开 Revit 项目时存在宏，则系统会提示启用宏。用户可以选择在检测到宏时启用宏。

（2）禁用文档宏：在打开项目时关闭文档级宏，但是仍然可以查看、编辑和构建代码，修改后不会改变当前模块状态。

（3）启用文档宏：打开文档宏。

2.2 项 目 设 置

项目样板的定制，包括各种样式的设置以及各种基本的系统族设置。用户还可以根据自己的设计特点，将常用的族文件添加到项目样板中，以避免在每个项目文件中重复这些工作。

2.2.1 项目信息

项目信息包含在明细表中，该明细表包含链接模型中的图元信息。项目信息还可以用在图纸上的标题栏中。

（1）单击"管理"选项卡"设置"面板中的"项目信息"按钮 ，打开"项目信息"对话框，如图 2-28 所示。

图 2-28 "项目信息"对话框

（2）在对话框中有关于项目的各种信息选项，直接单击相关信息选项，输入对应信息即可。

（3）在"项目地址"栏单击，显示 按钮，单击此按钮，打开如图2-29所示的"编辑文字"对话框，输入项目地址即可。单击"确定"按钮，返回"项目信息"对话框。

图2-29 "编辑文字"对话框

（4）单击"确定"按钮，完成项目信息的设置。

2.2.2 项目参数

项目参数是定义后添加到项目多类别图元中的信息容器。项目参数用于在项目中创建明细表、排序和过滤。

项目参数特定于项目，不能与其他项目共享。随后可在多类别明细表或单一类别明细表中使用这些项目参数。

（1）单击"管理"选项卡"设置"面板中的"项目参数"按钮 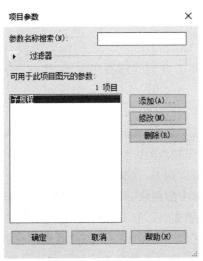，打开"项目参数"对话框，如图2-30所示。

图2-30 "项目参数"对话框

（2）单击"添加"按钮，打开如图 2-31 所示的"参数属性"对话框，在该对话框中选择参数类型，输入项目参数名称（注意，参数名称中不能使用破折号），选择规程，选择参数类型。

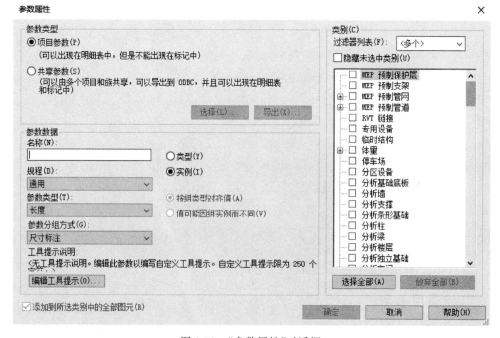

图 2-31　"参数属性"对话框

（3）在"参数分组方式"下拉列表框中选择参数在"属性"选项板上或"类型属性"对话框中所属的标题项。

（4）选择参数是按"实例"还是按"类型"保存。

（5）选择要应用此参数的图元类别。

（6）单击"确定"按钮，创建新参数。

2.2.3　对象样式

可为项目中不同类别和子类别的模型图元、注释图元和导入对象指定线宽、线颜色、线型图案和材质。

（1）单击"管理"选项卡"设置"面板中的"对象样式"按钮 ，打开"对象样式"对话框，如图 2-32 所示。

（2）在各类别对应的"线宽"栏中指定投影和截面的线宽度，例如在"投影"栏中单击，打开如图 2-33 所示的线宽列表，选择所需的线宽即可。

（3）在"线颜色"栏中单击颜色块，打开"颜色"对话框，选择所需颜色。

（4）单击对应的"线型图案"栏，打开如图 2-34 所示的线型列表，选择所需的线型。

（5）单击对应的"材质"栏中的按钮 ，打开"材质浏览器"对话框，在该对话框中选择族类别的材质，还可以通过修改族的材质类型属性来替换族的材质。

Note

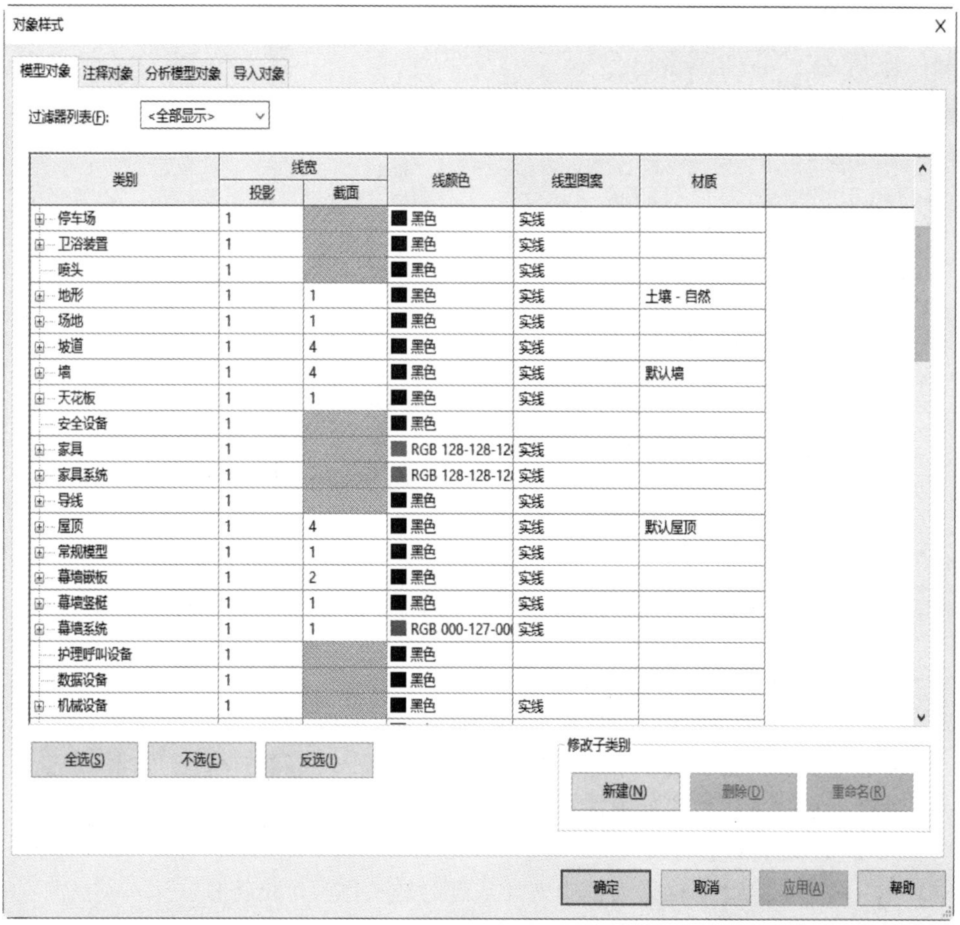

图 2-32　“对象样式”对话框

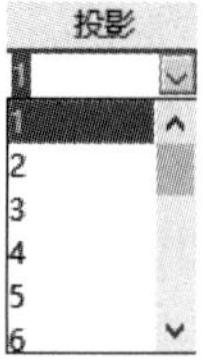

图 2-33　线宽列表

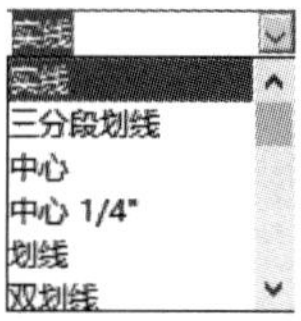

图 2-34　线型列表

2.2.4　项目单位

可以指定项目中各种数据的显示格式，指定的格式将影响数据在屏幕上和打印输出的外观。可以对用于报告或演示目的的数据进行格式设置。

（1）单击“管理”选项卡“设置”面板中的“项目单位”按钮，打开“项目单位”对话框，如图 2-35 所示。

（2）在对话框中选择规程。

（3）单击“格式”列表中的值按钮，打开如图 2-36 所示的“格式”对话框，在该对话框中可以设置各种类型的单位格式。

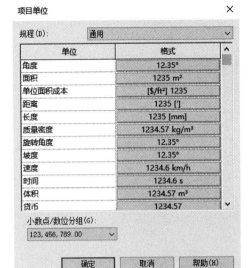

图 2-35 "项目单位"对话框

图 2-36 "格式"对话框

"格式"对话框中的选项说明如下。

➢ 使用项目设置：选中此复选框，使用项目中已设置好的数据。

➢ 单位：在此下拉列表框中选择对应的单位。

➢ 舍入：在此下拉列表框中选择一个合适的值。如果选择"自定义"选项，则在"舍入增量"文本框中输入值。

➢ 单位符号：在此下拉列表框中选择适合的选项作为单位符号。

➢ 消除后续零：选中此复选框，将不显示后续零，例如，123.400 将显示为 123.4。

➢ 消除零英尺：选中此复选框，将不显示零英尺，例如 0'-4"将显示为 4"。

➢ 正值显示"＋"：选中此复选框，将在正数前面添加"＋"号。

➢ 使用数位分组：选中此复选框，"项目单位"对话框中的"小数点/数位分组"选项将应用于单位值。

➢ 消除空格：选中此复选框，将消除英尺和分别位于英尺两侧的空格。

（4）单击"确定"按钮，完成项目单位的设置。

2.2.5 材质

材质控制模型图元在视图和渲染图像中的显示方式。

单击"管理"选项卡"设置"面板中的"材质"按钮 ⬡，打开"材质浏览器"对话框，如图 2-37 所示。

"材质浏览器"对话框中的选项说明如下。

1. "标识"选项卡

此选项卡提供有关材质的常规信息，如说明、制造商和成本数据。

（1）在"材质浏览器"对话框中选择要更改的材质，然后单击"标识"选项卡，如图 2-38 所示。

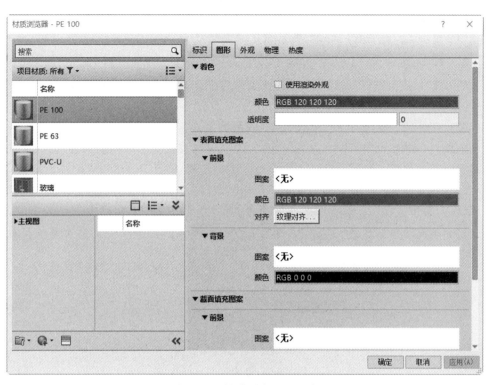

图 2-37 "材质浏览器"对话框

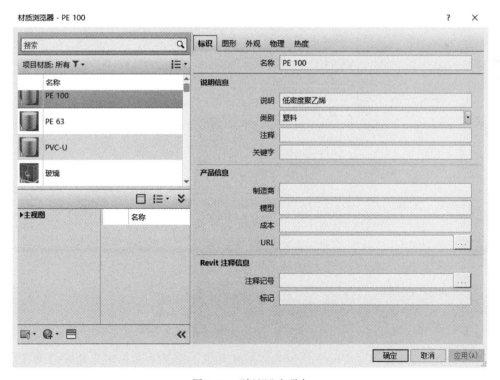

图 2-38 "标识"选项卡

（2）更改材质的说明信息、产品信息以及 Revit 注释信息。

（3）单击"应用"按钮，保存材质常规信息的更改。

2．"图形"选项卡

（1）在"材质浏览器"对话框中选择要更改的材质，然后单击"图形"选项卡，如图 2-37 所示。

（2）选中"使用渲染外观"复选框，将使用渲染外观表示着色视图中的材质。单击颜色色块，打开"颜色"对话框，选择着色的颜色，可以直接输入透明度的值，也可以拖动滑块到所需的位置。

（3）单击表面填充图案下的"图案"右侧区域，打开如图 2-39 所示的"填充样式"对话框，在列表中选择一种填充图案。单击颜色色块，打开"颜色"对话框选择颜色，用于绘制表面填充图案的颜色。单击"纹理对齐"按钮 纹理对齐... ，打开"将渲染外观与表面填充图案对齐"对话框，将外观纹理与材质的表面填充图案对齐。

图 2-39　"填充样式"对话框

（4）单击截面填充图案下"图案"右侧区域，打开如图 2-39 所示的"填充样式"对话框，在列表中选择一种填充图案作为截面的填充图案。单击颜色色块，打开"颜色"对话框选择颜色，用于绘制截面填充图案的颜色。

（5）单击"应用"按钮，保存材质图形属性的更改。

3．"外观"选项卡

（1）在"材质浏览器"对话框中选择要更改的材质，然后单击"外观"选项卡，如图 2-40 所示。

（2）单击样例图像旁边的下拉箭头，单击"场景"，然后从列表中选择所需设置，如图 2-41 所示。该预览是材质的渲染图像。Revit 渲染预览场景时，更新预览需要花费一段时间。

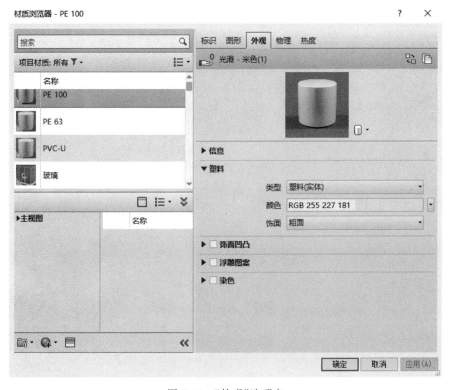

图 2-40 "外观"选项卡

（3）分别设置墙漆的颜色、表面处理来更改外观属性。

（4）单击"应用"按钮，保存材质外观的更改。

4．"物理"选项卡

（1）在"材质浏览器"对话框中选择要更改的材质，然后单击"物理"选项卡，如图 2-42 所示。如果选择的材质没有"物理"选项卡，表明物理资源尚未添加到此材质。

（2）单击属性类别左侧的三角形以显示属性及其设置。

（3）更改其信息、密度等为所需的值。

（4）单击"应用"按钮，保存材质物理属性的更改。

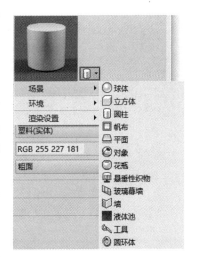

图 2-41 设置样例图样

5．"热度"选项卡

（1）在"材质浏览器"对话框中选择要更改的材质，然后单击"热度"选项卡，如图 2-43 所示。如果选择的材质没有"热度"选项卡，表明热度资源尚未添加到此材质。

（2）单击属性类别左侧的三角形以显示属性及其设置。

（3）更改材质的比热、密度、发射率、渗透性等热度特性。

（4）单击"应用"按钮，保存材质热属性的更改。

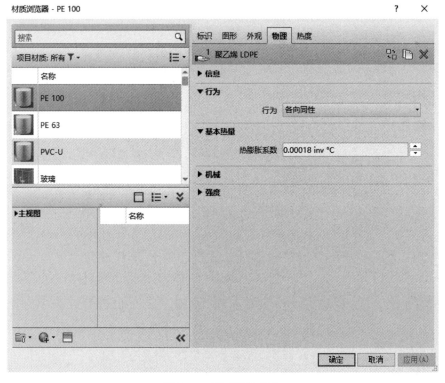

图 2-42 "物理"选项卡

图 2-43 "热度"选项卡

Note

2.2.6　线型

（1）单击"管理"选项卡"设置"面板"其他设置" 下拉列表框中的"线型图案"按钮，打开如图2-44所示的"线型图案"对话框。

（2）单击"新建"按钮，打开如图2-45所示的"线型图案属性"对话框，输入线型名称，在"类型"下拉列表框中选择划线和圆点，在"值"栏中输入划线的长度值，在下一行中选择空间类型，在"值"栏中输入空间值。Revit要求在虚线或圆点之间添加空间，由于点全部都是以1.5倍点的间距绘制的，所以点不需要相应值。单击"确定"按钮，新线型图案显示在"线型图案"对话框的列表中。

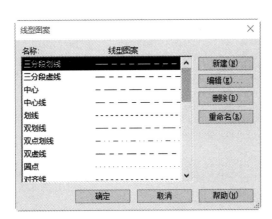

图2-44　"线型图案"对话框

图2-45　"线型图案属性"对话框

（3）单击"编辑"按钮，打开"线型图案属性"对话框，对线型属性进行修改，修改完成后单击"确定"按钮。

（4）选取要删除的线型图案，单击"删除"按钮，系统弹出如图2-46所示的提示对话框，提示是否确认删除。单击"是"按钮，删除所选线型图案。

（5）选取线型图案，单击"重命名"按钮，打开如图2-47所示的"重命名"对话框，输入新名称，单击"确定"按钮，完成线型图案名称的更改。

图2-46　提示对话框

图2-47　"重命名"对话框

2.2.7　线宽

（1）单击"管理"选项卡"设置"面板"其他设置" 下拉列表框中的"线宽"按钮 ，

打开如图 2-48 所示的"线宽"对话框。

图 2-48 "线宽"对话框

（2）单击表中的单元格并输入值，更改线宽。

（3）单击"添加"按钮，打开如图 2-49 所示的"添加比例"对话框，在下拉列表框中选择比例。单击"确定"按钮，在"线宽"对话框中添加比例。

（4）选择视图比例的标头，单击"删除"按钮，删除所选比例。

（5）模型线宽与比例相关联。特定线宽会随比例的更改而更改。通常，线宽将随比例的增加而变大。模型线宽表具有与线宽相关联的比例。用于特定线宽的宽度将应用于相关比例和更大比例，直到到达下一范围为止。

图 2-49 "添加比例"对话框

例如，1∶100 比例中的线宽 5 会指定为 0.5mm 的宽度，而在 1∶50 比例中则指定为 0.7mm。使用线宽 5 的任何线在从 1∶100 到 1∶51 的所有比例上打印为 0.5mm。当视图比例为 1∶50 时，使用线宽 5 的线将打印为 0.7mm。其他比例可以被添加到表中，以进行额外的线宽控制。

2.2.8 线样式

（1）单击"管理"选项卡"设置"面板"其他设置" 下拉列表框中的"线样式"按钮，打开如图 2-50 所示的"线样式"对话框。在对话框中修改线宽、线颜色和线型图案。

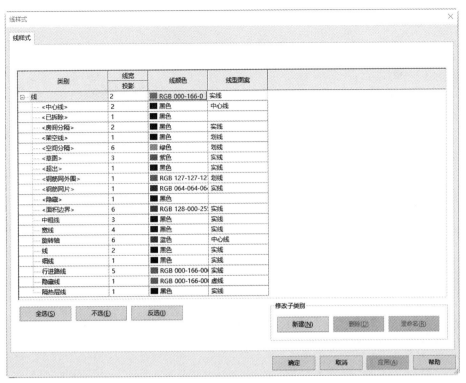

图 2-50　"线样式"对话框

（2）单击"新建"按钮，打开如图 2-51 所示的"新建子类别"对话框，输入名称。然后在"子类别属于"下拉列表框中选择类别，单击"确定"按钮，新建需要的新样式，并设置其线宽、颜色和线型图案。

图 2-51　"新建子类别"对话框

2.3　视图设置

2.3.1　图形可见性

可以控制项目中各个视图的模型图元、基准图元和视图专有图元的可见性和图形显示。

单击"视图"选项卡"图形"面板中的"可见性/图形"按钮（快捷键：VG），打开"可见性/图形替换"对话框，如图 2-52 所示。

对话框中的选项卡将类别分为"模型类别""注释类别""分析模型类别""导入的类别""过滤器"，每个选项卡下的类别表可按规程进一步过滤为"建筑""结构""机械""电气""管道"。在相应选项卡的"可见性"列表框中取消选中对应的复选框，使其在视图中不显示。

图 2-52 "可见性/图形替换"对话框

如果要隐藏所有类别,应取消选中选项卡顶部的复选框。例如,如果要隐藏所有模型类别,则取消选中"在此视图中显示模型类别"复选框。

(1)单击"全选"按钮,可以选择表格中的所有行。如果选择了所有类别的可见性,则可以通过清除一个类别来清除所有类别的可见性。

(2)单击"全部不选"按钮,可以清除任何所选行的选择。

(3)单击"反选"按钮,可以在已选行和未选行之间切换选择。例如,如果选中了 6 行,再单击"反选"按钮,则这六行就不再处于选中状态,而所有其他行则处于选中状态。

(4)单击"展开全部"按钮,将展开整个类别树并使所有的子类别都可见。

2.3.2 视图范围

视图范围是控制对象在视图中的可见性和外观的水平平面集。

每个平面图都具有视图范围属性,该属性也称为可见范围。定义视图范围的水平平面为"俯视图""剖切面""仰视图"。顶部剪裁平面和底部剪裁平面表示视图范围的最顶部和最底部区域。剖切面是一个平面,用于确定特定图元在视图中显示为剖面时的高度。这三个平面可以定义视图范围的主要范围。

在"属性"选项板的"视图范围"栏中单击"编辑"按钮 编辑... ,打开"视图范围"对话框,如图 2-53 所示。

图 2-53 "视图范围"对话框

"视图范围"对话框中的选项说明如下。

➤ 顶部：设置主要范围的上边界。根据所选标高和距该标高的偏移值定义上边界，所选标高中高于偏移值的图元不显示。

➤ 剖切面：设置平面图中图元的剖切高度，使低于该剖切面的建筑构件以投影显示，而与该剖切面相交的其他建筑构件显示为截面。显示为截面的建筑构件包括墙、屋顶、天花板、楼板和楼梯。剖切面不会截断构件。

➤ 底部：设置主要范围的下边界。如果在查看项目的最低标高时设置"视图范围"，并将此属性设置为"标高之下"，则必须指定"偏移量"的值，且必须将"视图深度"设置为低于该值的标高。

➤ 视图深度：视图深度是主要范围之外的附加平面。更改视图深度，以显示底裁剪平面下的图元。默认情况下，视图深度与底裁剪平面重合。

2.3.3 视图样板

单击"视图"选项卡"图形"面板"视图样板" 下拉列表框中的"管理视图样板"按钮 ，打开如图 2-54 所示的"视图样板"对话框。

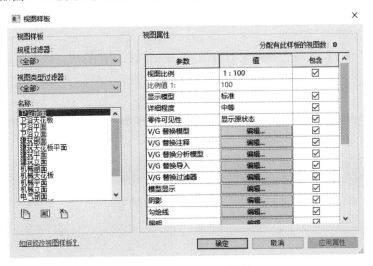

图 2-54 "视图样板"对话框

"视图样板"对话框中的选项说明如下。

> 视图比例：在对应的"值"文本框中单击，打开下拉列表框选择视图比例，也可以直接输入比例值。

> 比例值1：：指定来自视图比例的比率，例如，如果视图比例设置为1：100，则比例值为长宽比100/1或100。

> 显示模型：在详图中隐藏模型，包括"标准""不显示""半色调"三种。
  - 标准：设置显示所有图元。该值适用于所有非详图视图。
  - 不显示：设置只显示详图视图专有图元，这些图元包括线、区域、尺寸标注、文字和符号。
  - 半色调：设置显示详图视图特定的所有图元，可以使用半色调模型图元作为线、尺寸标注和对齐的追踪参照。

> 详细程度：设置视图显示的详细程度，包括"粗略""中等""精细"三种。也可以直接在视图控制栏中更改详细程度。

> 零件可见性：指定是否在特定视图中显示零件以及用来创建它们的图元，包括"显示零件""显示原状态""显示两者"三种。
  - 显示零件：各个零件在视图中可见，当光标移动到这些零件上时，它们将高亮显示。用来创建零件的原始图元不可见且无法高亮显示或选择。
  - 显示原状态：各个零件不可见，但用来创建零件的图元可见并且可以选择。
  - 显示两者：零件和原始图元均可见，并能够单独高亮显示和选择。

> V/G替换模型(/注释/分析模型/导入/过滤器)：分别定义模型/注释/分析模型/导入类别/过滤器的可见性/图形替换。单击"编辑"按钮，打开"可见性/图形替换"对话框进行设置。

> 模型显示：定义表面(视觉样式，如线框、隐藏线等)、透明度和轮廓的模型显示选项。单击"编辑"按钮，打开"图形显示选项"对话框进行设置。

> 阴影：设置视图中的阴影。

> 勾绘线：设置视图中的勾绘线。

> 照明：定义照明设置，包括"照明方法""日光设置""人造灯光和日光梁""环境光"和"阴影"。

> 摄影曝光：设置曝光参数来渲染图像，在三维视图中适用。

> 背景：指定图形的背景，包括"天空""渐变色""图像"，在三维视图中适用。

> 远剪裁：对于立面和剖面图形，指定远剪裁平面设置。单击对应的"不剪裁"按钮，打开如图2-55所示的"远剪裁"对话框，设置剪裁的方式。

> 阶段过滤器：将阶段属性应用于视图中。

> 规程：确定非承重墙的可见性和规程特定的注释符号。

> 显示隐藏线：设置隐藏线是按照规程、全部显示还是不显示。

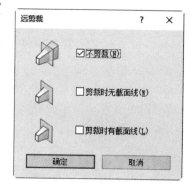

图2-55 "远剪裁"对话框

➢ 颜色方案位置：指定是否将颜色方案应用于背景或前景。

➢ 颜色方案：指定应用到视图中的房间、面积、空间或分区的颜色方案。

2.3.4 过滤器

若要基于参数值控制视图中图元的可见性或图形显示，则创建可基于类别参数定义规则的过滤器。

（1）单击"视图"选项卡"图形"面板中的"过滤器"按钮，打开"过滤器"对话框，如图2-56所示。该对话框中按字母顺序列出过滤器并按基于规则和基于选择的树状结构给过滤器排序。

图2-56 "过滤器"对话框

（2）单击"新建"按钮，打开如图2-57所示的"过滤器名称"对话框，输入过滤器名称，单击"确定"按钮。

（3）选取过滤器，单击"复制"按钮，复制的新过滤器将显示在"过滤器"列表中。然后单击"重命名"按钮，打开"重命名"对话框，输入新名称，如图2-58所示，单击"确定"按钮。

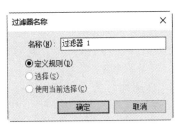

图2-57 "过滤器名称"对话框

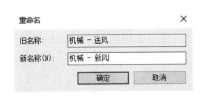

图2-58 "重命名"对话框

（4）在"类别"选项组中选择将包含在过滤器中的一个或多个类别。选定类别将确定可用于过滤器规则中的参数。

（5）在"过滤器规则"选项组中设置过滤器条件，最多可以添加三个条件。

（6）在"操作符"下拉列表框中选择过滤器的运算符，包括"等于""不等于""大于""大于或等于""小于""小于或等于""包含""不包含""开始部分是""开始部分不是""末尾是""末尾不是""有一个值""没有值"。

（7）完成过滤器条件的创建后单击"确定"按钮。

2.4 协同工作

2.4.1 导入 CAD 文件

（1）单击"插入"选项卡"导入"面板中的"导入 CAD"按钮 ，打开如图 2-59 所示的"导入 CAD 格式"对话框。

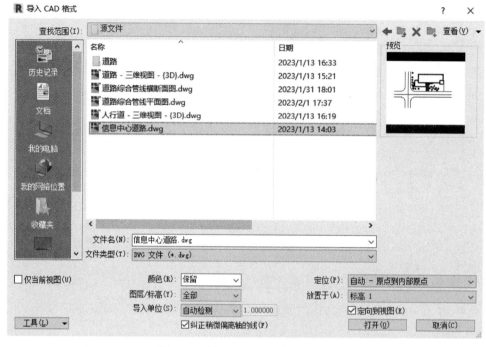

图 2-59 "导入 CAD 格式"对话框

（2）选取要导入的 CAD 图纸，设置参数。单击"打开"按钮，导入 CAD 图纸。

"导入 CAD 格式"对话框中的选项说明如下：

➢ 仅当前视图：仅将 CAD 图纸导入到活动视图中，图元行为类似注释。

➢ 颜色：提供"保留""反选""黑白"三种选项。系统默认为"保留"。

　　• 保留：导入的文件保持原始颜色。

　　• 反选：将来自导入文件的所有线和文字对象的颜色反转为 Revit 专用颜色。深色变浅，浅色变深。

　　• 黑白：以黑白方式导入文件。

➢ 图层/标高：提供"全部""可见""指定"三种选项。系统默认为"全部"。

　• 全部：导入原始文件中的所有图层。

　• 可见：导入原始文件中的可见图层。

　• 指定：选择此选项，导入 CAD 文件时会打开"选择要导入/连接的图层/标高"对话框，在该对话框中可以选择要导入的图层。

> 导入单位：为导入的几何图形明确设置测量单位，包括"自动检测""英尺""英寸""米""分米""厘米""毫米""自定义系数"。选择"自动检测"选项，如果要导入的 AutoCAD 文件是以英制创建的，则该文件将以英尺和英寸为单位导入 Revit 中；如果要导入的 AutoCAD 文件是以公制创建的，则该文件将以毫米为单位导入到 Revit 中。

> 纠正稍微偏离轴的线：系统默认选中此复选框，可以自动更正稍微偏离轴（小于 0.1°）的线，并且有助于避免由这些线生成的 Revit 图元出现问题。

> 定位：指定链接文件的坐标位置，包括手动和自动方式。

- 自动-中心到中心：将导入几何图形的中心放置到主体 Revit 模型的中心。

- 自动-原点到内部原点：将导入几何图形的原点放置到 Revit 主体模型的原点。

- 手动-原点：在当前视图中显示导入的几何图形，同时光标会定位于导入项或链接项的世界坐标原点上。

- 手动-中心：在当前视图中显示导入的几何图形，同时光标会定位于导入项或链接项的几何中心上。

> 放置于：指定放置文件的位置。在下拉列表框中选择某一标高后，导入的文件将放置于当前标高位置。如果选中"仅当前视图"复选框，则此选项不可用。

> 定向到视图：如果"正北"和"项目北"没有在主体 Revit 模型中对齐，则使用该选项可在视图中对 CAD 文件进行定向。

导入的图纸是锁定的，将无法移动或删除该对象，需要解锁后才能进行移动或删除。

2.4.2 链接 CAD 文件

单击"插入"选项卡"导入"面板中的"链接 CAD"按钮 ，打开"链接 CAD 格式"对话框，如图 2-60 所示。其操作方法和对话框中的选项说明同 2.4.1 节，这里不再一一介绍。

图 2-60 "链接 CAD 格式"对话框

链接的 CAD 文件是引用的,当源文件更新后,链接到项目中的 CAD 文件也会随之更新;而导入的 CAD 文件会成为项目文件的一部分,可以对其进行操作,源文件更新后,导入的 CAD 文件不会随之更改。

2.4.3 链接 Revit 模型

（1）新建一项目文件。单击"插入"选项卡"导入"面板中的"链接 Revit"按钮，打开如图 2-61 所示的"导入/链接 RVT"对话框。

图 2-61 "导入/链接 RVT"对话框

（2）选择要链接的模型,设置定位,单击"打开"按钮,导入 Revit 模型。

2.4.4 管理链接

选取链接模型,单击"修改│RVT 链接"选项卡"链接"面板中的"管理链接"按钮，打开如图 2-62 所示的"管理链接"对话框,显示有关链接的信息。

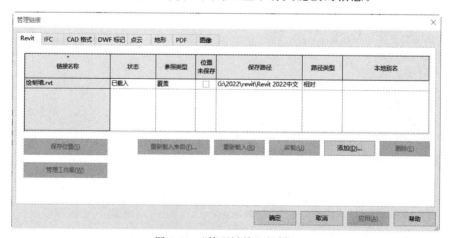

图 2-62 "管理链接"对话框

"管理链接"对话框中的选项说明如下。

➤ 链接名称：指示链接模型或文件的名称。

➤ 状态：指示在主体模型中是否载入链接，包括"已载入""未载入""未找到"。

➤ 参照类型：包括"附着"和"覆盖"两种类型。

• 附着：当链接模型的主体链接到另一个模型时，将显示该链接模型。

• 覆盖：该选项为默认设置。如果导入包含嵌套链接的模型，将显示一条消息，说明导入的模型包含嵌套链接，并且这些模型在主体模型中将不可见。

➤ 位置未保存：指定链接的位置是否保存在共享坐标系中。

➤ 本地别名：如果使用基于文件的工作共享，并且已链接到 Revit 模型的本地副本，而不是链接到中心模型，其位置会显示在此处。

➤ 卸载：选取链接模型，单击此按钮，打开如图 2-63 所示的"卸载链接"提示对话框，单击"确定"按钮，将链接模型暂时从项目中删除。

➤ 保存位置：保存链接实例的位置。

➤ 管理工作集：单击此按钮，打开"管理链接的工作集"对话框，用以打开和关闭链接模型中的工作集。

(1) 链接的模型是不可编辑的，如果需要编辑链接，应将模型绑定到当前项目中。具体方法为：选取链接模型，单击"修改|RVT 链接"选项卡"链接"面板中的"绑定链接"按钮，打开如图 2-64 所示的"绑定链接选项"对话框，选取要绑定的项目，单击"确定"按钮。

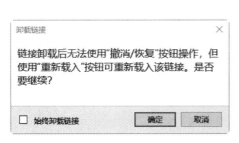

图 2-63 "卸载链接"提示对话框

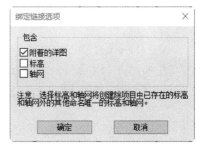

图 2-64 "绑定链接选项"对话框

(2) 此时系统打开如图 2-65 所示的警告对话框，单击"删除链接"按钮，链接模型为一个模型组。选取模型组，单击"修改|模型组"选项卡"成组"面板中的"解组"按钮，将模型组分解成单个图元，即可对其进行编辑。

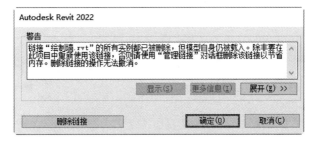

图 2-65 警告对话框

第3章

基本操作工具

Revit 提供了丰富的实体操作工具,如工作平面、尺寸标注、图元修改和图元组等,借助这些工具,用户可以轻松、方便、快捷地绘制图形。

3.1　工作平面

工作平面是一个用作视图或绘制图元起始位置的虚拟二维表面。工作平面可以作为视图的原点，可以用来绘制图元，还可以用于放置基于工作平面的构件。

3.1.1　设置工作平面

每个视图都与工作平面相关联。在视图中设置工作平面时，工作平面与该视图一起保存。

在某些视图（如平面图、三维图和绘图图）以及族编辑器的视图中，工作平面是自动设置的。在其他视图（如立面视图和剖面视图）中，则必须设置工作平面。

单击"建筑"选项卡"工作平面"面板中的"设置"按钮 ，打开如图 3-1 所示的"工作平面"对话框，使用该对话框可以显示或更改视图的工作平面，也可以显示、设置、更改或取消关联基于工作平面图元的工作平面。

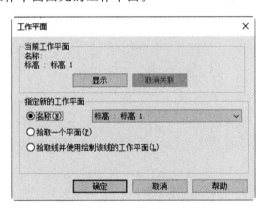

图 3-1　"工作平面"对话框

"工作平面"对话框中的选项说明如下。

> 名称：从下拉列表框中选择一个可用的工作平面。此下拉列表框中包括标高、网格和已命名的参照平面。
> 拾取一个平面：选择此选项，可以选择任何可进行尺寸标注的平面为所需平面，包括墙面、链接模型中的面、拉伸面、标高、网格和参照平面，Revit 会创建与所选平面重合的平面。
> 拾取线并使用绘制该线的工作平面：Revit 会创建与选定线的工作平面共面的工作平面。

3.1.2　显示工作平面

可以在视图中显示或隐藏活动的工作平面，工作平面在视图中以网格显示。

单击"建筑"选项卡"工作平面"面板中的"显示工作平面"按钮 ，显示工作平面，如图 3-2 所示。再次

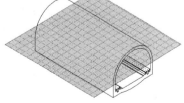

图 3-2　显示工作平面

单击"显示工作平面"按钮 ，可以隐藏工作平面。

3.1.3　编辑工作平面

可以修改工作平面的边界大小和网格大小。

（1）选取视图中的工作平面，拖动平面的边界控制点，改变其大小，如图 3-3 所示。

（2）在"属性"选项板的工作平面网格间距中输入新的间距值，或者在选项栏中输入新的间距值，然后按 Enter 键或单击"应用"按钮，更改网格间距大小，如图 3-4 所示。

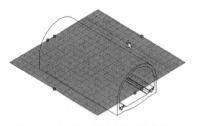

图 3-3　拖动边界控制点更改大小

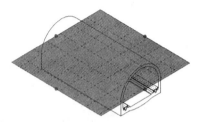

图 3-4　更改网格间距

3.2　尺　寸　标　注

尺寸标注是项目中显示距离和尺寸的专有图元，包括临时尺寸标注和永久性尺寸标注。可以将临时尺寸更改为永久性尺寸。

3.2.1　临时尺寸

临时尺寸是放置图元或绘制线或选择图元时在图形中显示的测量值。在完成动作或取消选择图元后，这些尺寸标注会消失。

下面介绍临时尺寸标注的设置方法。

单击"管理"选项卡"设置"面板"其他设置"下拉列表框中的"注释"→"临时尺寸标注"按钮 ，打开"临时尺寸标注属性"对话框，如图 3-5 所示。

图 3-5　"临时尺寸标注属性"对话框

Note

利用此对话框可以将临时尺寸标注设置为从墙中心线、墙面、核心层中心或核心层表面开始测量，还可以将门窗临时设置为从中心线或洞口开始测量。

在绘制图元时，Revit 会显示图元的相关形状临时尺寸，如图 3-6 所示。放置图元后，Revit 会显示图元的形状和位置临时尺寸标注，如图 3-7 所示。当放置另一个图元时，前一个图元的临时尺寸标注将不再显示，但当再次选取图元时，Revit 会显示图元的形状和位置临时尺寸标注。

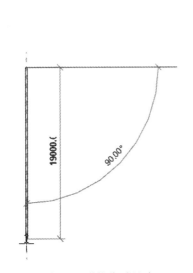

图 3-6　形状临时尺寸

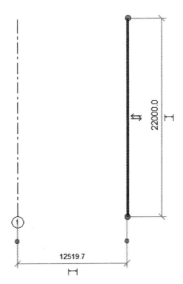

图 3-7　形状和位置临时尺寸

可以通过移动尺寸界线来修改临时尺寸标注，以更改参照图元，如图 3-8 所示。

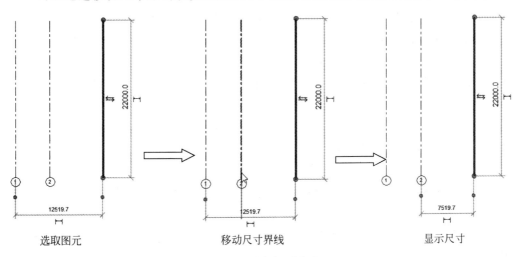

图 3-8　更改参照图元

双击临时尺寸上的值，打开尺寸值输入框，输入新的尺寸值，按 Enter 键确认，图元根据尺寸值调整大小或位置，如图 3-9 所示。

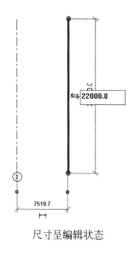尺寸呈编辑状态

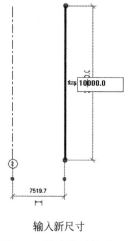输入新尺寸

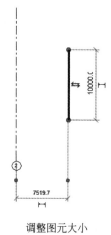调整图元大小

图 3-9　修改临时尺寸

单击临时尺寸附近出现的尺寸标注符号┣┫，将临时尺寸标注转换为永久性尺寸标注，以便其始终显示在图形中，如图 3-10 所示。

如果在 Revit 中选择了多个图元，则不会显示临时尺寸标注和限制条件。若想要显示临时尺寸，需要在选择多个图元后，单击选项栏中的"激活尺寸标注"按钮 激活尺寸标注 。

3.2.2　永久性尺寸

永久性尺寸是添加到图形以记录设计的测量值。它们属于视图专有，并可在图纸上打印。

图 3-10　更改为永久性尺寸

使用"尺寸标注"工具在项目构件或族构件上放置永久性尺寸标注。可以从对齐、线性（构件的水平或垂直投影）、角度、半径、直径或弧长度永久性尺寸标注中进行选择。

（1）单击"注释"选项卡"尺寸标注"面板中的"对齐"按钮 ╱，在选项栏中可以设置参照为"参照墙中心线""参照墙面""参照核心层中心""参照核心层表面"。例如，如果选择墙中心线，则将光标放置于某面墙上时，光标将首先捕捉该墙的中心线。

（2）在选项栏中设置拾取为"单个参照点"，将光标放置在某个图元的参照点上，此参照点会高亮显示，单击指定参照。

（3）将光标放置在下一个参照点的目标位置上并单击，当移动光标时，会显示一条尺寸标注线。如果需要，可以连续选择多个参照。

（4）当选择完参照点之后，从最后一个构件上移开光标，移动光标到适当位置单击放置尺寸。标注过程如图 3-11 所示。

（5）在"属性"选项板中选择尺寸标注样式，如图 3-12 所示，单击"编辑类型"按钮 🔠，打开"类型属性"对话框。单击"复制"按钮，打开"名称"对话框，输入新名称为"对

角线-5mm RomanD",如图 3-13 所示。单击"确定"按钮,返回"类型属性"对话框,更改文字大小为 5,其他采用默认设置,如图 3-14 所示,单击"确定"按钮。

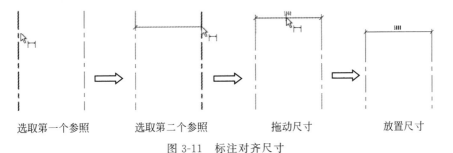

选取第一个参照　　　选取第二个参照　　　拖动尺寸　　　　放置尺寸

图 3-11　标注对齐尺寸

图 3-12　选择标注样式

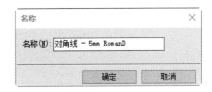

图 3-13　"名称"对话框

（6）选取要修改尺寸的图元,永久性尺寸呈编辑状态。单击尺寸上的值,打开尺寸值输入框,输入新的尺寸值,按 Enter 键确认,图元根据尺寸值调整大小或位置,如图 3-15 所示。

线性尺寸、角度尺寸、半径尺寸、直径尺寸和弧长尺寸的标注方法与对齐尺寸的标注方法相同,这里不再一一介绍。

图 3-14 "类型属性"对话框

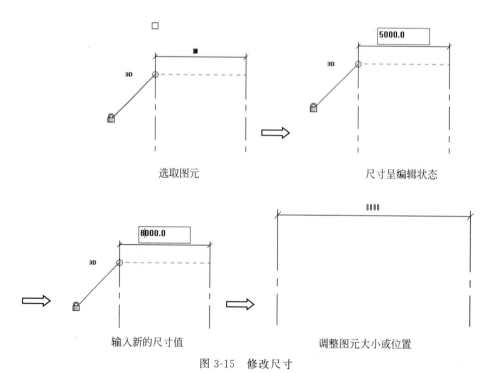

选取图元

尺寸呈编辑状态

输入新的尺寸值

调整图元大小或位置

图 3-15 修改尺寸

3.3 文 字

可以通过"文字"命令将说明性、技术或其他文字注释添加到工程图。

（1）单击"注释"选项卡"文字"面板中的"文字"按钮 **A**，打开"修改|放置 文字"选项卡，如图3-16所示。

图3-16 "修改|放置 文字"选项卡

"修改|放置 文字"选项卡中的按钮说明如下。

➢ "无引线"按钮 A：用于创建没有引线的文字注释。

➢ "一段"按钮 ←A：将一条直引线从文字注释添加到指定的位置。

➢ "两段"按钮 A：由两条直线构成一条引线将文字注释添加到指定的位置。

➢ "曲线形"按钮 A：将一条弯曲线从文字注释添加到指定的位置。

➢ "左/右上引线"按钮 /：将引线附着到文字顶行的左/右侧。

➢ "左/右中引线"按钮 /：将引线附着到文本框边框的左/右侧中间位置。

➢ "左/右下引线"按钮 /：将引线附着到文字底行的左/右侧。

➢ "顶部对齐"按钮 ：将文字沿顶部页边距对齐。

➢ "居中对齐（上下）"按钮 ：在顶部页边距与底部页边距之间以均匀的间隔对齐文字。

➢ "底部对齐"按钮 ：将文字沿底部页边距对齐。

➢ "左对齐"按钮 ：将文字与左侧页边距对齐。

➢ "居中对齐（左右）"按钮 ：在左侧页边距与右侧页边距之间以均匀的间隔对齐文字。

➢ "右对齐"按钮 ：将文字与右侧页边距对齐。

➢ "拼写检查"按钮 ：用于对选择集、当前视图或图纸中的文字注释进行拼写检查。

➢ "查找/替换"按钮 ：在打开的项目文件中查找并替换文字。

（2）单击"两段"按钮 A 和"左中引线"按钮 ，在视图中适当位置单击确定引线的起点，拖动鼠标到适当位置单击确定引线的转折点，然后移动鼠标到适当位置单击确定引线的终点，并显示文本输入框和"放置 编辑文字"选项卡，如图3-17所示。

图3-17 文本输入框和"放置 编辑文字"选项卡

Note

（3）在文本框中输入文字，在"放置　编辑文字"选项卡中单击"关闭"按钮 ⊠，完成文字输入，如图 3-18 所示。

（4）在图 3-18 中拖动引线上的控制点可以调整引线的位置，拖动文本框上的控制点可以调整文本框的大小。

（5）用鼠标拖动文字上方的"拖曳"图标 ✛，可以调整文字的位置；用鼠标拖动文字上方的"旋转文字注释"图标 ↻，可以旋转文字的角度，如图 3-19 所示。

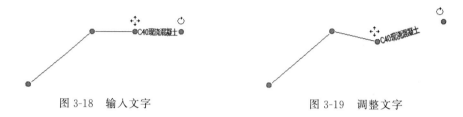

图 3-18　输入文字　　　　　　　　图 3-19　调整文字

（6）在"属性"选项板的"类型"下拉列表框中选取需要的文字类型，如图 3-20 所示。

（7）在"属性"选项板中单击"编辑类型"按钮 ，打开如图 3-21 所示的"类型属性"对话框，在该对话框中可以修改文字的颜色、背景、大小以及字体等属性，更改后单击"确定"按钮。

图 3-20　更改文字类型

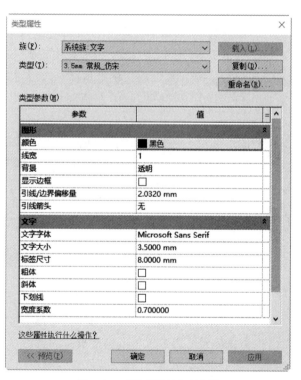

图 3-21　"类型属性"对话框

图 3-21 所示"类型属性"对话框中的选项说明如下。

➢ 颜色：单击该项，打开"颜色"对话框，设置文字和引线的颜色。

➢ 线宽：设置边框和引线的宽度。

➢ 背景：设置文字注释的背景。如果选择不透明背景的注释会遮挡其后的材质，如果选择透明背景的注释可看到其后的材质。

➢ 显示边框：选中此复选框，在文字周围显示边框。

➢ 引线/边界偏移量：设置引线/边界和文字之间的距离。

➢ 引线箭头：设置引线是否带箭头以及箭头的样式。

➢ 文字字体：在下拉列表框中选择注释文字的字体。

➢ 文字大小：设置文字的大小。

➢ 标签尺寸：设置文字注释的选项卡间距。创建文字注释时，可以在文字注释内的任何位置按 Tab 键，将出现一个指定大小的制表符。该选项也用于确定文字列表的缩进。

➢ 粗体：选中此复选框，将文字字体设置为粗体。

➢ 斜体：选中此复选框，将文字字体设置为斜体。

➢ 下划线：选中此复选框，在文字下方添加下划线。

➢ 宽度系数：字体宽度随此系数成比例缩放，高度则不受影响。常规文字宽度的默认值是 1.0。

3.4 模 型 线

模型线是基于工作平面的图元，存在于三维空间且在所有视图中都可见。模型线可以绘制成直线或曲线，可以单独绘制、链状绘制或者以矩形、圆形、椭圆形或其他多边形的形状进行绘制。

单击"建筑"选项卡"模型"面板中的"模型线"按钮Ⅱ，打开"修改|放置 线"选项卡，其中"绘制"面板和"线样式"面板中包含所有用于绘制模型线的绘图工具与线样式设置，如图 3-22所示。

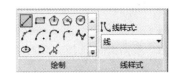

图 3-22 "绘制"面板和"线样式"面板

1. 直线

（1）单击"修改|放置 线"选项卡"绘制"面板中的"直线"按钮，鼠标指针变成—┼—形状，并在功能区的下方显示选项栏，如图 3-23 所示。

图 3-23 选项栏

（2）在视图区中指定直线的起点，按住鼠标左键开始拖动，直到直线终点放开。视图中显示绘制直线的参数，如图 3-24 所示。

（3）可以直接输入直线的参数，按 Enter 键确认，如图 3-25 所示。

选项栏中的选项说明如下。

图 3-24　直线参数

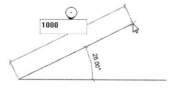

图 3-25　输入直线参数

> 放置平面：显示当前的工作平面，可以从列表中选择标高或拾取新工作平面为工作平面。
> 链：选中此复选框，绘制连续线段。
> 偏移：在文本框中输入偏移值，绘制的直线根据输入的偏移值自动偏移轨迹线。
> 半径：选中此复选框，并输入半径值，绘制的直线之间会根据半径值自动生成圆角。要使用此选项，必须先选中"链"复选框绘制连续曲线才能绘制圆角。

2．矩形

根据起点和角点绘制矩形。

（1）单击"修改|放置　线"选项卡"绘制"面板中的"矩形"按钮 ⬜，在图中适当位置单击确定矩形的起点。

（2）拖动鼠标，动态显示矩形的大小，单击确定矩形的角点，也可以直接输入矩形的尺寸值。

（3）在选项栏中选中"半径"复选框，输入半径值，绘制带圆角的矩形，如图 3-26 所示。

图 3-26　带圆角矩形

3．多边形

1）内接多边形

对于内接多边形而言，圆的半径是圆心到多边形边之间顶点的距离。

（1）单击"修改|放置　线"选项卡"绘制"面板中的"内接多边形"按钮 ⬡，打开选项栏，如图 3-27 所示。

图 3-27　多边形选项栏

（2）在选项栏中输入边数、偏移值以及半径等参数。

（3）在绘图区域内单击确定多边形外接圆的圆心。

（4）移动光标并单击确定圆心到多边形边之间顶点的距离，完成内接多边形的绘制。

2）外接多边形

绘制一个各边与中心相距某个特定距离的多边形。

（1）单击"修改|放置　线"选项卡"绘制"面板中的"外接多边形"按钮 ⬡，打开选项栏，如图 3-27 所示。

（2）在选项栏中输入边数、偏移值以及半径等参数。

（3）在绘图区域内单击确定多边形外接圆的圆心。

（4）移动光标并单击确定圆心到多边形边的垂直距离，完成外接多边形的绘制。

4. 圆

通过指定圆形的中心点和半径来绘制圆形。

（1）单击"修改|放置　线"选项卡"绘制"面板中的"圆"按钮 ，打开选项栏，如图 3-28 所示。

图 3-28　圆选项栏

（2）在绘图区域中单击确定圆的圆心。

（3）在选项栏中输入半径，单击即可将圆形放置在绘图区域。

（4）如果在选项栏中没有确定半径，可以拖动鼠标调整圆的半径，再次单击确认半径，完成圆的绘制。

5. 圆弧

Revit 提供了四种用于绘制弧的选项。

（1）起点-终点-半径弧 ：通过绘制连接弧的两个端点的弦指定起点-终点-半径弧，然后使用第三个点指定角度或半径。

（2）圆心-端点弧 ：通过指定圆心、起点和端点绘制圆弧。此方法不能绘制角度大于 $180°$ 的圆弧。

（3）相切-端点弧 ：从现有墙或线的端点创建相切弧。

（4）圆角弧 ：绘制两相交直线间的圆角。

6. 椭圆和椭圆弧

（1）椭圆 ：通过中心点、长半轴和短半轴来绘制椭圆。

（2）半椭圆 ：通过长半轴和短半轴来控制半椭圆的大小。

7. 样条曲线

绘制一条经过或靠近指定点的平滑曲线。

（1）单击"修改|放置　线"选项卡"绘制"面板中的"样条曲线"按钮 ，打开选项栏。

（2）在绘图区域中单击指定样条曲线的起点。

（3）移动光标单击，指定样条曲线上的下一个控制点，根据需要指定控制点。

用一条样条曲线无法创建单一闭合环，但是，可以使用第二条样条曲线来使曲线闭合。

3.5　图元修改

Revit 提供了图元的修改和编辑工具，主要集中在"修改"选项卡中，如图 3-29 所示。

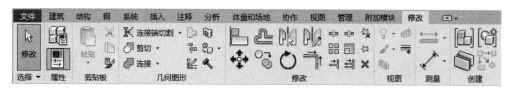

图 3-29 "修改"选项卡

当选择要修改的图元后,会打开"修改|××"选项卡。选择的图元不同,打开的"修改|××"选项卡也会有所不同,但是"修改"面板中的操作工具是相同的。

3.5.1 对齐图元

可以将一个或多个图元与选定图元对齐。此工具通常用于对齐墙、梁和线,但也可以用于其他类型的图元。可以对齐同一类型的图元,也可以对齐不同类型的图元。可以在平面图(二维)、三维视图或立面图中对齐图元。

具体操作步骤如下。

(1)单击"修改"选项卡"修改"面板中的"对齐"按钮 ▙(快捷键:AL),打开选项栏,如图 3-30 所示。

对齐选项栏中的选项说明如下。

图 3-30 对齐选项栏

> 多重对齐:选中此复选框,将多个图元与所选图元对齐。也可以按住 Ctrl 键同时选择多个图元进行对齐。

> 首选:指明将如何对齐所选墙,包括"参照墙面""参照墙中心线""参照核心层表面""参照核心层中心"。

(2)选择要与其他图元对齐的图元,如图 3-31 所示。

(3)选择要与参照图元对齐的一个或多个图元,如图 3-32 所示。在选择之前,将光标在图元上移动,直到高亮显示要与参照图元对齐的图元部分时为止,然后单击该图元,对齐图元,如图 3-33 所示。

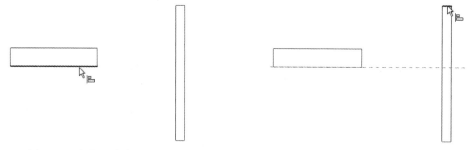

图 3-31 选取要对齐的图元   图 3-32 选取参照图元

(4)如果希望选定图元与参照图元保持对齐状态,应单击锁定标记来锁定对齐,当修改具有对齐关系的图元时,系统会自动修改与之对齐的其他图元。如图 3-34 所示。

☎ 注意:要启动新对齐,按 Esc 键一次;要退出对齐工具,按 Esc 键两次。

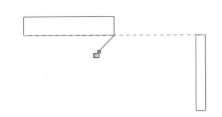

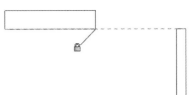

图 3-33　对齐图元　　　　　　　　　　　　图 3-34　锁定对齐

3.5.2　移动图元

可以将选定的图元移动到新的位置,具体操作步骤如下。

（1）选择要移动的图元,如图 3-35 所示。

（2）单击"修改"选项卡"修改"面板中的"移动"按钮 ✛（快捷键：MV）,打开移动选项栏,如图 3-36 所示。

图 3-35　选择图元　　　　　　　　图 3-36　移动选项栏

移动选项栏中的选项说明如下。

➢ 约束：选中此复选框,限制图元沿与其垂直或共线的矢量方向移动。

➢ 分开：选中此复选框,可在移动前中断所选图元和其他图元之间的关联,也可以将依赖于主体的图元从当前主体移动到新的主体上。

（3）单击图元上的点作为移动的起点,如图 3-37 所示。

（4）利用鼠标移动图元到适当位置,如图 3-38 所示。

（5）单击完成移动操作,如图 3-39 所示。如果要更精准地移动图元,在移动过程中输入要移动的距离即可。

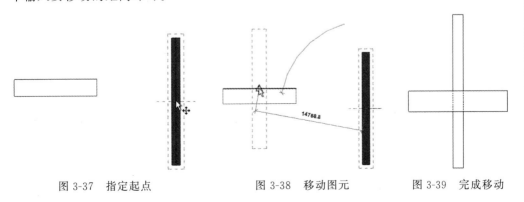

图 3-37　指定起点　　　　　　　图 3-38　移动图元　　　　　　图 3-39　完成移动

3.5.3 旋转图元

可以绕轴旋转选定的图元。在楼层平面图、天花板投影平面图、立面图和剖视图中,图元会围绕垂直于这些视图的轴进行旋转。并不是所有图元均可以围绕任何轴旋转。例如,墙不能在立面图中旋转,窗不能在没有墙的情况下旋转。

具体操作步骤如下。

(1) 选择要旋转的图元,如图 3-40 所示。

(2) 单击"修改"选项卡"修改"面板中的"旋转"按钮 ⟳(快捷键:RO),打开旋转选项栏,如图 3-41 所示。

图 3-40 选择图元

图 3-41 旋转选项栏

旋转选项栏中的选项说明如下。

➤ 分开:选中此复选框,可在移动前中断所选图元和其他图元之间的关联。

➤ 复制:选中此复选框,旋转所选图元的副本,而在原来位置上保留原始对象。

➤ 角度:输入旋转角度,系统会根据指定的角度旋转图元。

➤ 旋转中心:默认的旋转中心是图元中心,可以单击"地点"按钮 地点 ,指定新的旋转中心。

(3) 单击以指定旋转的开始位置,如图 3-42 所示,此时显示的线即为第一条放射线。如果在指定第一条放射线时光标进行捕捉,则捕捉线将随预览框一起旋转,并在放置第二条放射线时捕捉屏幕上的角度。

(4) 移动鼠标旋转图元到适当位置,如图 3-43 所示。

(5) 单击完成旋转操作,如图 3-44 所示。如果要更精准地旋转图元,在旋转过程中输入要旋转的角度即可。

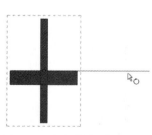

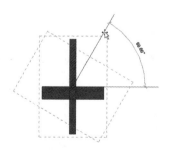

图 3-42 指定旋转的起始位置

图 3-43 旋转图元

图 3-44 完成旋转

3.5.4 偏移图元

偏移图元是指将选定的图元(如线、墙或梁)复制并移动到其长度的垂直方向上的指定距离处。可以对单个图元或属于相同族的图元链应用偏移工具,也可以通过拖曳选定图元或输入值来指定偏移距离。

偏移工具的使用限制条件如下。

(1)只能在线、梁和支撑的工作平面中进行偏移。

(2)不能对创建为内建族的墙进行偏移。

(3)不能在与图元的移动平面相垂直的视图中偏移这些图元,如不能在立面图中偏移墙。

具体操作步骤如下。

(1)单击"修改"选项卡"修改"面板中的"偏移"按钮 (快捷键:OF),打开偏移选项栏,如图3-45所示。

图3-45 偏移选项栏

偏移选项栏中的选项说明如下。

➢ 图形方式:选择此单选按钮,将选定图元拖曳到所需位置。

➢ 数值方式:选择此单选按钮,在"偏移"文本框中输入偏移距离值,距离值为正数。

➢ 复制:选中此复选框,偏移所选图元的副本,而在原来位置上保留原始对象。

(2)在选项栏中选择偏移距离的方式。

(3)选择要偏移的图元或链,如果选择"数值方式"单选按钮,指定了偏移距离,则将在放置光标的一侧,离高亮显示图元指定偏移距离的地方显示一条预览线,如图3-46所示。

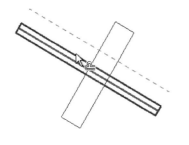 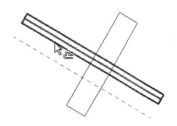

光标在图元的上方   光标在图元的下方

图3-46 偏移方向

(4)根据需要移动光标,以便在所需偏移位置显示预览线,然后单击将图元或链移动到该位置,或在那里放置一个副本。

(5)如果选择"图形方式"单选按钮,则单击以选择高亮显示的图元,然后将其拖曳到所需距离并再次单击。开始拖曳后,将显示一个关联尺寸标注,可以输入特定的偏移距离。

3.5.5 镜像图元

可以移动或复制所选图元,并将其位置反转到所选轴线的对面。

1. 镜像-拾取轴

可以通过已有轴来镜像图元,具体操作步骤如下。

(1) 选择要镜像的图元,如图 3-47 所示。

(2) 单击"修改"选项卡"修改"面板中的"镜像-拾取轴"按钮 (快捷键:MM),打开镜像选项栏,如图 3-48 所示。

图 3-47　选择图元　　　　　　　　　图 3-48　镜像选项栏

镜像选项栏中的选项说明如下。

复制:选中此复选框,镜像所选图元的副本,而在原来位置上保留原始对象。

(3) 选择代表镜像轴的线,如图 3-49 所示。

(4) 单击完成镜像操作,如图 3-50 所示。

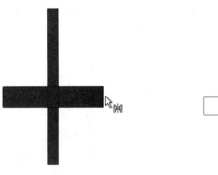

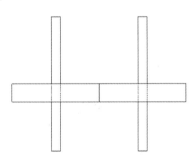

图 3-49　选取镜像轴线　　　　　　　图 3-50　镜像图元

2. 镜像-绘制轴

可以通过绘制一条临时镜像轴线来镜像图元,具体操作步骤如下。

(1) 选择要镜像的图元,如图 3-51 所示。

(2) 单击"修改"选项卡"修改"面板中的"镜像-绘制轴"按钮 (快捷键:DM),打开镜像选项栏,如图 3-52 所示。

Note

图 3-51　选择图元

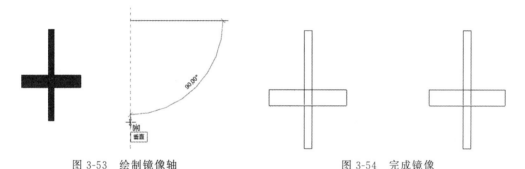

图 3-52　镜像选项栏

（3）绘制一条临时镜像轴线，如图 3-53 所示。

（4）单击完成镜像操作，如图 3-54 所示。

图 3-53　绘制镜像轴　　　　　　　　　　图 3-54　完成镜像

3.5.6　阵列图元

使用阵列工具可以创建一个或多个图元的多个实例，并同时对这些实例执行操作。

1．线性阵列

可以指定阵列中的图元之间的距离，具体操作步骤如下。

（1）单击"修改"选项卡"修改"面板中的"阵列"按钮 ⊞（快捷键：AR），选择要阵列的图元，按 Enter 键，打开选项栏，如图 3-55 所示，单击"线性"按钮 ▦。

图 3-55　线性阵列选项栏

线性阵列选项栏中的选项说明如下。

> 成组并关联：选中此复选框，将阵列的每个成员放在一个组中。如果未选中此复选框，则阵列后每个副本都独立于其他副本。

> 项目数：指定阵列中所有选定图元的副本总数。

> 移动到：成员之间间距的控制方法。

> 第二个：指定阵列每个成员之间的间距，如图 3-56 所示。

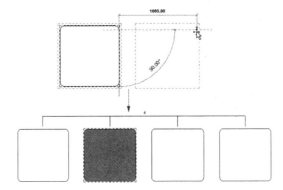

图 3-56　设置第二个成员间距

> 最后一个：指定阵列中第一成员到最后一个成员之间的间距。阵列成员会在第一个成员和最后一个成员之间以相等间距分布，如图 3-57 所示。

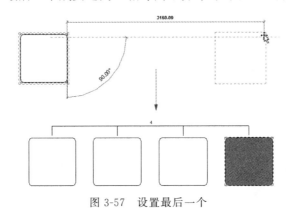

图 3-57　设置最后一个

> 约束：选中此复选框，用于限制阵列成员沿着与所选的图元垂直或共线的矢量方向移动。
> 激活尺寸标注：单击此选项，可以显示并激活要阵列图元的定位尺寸。

（2）在绘图区域中单击以指明测量的起点。

（3）移动光标显示第二成员尺寸或最后一个成员尺寸，单击确定间距尺寸，或直接输入尺寸值。

（4）在选项栏中输入副本数，也可以直接修改图形中的副本数字，完成阵列。

2．半径阵列

可以绘制圆弧并指定阵列中要显示的图元数量，具体操作步骤如下。

（1）单击"修改"选项卡"修改"面板中的"阵列"按钮 （快捷键：AR），选择要阵列的图元，按 Enter 键，打开选项栏，如图 3-58 所示，单击"半径"按钮 。

图 3-58　半径阵列选项栏

半径阵列选项栏中的选项说明如下。
> 角度：在此文本框中输入总的径向阵列角度，最大为 360°。

> 旋转中心:设定径向旋转中心点。

（2）系统默认图元的中心为旋转中心点,如果需要设置旋转中心点,则单击"地点"按钮,在适当的位置单击指定旋转直线,如图3-59所示。

（3）将光标移动到半径阵列的弧形开始的位置,如图3-60所示。在大部分情况下,都需要将旋转中心控制点从所选图元的中心移走或重新定位。

图 3-59　指定旋转中心　　　　　　图 3-60　半径阵列的开始位置

（4）在选项栏中输入旋转角度为360°,也可以在指定第一条旋转放射线后移动光标放置第二条旋转放射线来确定旋转角度。

（5）在视图中输入项目副本数为6,如图3-61所示。也可以直接在选项栏中输入项目数,按 Enter 键确认,结果如图3-62所示。

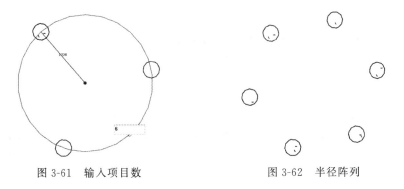

图 3-61　输入项目数　　　　　　　图 3-62　半径阵列

3.5.7　缩放图元

缩放工具适用于线、墙、图像、链接、DWG 和 DXF 导入、参照平面以及尺寸标注的位置。可以通过图形方式或输入比例系数来调整图元的尺寸和比例。

缩放图元尺寸时,需要注意以下事项。

（1）无法调整已锁定的图元。需要先解锁图元,然后才能调整其尺寸。

（2）调整图元尺寸时,需要定义一个原点,图元将相对于该固定点均匀地改变大小。

（3）所有选定图元都必须位于平行平面中。选择集中的所有墙都必须具有相同的底部标高。

（4）调整墙的尺寸时,插入对象(如门和窗)与墙的中点保持固定的距离。

（5）调整大小会改变尺寸标注的位置，但不改变尺寸标注的值。如果被调整的图元是尺寸标注的参照图元，则尺寸标注值会随之改变。

（6）链接符号和导入符号具有名为"实例比例"的只读实例参数，它表明实例大小与基准符号的差异程度。用户可以通过调整链接符号或导入符号来更改实例比例。

具体操作步骤如下。

（1）单击"修改"选项卡"修改"面板中的"缩放"按钮 （快捷键：RE），选择要缩放的图元，如图 3-63 所示，打开选项栏，如图 3-64 所示。

图 3-63　选取图元　　　　　　　　图 3-64　缩放选项栏

缩放选项栏中的选项说明如下。

➢ 图形方式：选择此单选按钮，Revit 将通过确定两个矢量长度的比率来计算比例系数。

➢ 数值方式：选择此单选按钮，在"比例"文本框中直接输入缩放比例系数，图元将按定义的比例系数调整大小。

（2）在选项栏中选择"数值方式"单选按钮，输入缩放比例为 0.5，在图形中单击以确定原点，如图 3-65 所示。

（3）缩放后的结果如图 3-66 所示。

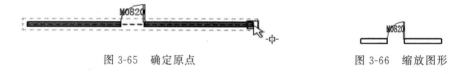

图 3-65　确定原点　　　　　　　　图 3-66　缩放图形

（4）如果选择"图形方式"单选按钮，则移动光标定义第一个矢量，单击设置长度，然后再次移动光标定义第二个矢量，系统将根据定义的两个矢量确定缩放比例。

3.5.8　拆分

利用拆分工具可将图元拆分为两个单独的部分，可删除两个点之间的线段，也可在两面墙之间创建定义的间隙。

拆分工具有两种使用方法：拆分图元和用间隙拆分。

拆分工具可以拆分墙、线、栏杆护手（仅拆分图元）、柱（仅拆分图元）、梁（仅拆分图元）、支撑（仅拆分图元）等图元。

1. 拆分图元

可以在选定点剪切图元（例如墙或管道），或删除两点之间的线段。具体操作步骤如下。

（1）单击"修改"选项卡"修改"面板中的"拆分图元"按钮 （快捷键：SL），打开选项栏，如图 3-67 所示。

拆分图元选项栏中的选项说明如下。

☑删除内部线段

图 3-67　拆分图元选项栏

删除内部线段：选中此复选框,Revit 会删除墙或线上所选点之间的线段。

（2）在图元上要拆分的位置处单击,如图 3-68 所示,拆分图元。

（3）如果选中"删除内部线段"复选框,则单击确定另一个点(见图 3-69)后会删除一段图元,如图 3-70 所示。

| 图 3-68 第一个拆分处 | 图 3-69 选取另一个点 | 图 3-70 拆分并删除图元 |

2．用间隙拆分

可以将墙拆分成其间已定义间隙的两面单独的墙,具体操作步骤如下。

（1）单击"修改"选项卡"修改"面板中的"用间隙拆分"按钮 ,打开选项栏,如图 3-71 所示。

（2）在选项栏中输入连接间隙值。

（3）在图元上要拆分的位置处单击,如图 3-72 所示。

（4）系统根据输入的间隙自动删除间隙处的图元,如图 3-73 所示。

连接间隙: 25.4

| 图 3-71 用间隙拆分选项栏 | 图 3-72 选取拆分位置 | 图 3-73 拆分图元 |

3.5.9 修剪/延伸图元

可以修剪或延伸一个或多个图元至由相同的图元类型定义的边界；也可以延伸不平行的图元以形成角,或者在它们相交时对它们进行修剪以形成角。选择要修剪的图元时,光标位置指示要保留的图元部分。

1．修剪/延伸为角

可以将两个所选图元修剪或延伸成一个角,具体操作步骤如下。

（1）单击"修改"选项卡"修改"面板中的"修剪/延伸为角"按钮 (快捷键：TR),

选择要修剪/延伸的一个图元,单击要保留部分,如图 3-74 所示。

(2) 选择要修剪/延伸的第二个图元,如图 3-75 所示。

(3) 系统根据所选图元修剪/延伸为一个角,如图 3-76 所示。

图 3-74　选择第一个图元保留部分　　　　图 3-75　选择第二个图元

2. 修剪/延伸单一图元

可以将一个图元修剪或延伸到其他图元定义的边界,具体操作步骤如下。

(1) 单击"修改"选项卡"修改"面板中的"修剪/延伸单个图元"按钮 ,选择要用作边界的参照,如图 3-77 所示。

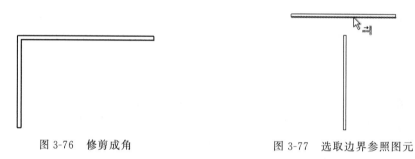

图 3-76　修剪成角　　　　　　　　图 3-77　选取边界参照图元

(2) 选择要修剪/延伸的图元,如图 3-78 所示。

(3) 如果此图元与边界(或投影)交叉,则保留所单击的部分,而修剪边界另一侧的部分,如图 3-79 所示。

图 3-78　选取要延伸的图元　　　　　　图 3-79　延伸图元(一)

3. 修剪/延伸多个图元

可以将多个图元修剪或延伸到其他图元定义的边界,具体操作步骤如下。

(1) 单击"修改"选项卡"修改"面板中的"修剪/延伸多个图元"按钮 ,选择要用作边界的参照,如图 3-80 所示。

（2）单击以选择要修剪或延伸的每个图元,或者框选所有要修剪/延伸的图元,如图 3-81 所示。

（3）如果此图元与边界（或投影）交叉,则保留所单击的部分,而修剪边界另一侧的部分。如图 3-82 所示。

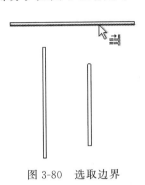

图 3-80　选取边界

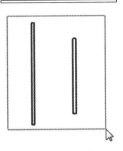

图 3-81　选取延伸图元

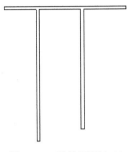

图 3-82　延伸图元（二）

 注意：从右向左绘制选择框时,图元不必包含在选中的框内;从左向右绘制时,仅选中完全包含在框内的图元。

3.6 图 元 组

可以将项目或族中的图元组成组,然后多次将组放置在项目或族中。需要创建代表重复布局的实体或通用于许多建筑项目的实体（例如,宾馆房间、公寓或重复楼板）时,对图元进行分组非常有用。

放置在组中的每个实例之间都具有相关性。例如,创建一个具有床、墙和窗的组,然后将该组的多个实例放置在项目中。如果修改一个组中的墙,则该组所有实例中的墙都会随之改变。

可以创建模型组、详图组和附着的详图组。

（1）模型组：这种组全部由模型组成,如图 3-83 所示。

（2）详图组：指包含视图专有的文本、填充区域、尺寸标注、门窗标记等图元的组,如图 3-84 所示。

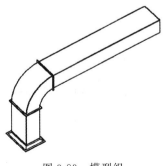

图 3-83　模型组

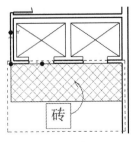

图 3-84　详图组

（3）附着的详图组：该组中包含与特定模型组关联的视图专有图元，如图 3-85 所示。

组不能同时包含模型图元和视图专有图元。如果选择了这两种类型的图元，使它们成组，则 Revit 会创建一个模型组，并将详图图元放置于该模型组的附着的详图组中。如果同时选择了详图图元和模型组，Revit 将为该模型组创建一个含有详图图元的附着的详图组。

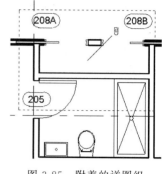

图 3-85　附着的详图组

3.6.1　创建组

可以选择图元或现有的组，然后使用"创建组"工具来创建组。具体操作步骤如下。

（1）单击"建筑"选项卡"模型"面板"模型组" 下拉列表框中的"创建组"按钮 （快捷键：GP），打开如图 3-86 所示的"创建组"对话框，输入名称，选取"模型"组类型。

（2）单击"确定"按钮，打开"编辑组"面板，如图 3-87 所示。单击"添加"按钮 ，选取视图中图元，添加到组中。单击"完成"按钮 ，完成组的创建。

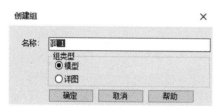

图 3-86　"创建组"对话框

图 3-87　"编辑组"面板

（3）如果要向组中添加项目视图中不存在的图元，可从相应的选项卡中选择图元创建工具并放置新的图元。在组编辑模式下向视图添加图元时，图元将自动添加到组。

3.6.2　编辑组

可以使用组编辑器在项目或族内修改组，也可以在外部编辑组。具体操作步骤如下。

（1）在绘图区域中选择要修改的组。如果要修改的组是嵌套的，应按 Tab 键，直到高亮显示该组，然后单击选中它。

（2）单击"修改|模型组"选项卡"成组"面板中的"编辑组"按钮 ，打开"编辑组"面板，如图 3-87 所示。

（3）单击"添加"按钮 ，将图元添加到组；单击"删除"按钮 ，从组中删除图元。

（4）单击"附着"按钮 ，打开如图 3-88 所示的"创建模型组和附着的详图组"对话框，输入模型组的名称（如有必要），并输入附着的详图组的名称。

（5）单击"确定"按钮，打开"编辑附着的组"面板，如图 3-89 所示。选择要添加到组中的图元，单击"完成"按钮 ，完成附着组的创建。

（6）单击"修改|模型组"选项卡"成组"面板中的"解组"按钮 ，将组恢复成图元。

图 3-88 "创建模型组和附着的详图组"对话框

图 3-89 "编辑附着的组"面板

第4章

族

族是 Revit 软件中的一个非常重要的构成要素,在 Revit 中不管是模型还是注释均是由族构成的,所以掌握族的创建和用法至关重要。

本章主要介绍族的使用、族参数的设置、二维族和三维族的创建以及族连接件的放置和设置等。

4.1　族　概　述

族根据参数(属性)集的共用、使用上的相同和图形表示的相似来对图元进行分组。一个族中不同图元的部分或全部属性可能有不同的值,但是属性的设置(器名称与含义)是相同的。例如,可以将桁架视为一个族,虽然构成此族的腹杆支座可能有不同的尺寸和不同材质。

Revit 提供了 3 种类型的族:系统族、可载入族和内建族。

1. 系统族

系统族可以创建要在建筑现场装配的基本图元,如墙、屋顶、楼板、风管、管道等。系统族还包含项目和系统设置,而这些设置会影响项目环境,如标高、轴网、图纸和视口等。

系统族是在 Revit 中预定义的。不能将其从外部文件中载入到项目中,也不能将其保存到项目之外的位置。Revit 不允许用户创建、复制、修改或删除系统族,但可以复制和修改系统族中的类型,以便创建自定义的系统族类型。系统族中可以只保留一个系统族类型,除此之外的其他系统族类型都可以删除,因为每个族至少需要一个类型才能创建新系统族类型。

2. 可载入族

可载入族是在外部 RFA 文件中创建的,并可导入或载入到项目中。

可载入族是用于创建下列构件的族:窗、门、橱柜、装置、家具、植物以及锅炉、热水器等以及一些常规自定义的主视图元。由于可载入族具有高度可自定义的特征,因此是在 Revit 中最经常创建和修改的族。对于包含许多类型的可载入族,可以创建和使用类型目录,以便仅载入项目所需的类型。

3. 内建族

内建族是用户创建当前项目专有的独特构件时所创建的独特图元。用户可以创建内建几何图形,以便它可参照其他项目几何图形,使其在所参照的几何图形发生变化时进行相应大小调整和其他调整。创建内建族时,Revit 将为内建族创建一个族,该族包含单个族类型。

4.2　族　的　使　用

4.2.1　新建族

(1) 在主页中单击"族"→"新建"或者单击"文件"→"新建"→"族"命令,打开"新族-选择样板文件"对话框,如图 4-1 所示。该对话框中显示多种类型的样板族。

下面对通用族样板的类型进行介绍。

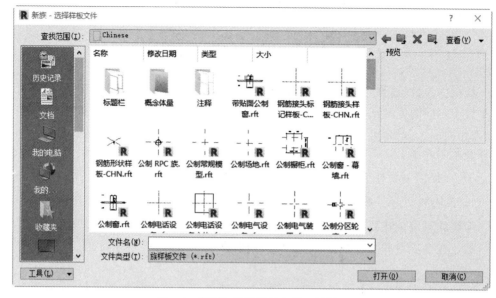

图 4-1 "新族-选择样板文件"对话框

① 标题栏。使用该样板创建图纸文件。

② 概念体量。使用该样板创建体量族文件。

③ 注释。使用该文件夹中的样板创建注释族，包括电气设备标记、电气装置标记。注释族为二维族，在三维视图中不可见。

④ 公制常规模型样板。使用该样板创建的族可以放置在任何项目的指定位置上，而不需要依附于任何一个工作平面和实体表面，这是最为常用的族样板。

⑤ 基于面的公制常规模型样板。使用基于面的样板可以创建基于工作平面的族，对这些族可以修改它们的主体。从样板创建的族可在主体中进行复杂的剪切。这些族的实例可放置在任何表面上，而不用考虑它自身的方向。

⑥ 基于墙/楼板/屋顶的样板。使用基于墙/楼板/屋顶的样板可以创建将插入到墙/楼板/屋顶中的构件。使用此样板创建的族需要依附在某一个实体的表面上。

⑦ 基于线的样板。使用基于线的样板可以创建采用两次拾取放置的详图族和模型族。

（2）选取所需的样板，单击"打开"按钮，打开族编辑器。这里选取"公制常规模型"样板文件，将其打开，如图 4-2 所示。

4.2.2 打开族和载入族

1. 打开族

在主页中单击"族"→"打开"或者单击"文件"→"新建"→"族"命令，打开"打开"对话框，打开系统自带的族文件或用户创建的族文件。

2. 载入族

在项目文件中，单击"插入"选项卡"从库中载入"面板中的"载入族"按钮 ，打开

Note

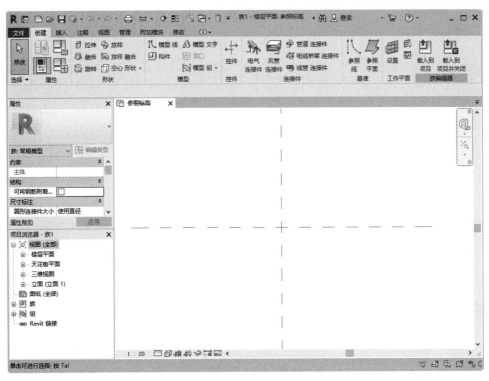

图 4-2　族编辑器

"载入族"对话框,如图 4-3 所示。选择一个或多个系统自带或用户创建的族文件,单击
"打开"按钮,将选择的族文件载入到当前项目中。

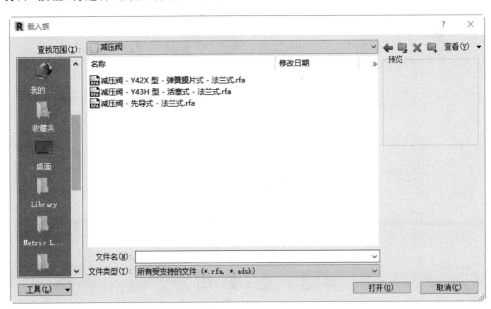

图 4-3　"载入族"对话框

在项目浏览器的族列表中列出了所有的族,如图 4-4 所示。选择需要的族文件,将
其直接拖动到绘图区域,使用该族。

图 4-4　项目浏览器

4.2.3　编辑族

选择项目文件中已存在的族,打开对应的选项卡,单击"模式"面板中的"编辑族"按钮,打开族编辑器,对族进行编辑。

在项目浏览器的族列表中选择所需族后右击,在弹出的快捷菜单中选择"编辑"命令,如图 4-5 所示,打开族编辑器,对族进行编辑。此方法不能应用于系统族,如水管、风管、电桥等。

图 4-5　快捷菜单

4.3　基准图元

4.3.1　参照平面

在创建族时参照平面是一个非常重要的部分。参照平面会显示在为模型所创建的每个平面图中。

（1）单击"创建"选项卡"基准"面板中的"参照平面"按钮 ，打开如图4-6所示的"修改|放置 参照平面"选项卡和选项栏。

图4-6 "修改|放置 参照平面"选项卡和选项栏

（2）系统默认激活"线"按钮 ，在视图中适当位置单击确定参照平面的起点，移动鼠标到适当位置确定终点绘制参照平面。

（3）单击"拾取线"按钮 ，拾取视图中的线或模型的边作为参照平面。

（4）选取参照平面，单击"单击以命名"字样，打开文本框，输入参照平面的名称，按Enter键确认，如图4-7所示。

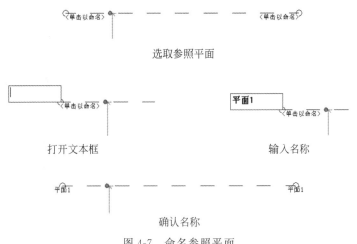

图4-7 命名参照平面

（5）也可以在"属性"选项板的"名称"栏中输入参照平面名称，如图4-8所示。

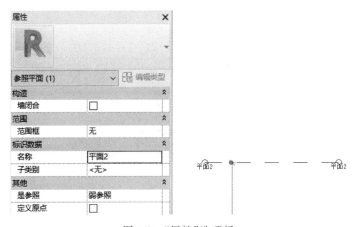

图4-8 "属性"选项板

"属性"选项板中的选项说明如下。

➢ 墙闭合：选中此复选框，使用参照平面来定义墙对门和窗进行包络所在的点。

➢ 范围框：应用于参照平面的范围框。

➢ 名称：输入参照平面的名称。

➢ 子类别：指定给参照平面的子类别的名称。

➢ 是参照：在创建族期间设置参照平面优先级，以及参照平面如何在项目中起作用。包括"左""中心（左/右）""右""前""后""中心（前/后）""底""中心（标高）""顶""强参照""弱参照""非参照"。所有命名值（中心、左、右等）和"强参照"均为强参照，并且具有尺寸标注和捕捉的最高优先级。"弱参照"具有较低的尺寸标注和捕捉优先级。"非参照"将在项目环境中被尺寸标注和捕捉忽略。

4.3.2　参照线

可以使用参照线来创建参数化的族框架，用于附着族的图元。

（1）单击"创建"选项卡"基准"面板中的"参照平面"按钮 ，打开如图 4-9 所示的"修改|放置　参照平面"选项卡和选项栏。

图 4-9　"修改|放置　参照平面"选项卡和选项栏

（2）系统默认激活"线"按钮 ，在视图中适当位置单击确定线的起点，移动鼠标到适当位置确定终点绘制参照线。

该参照线提供四个用于绘制的面或平面：一个平行于线的工作平面，一个垂直于该平面，另外在每个端点各有一个，如图 4-10 所示。所有平面都经过该参照线。当选择或高亮显示参照线或者使用"工作平面"工具时，这两个平面就会显示出来。选择工作平面后，可以将光标放置在参照线上，并按 Tab 键在这四个面之间切换。绘制了线的平面总是首先显示，也可以创建弧形参照线，但它们不会确定平面。

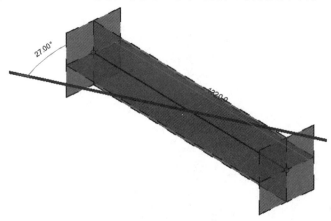

图 4-10　参照线上的平面

当族载入到项目中后,参照线的行为与参照平面的行为相同。参照线在项目中不可见,并且在选择族实例时参照线不会高亮显示。参照线在与当前参照平面相同的环境中高亮显示并生成造型操纵柄,这取决于它们的"参照"属性。

4.4 二 维 族

4.4.1 注释族

注释族分为两种:标记和符号。标记族主要用于标注各种类别构件的不同属性,而符号族则一般在项目中用于"装配"各种系统族标记。

与另一种二维构件族"详图构件"不同,注释族具有"注释比例"的特性,即注释族的大小会根据视图比例的不同而变化,以保证出图时注释族保持同样的出图大小。

下面以管道标记为例,介绍注释族的创建方法。

(1) 在主页中单击"族"→"新建"或者单击"文件"→"新建"→"族"命令,打开"新族-选择样板文件"对话框,选择"注释"文件夹中的"公制常规标记.rft"为样板族,如图 4-11 所示。单击"打开"按钮进入族编辑器,如图 4-12 所示。

图 4-11 "新族-选择样板文件"对话框

(2) 选取族样板中的文字,按 Del 键,删除族样板中默认提供的注意事项文字。

(3) 单击"修改"选项卡"属性"面板中的"族类别和族参数"按钮，打开"族类别和族参数"对话框,在中间的列表框中选择"管道标记",其他采用默认设置,如图 4-13 所示,单击"确定"按钮。

(4) 单击"创建"选项卡"文字"面板中的"标签"按钮，打开如图 4-14 所示的"修改|放置 标签"选项卡,在参照平面的交点处单击确定标签位置,打开"编辑标签"对话框。在"类别参数"栏中选择"直径",单击"将参数添加标签"按钮，将其添加到"标签

参数"栏,输入前缀为 DN,如图 4-15 所示。

图 4-12 族样板

图 4-13 "族类别和族参数"对话框

图 4-14 "修改|放置 标签"选项卡

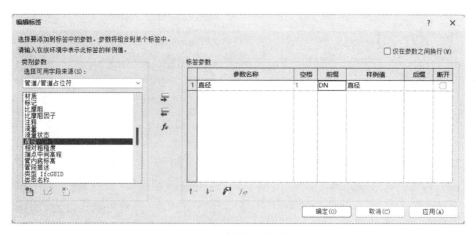

图 4-15 添加"直径"

（5）在"类别参数"栏中选择"起点中间高程",单击"将参数添加标签"按钮 ⇥,将其添加到"标签参数"栏,设置空格为 2,输入前缀为"H＋",如图 4-16 所示。

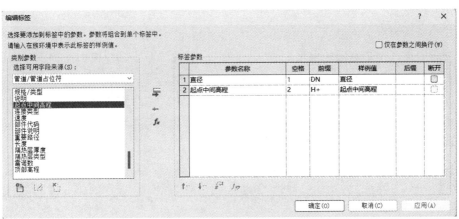

图 4-16　添加"起点中间高程"

（6）单击"确定"按钮，将标签添加到图形中，如图 4-17 所示。从图中可以看出标签符号不符合标准，下面对其进行修改。

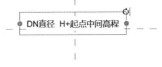

（7）选中标签，单击"编辑类型"按钮，打开如图 4-18 所示的"类型属性"对话框，设置"背景"为"透明"，"文字字体"为"仿宋"，"宽度因子"为 0.7，其他采用默认设置。单击"确定"按钮，更改后的标签如图 4-19 所示。

图 4-17　添加标签

图 4-18　"类型属性"对话框

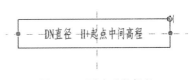

图 4-19　更改后的标签

（8）单击"快速访问"工具栏中的"保存"按钮，打开"另存为"对话框，输入名称为"带偏移的管道标记"，单击"保存"按钮，保存族文件。

4.4.2　轮廓族

轮廓族主要用于绘制轮廓截面，再通过放样、扫掠等命令创建模型。创建轮廓族时所绘制的二维封闭图形可以载入到相关的族或项目中。

（1）在主页中单击"族"→"新建"或者单击"文件"→"新建"→"族"命令，打开"新族-选择样板文件"对话框，选择"公制轮廓.rft"为样板族，如图4-20所示，单击"打开"按钮进入族编辑器。

图4-20　"新族-选择样板文件"对话框

（2）单击"创建"选项卡"详图"面板中的"线"按钮 ，打开如图4-21所示的"修改|放置　线"选项卡，利用"绘制"面板中的工具绘制轮廓。系统默认激活"线"按钮 。绘制的轮廓如图4-22所示。

图4-21　"修改|放置　线"选项卡

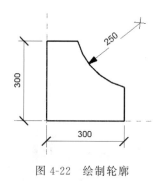

图4-22　绘制轮廓

（3）单击快速访问工具栏中的"保存"按钮 ，打开"另存为"对话框，输入名称，单击"保存"按钮，保存族文件。

4.5 三 维 模 型

在族编辑器中可以创建实心几何图形和空心几何图形。基于二维截面轮廓进行扫掠可得到实心几何图形，通过布尔运算进行剪切可得到空心几何图形。

4.5.1 拉伸

可以在工作平面上绘制形状的二维轮廓，然后拉伸该轮廓使其与绘制它的平面垂直得到拉伸模型。

具体操作步骤如下。

（1）在主页中单击"族"→"新建"或者单击"文件"→"新建"→"族"命令，打开"新族-选择样板文件"对话框，选择"公制常规模型.rft"为样板族，如图 4-23 所示，单击"打开"按钮进入族编辑器。

图 4-23 "新族-选择样板文件"对话框

（2）单击"创建"选项卡"形状"面板中的"拉伸"按钮 ，打开"修改|创建拉伸"选项卡和选项栏，如图 4-24 所示。

图 4-24 "修改|创建拉伸"选项卡和选项栏

（3）单击"修改|创建拉伸"选项卡"绘制"面板中的绘图工具绘制拉伸截面。这里单击"绘制"面板中的"圆"按钮⊙，绘制半径为500的圆，如图4-25所示。

（4）在"属性"选项板中输入拉伸终点为350，如图4-26所示，或在选项栏中输入深度为300，单击"模式"面板中的"完成编辑模式"按钮✔，完成拉伸模型的创建，如图4-27所示。

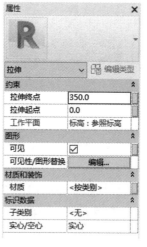

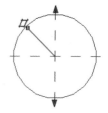

图4-25　绘制截面　　　　图4-26　"属性"选项板　　　　图4-27　创建拉伸

① 要从默认起点0.0拉伸轮廓，则应在"约束"组的"拉伸终点"文本框中输入一个正/负值作为拉伸深度。

② 要从不同的起点拉伸，则应在"约束"选项组的"拉伸起点"文本框中输入一个值作为拉伸起点。

③ 要设置实心拉伸的可见性，则应在"图形"选项组中单击"可见性/图形替换"对应的"编辑"按钮 编辑... ，打开如图4-28所示的"族图元可见性设置"对话框，然后进行可见性设置。

④ 要按类别将材质应用于实心拉伸，则应在"材质和装饰"选项组中单击"材质"字段，再单击▦按钮，打开材质浏览器，指定材质。

⑤ 要将实心拉伸指定给子类别，则应在"标识数据"选项组中选择"实心/空心"为"实心"。

（5）在项目浏览器中的三维视图下双击视图1，显示三维模型，如图4-29所示。

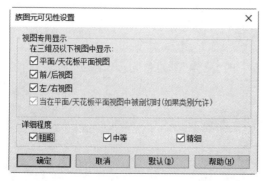

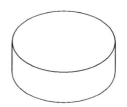

图4-28　"族图元可见性设置"对话框　　　　图4-29　三维模型

4.5.2 旋转

旋转是指围绕轴旋转某个形状而创建形状。

如果轴与旋转造型接触,则产生一个实心几何图形;如果远离轴旋转几何图形,则旋转体中将有个孔。

具体操作步骤如下。

（1）在主页中单击"族"→"新建"或者单击"文件"→"新建"→"族"命令,打开"新族-选择样板文件"对话框,选择"公制常规模型.rft"为样板族,单击"打开"按钮进入族编辑器。

（2）单击"创建"选项卡"形状"面板中的"旋转"按钮 ,打开"修改|创建旋转"选项卡和选项栏,如图4-30所示。

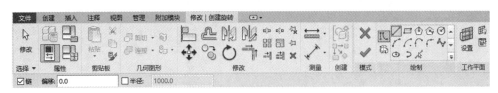

图4-30 "修改|创建旋转"选项卡和选项栏

（3）单击"修改|创建旋转"选项卡"绘制"面板中的"圆"按钮 ,绘制旋转截面;单击"绘制"面板中的"轴线"按钮 ,绘制竖直轴线,如图4-31所示。

（4）在"属性"选项板中输入起始角度为0°,终止角度为270°,单击"模式"面板中的"完成编辑模式"按钮 ,完成旋转模型的创建,如图4-32所示。

（5）在项目浏览器中的三维视图下双击视图1,显示三维视图,如图4-33所示。

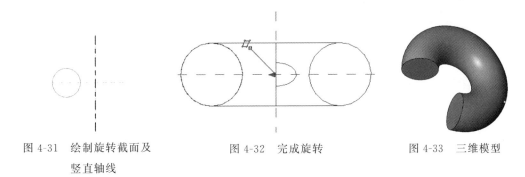

图4-31 绘制旋转截面及   图4-32 完成旋转   图4-33 三维模型
        竖直轴线

4.5.3 融合

利用融合工具可将两个轮廓(边界)融合在一起,具体操作步骤如下。

（1）在主页中单击"族"→"新建"或者单击"文件"→"新建"→"族"命令,打开"新族-选择样板文件"对话框,选择"公制常规模型.rft"为样板族,单击"打开"按钮进入族编辑器。

（2）单击"创建"选项卡"形状"面板中的"融合"按钮 ，打开"修改|创建融合底部边界"选项卡和选项栏，如图4-34所示。

图4-34　"修改|创建融合底部边界"选项卡和选项栏

（3）单击"绘制"面板中的"矩形"按钮，绘制边长为1000的正方形，如图4-35所示。

（4）单击"模式"面板中的"编辑顶部"按钮，然后单击"绘制"面板中的"圆"按钮，绘制半径为340的圆，如图4-36所示。

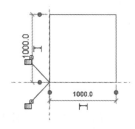

图4-35　绘制底部边界

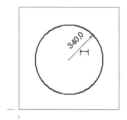

图4-36　绘制顶部边界

（5）在"属性"选项板中的"第二端点"文本框中输入400，如图4-37所示，或在选项栏中输入深度为400，单击"模式"面板中的"完成编辑模式"按钮，结果如图4-38所示。

图4-37　"属性"选项板

图4-38　融合

4.5.4 放样

通过沿路径放样二维轮廓,可以创建三维形状。可以使用放样方式创建饰条、栏杆扶手或简单的管道。

路径既可以是单一的闭合路径,也可以是单一的开放路径。但不能有多条路径。路径可以是直线和曲线的组合。轮廓草图可以是单个闭合环形,也可以是不相交的多个闭合环形。

具体操作步骤如下。

(1) 在主页中单击"族"→"新建"或者单击"文件"→"新建"→"族"命令,打开"新族-选择样板文件"对话框,选择"公制常规模型.rft"为样板族,单击"打开"按钮进入族编辑器。

(2) 单击"创建"选项卡"形状"面板中的"放样"按钮 ⬡,打开"修改|放样"选项卡,如图4-39所示。

图4-39 "修改|放样"选项卡

(3) 单击"放样"面板中的"绘制路径"按钮 ⬡,打开"修改|放样>绘制路径"选项卡,单击"绘制"面板中的"样条曲线"按钮 ⬠,绘制如图4-40所示的放样路径。单击"模式"面板中的"完成编辑模式"按钮 ✔,完成路径绘制。如果选择现有的路径,则单击"拾取路径"按钮 ⬠,拾取现有绘制线作为路径。

(4) 单击"放样"面板中的"编辑轮廓"按钮 ⬡,打开如图4-41所示的"转到视图"对话框,选择"立面:前"视图绘制轮廓。如果在平面图中绘制路径,应选择立面图来绘制轮廓。单击"打开视图"按钮,将视图切换至前立面图。

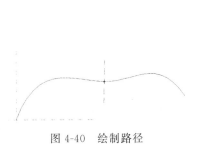

图4-40 绘制路径

图4-41 "转到视图"对话框

(5) 单击"绘制"面板中的"椭圆"按钮 ⬡,绘制如图4-42所示的放样截面轮廓。单击"模式"面板中的"完成编辑模式"按钮 ✔,结果如图4-43所示。

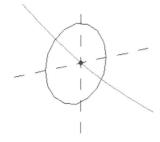

图 4-42　绘制截面

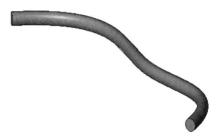

图 4-43　放样

4.5.5　放样融合

利用放样融合工具可以创建一个具有两个不同轮廓的融合体,然后沿某个路径对其进行放样。放样融合的造型由绘制或拾取的二维路径以及绘制或载入的两个轮廓确定。

具体操作步骤如下。

(1) 在主页中单击"族"→"新建"或者单击"文件"→"新建"→"族"命令,打开"新族-选择样板文件"对话框,选择"公制常规模型.rft"为样板族,单击"打开"按钮进入族编辑器。

(2) 单击"创建"选项卡"形状"面板中的"放样融合"按钮 ,打开"修改|放样融合"选项卡,如图 4-44 所示。

图 4-44　"修改|放样融合"选项卡

(3) 单击"放样融合"面板中的"绘制路径"按钮 ,打开"修改|放样融合＞绘制路径"选项卡,单击"绘制"面板中的"样条曲线"按钮 ,绘制如图 4-45 所示的放样路径。单击"模式"面板中的"完成编辑模式"按钮 ,完成路径绘制。如果选择现有的路径,则单击"拾取路径"按钮 ,拾取现有绘制线作为路径。

图 4-45　放样路径

(4) 单击"放样融合"面板中的"编辑轮廓"按钮 ,打开"转到视图"对话框,选择"立面:前"视图绘制轮廓。如果在平面图中绘制路径,应选择立面图来绘制轮廓。单击"打开视图"按钮,将视图切换至前立面图。

(5) 单击"放样融合"面板中的"选择轮廓 1"按钮 ,然后单击"编辑截面"按钮 ,利用矩形绘制如图 4-46 所示的截面轮廓 1。单击"模式"面板中的"完成编辑模式"按钮 ,结果如图 4-46 所示。

（6）单击"放样融合"面板中的"选择轮廓 2"按钮，然后单击"编辑截面"按钮，利用圆弧绘制如图 4-47 所示的截面轮廓 2。单击"模式"面板中的"完成编辑模式"按钮 ，结果如图 4-48 所示。

图 4-46 绘制截面轮廓 1   图 4-47 绘制截面轮廓 2   图 4-48 放样融合

4.6 创建参数

Revit 中有很多种参数，如族参数、项目参数、共享参数、特殊参数等。项目是由族组成的，所以族参数也是用得最多的一种。添加族参数通常有两种方法：一种是先参数后对象，另一种是先对象后参数。

4.6.1 族类别和族参数

单击"创建"选项卡"属性"面板中的"族类别和族参数"按钮 ，打开如图 4-49 所示的"族类别和族参数"对话框。不同的类别具有不同的族参数，具体取决于 Revit 以何种方式使用构件。

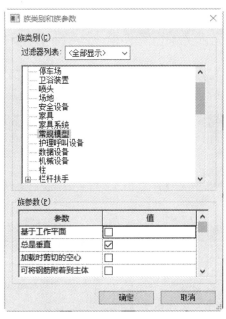

图 4-49 "族类别和族参数"对话框

"族类别和族参数"对话框中的选项说明如下。

➢ 过滤器列表：在此列表中选择族类别，包括建筑、结构、机械、电气和管道物质族类别。

➢ 基于工作平面：选中该复选框后，族以活动工作平面为主体。可以使任一无主体的族成为基于工作平面的族。

➢ 总是垂直：选中该复选框后，该族总是显示为垂直，即90°，即使该族位于倾斜的主体上，例如楼板。

➢ 加载时剪切的空心：选中该复选框后，族中创建的空心将穿过实体。以下类别可通过空心进行切割：天花板、楼板、常规模型、屋顶、结构柱、结构基础、结构框架和墙。

➢ 可将钢筋附着到主体：选中该复选框，将族载入到项目中后，该族内部可以放置钢筋，否则不能放置钢筋。

➢ 零件类型：为族类别提供其他分类，并确定模型中的族行为。例如，"弯头"是"管道管件"族类别的零件类型。

➢ 圆形连接件大小：定义连接件的尺寸是由半径还是由直径确定。

➢ 共享：仅当族嵌套到另一族内并载入到项目中时才使用此参数。如果嵌套族是共享的，则可以从主体族独立选择、标记嵌套族和将其添加到明细表。如果嵌套族不共享，则主体族和嵌套族创建的构件作为一个单位。

4.6.2　创建族参数

（1）单击"创建"选项卡"属性"面板中的"族类型"按钮，打开如图4-50所示的"族类型"对话框。

图4-50　"族类型"对话框

"族类型"对话框中的选项说明如下。

➤ "新建类型"按钮 ：单击此按钮，打开"名称"对话框，输入类型名称，如图4-51所示，单击"确定"按钮，将类型添加到族中。新创建的类型将从当前选定类型中复制所有参数值和公式。

➤ "重命名类型"按钮 [AI]：单击此按钮，打开"名称"对话框，输入族类型的新名称。

➤ "删除类型" 按钮：单击此按钮，删除当前选定的族类型。

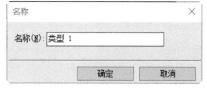

图4-51 "名称"对话框

➤ 参数：显示已有的参数。

➤ 值：显示与已有参数相关联的值，可以对其进行编辑。

➤ 公式：显示可生成参数值的公式。公式可用于根据其他参数的值计算值。

➤ 锁定：将参数约束为当前值。

➤ "编辑参数"按钮 ✏：单击此按钮，打开"参数属性"对话框修改当前选定的参数。注意，内置参数在大多数Revit族中不能编辑。

➤ "新建参数"按钮 ：单击此按钮，打开如图4-52所示的"参数属性"对话框，创建新参数到族中。该对话框中的选项说明如下。

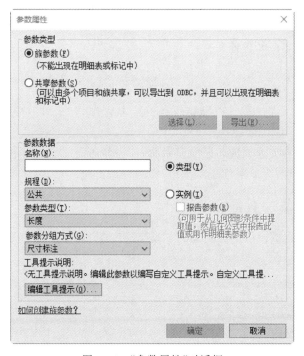

图4-52 "参数属性"对话框

• 族参数：选择此选项，载入到项目文件中的族参数不出现在明细表或标记中。

• 共享参数：选择此选项，可由多个项目和族共享参数，载入到项目文件中的族参数可以出现在明细表和标记中。

Note

- 名称：输入参数名称。注意，同一个族内的参数名称不能是相同的。
- 规程：确定项目浏览器中视图的组织结构，包括"公共""电气""HVAC""管道""结构""能量"，不同的规程对应显示的参数类型是不同的。其中，公共规程可以用于任何族参数的定义。
- 参数类型：它是参数最重要的特性，不同参数类型的选项有不同的特点或单位。
- 参数分组方式：设置参数的组别，使得参数在"族类型"对话框中按组分类显示，为用户查找参数提供便利。
- 类型：假如同一个族的多个相同的类型被载入到项目中，那么类型参数的值一旦被修改，则所有的类型个体都会发生相应的变化。
- 实例：假如同一个族的多个相同的类型被载入到项目中，那么只要其中一个类型的实例参数值改变，则当前被修改的这个类型的实体也会相应改变，该族其他类型的这个实例参数的值仍然保持不变。

➢ "删除参数"按钮 🗑：从族中删除当前选定的参数。注意，内置参数在大多数Revit族中不可删除。

➢ "上移"按钮 ⬆️/"下移"按钮 ⬇️：在对话框的组内参数列表中将参数上移/下移一行。

➢ "按升序排列参数"按钮 ⬇️/"按降序排列参数"按钮 ⬆️：在每组中按字母顺序/逆序排序对话框参数列表。

（2）输入参数的名称。

（3）选择规程，然后选择适当的参数类型。

（4）选择参数分组方式。在族载入到项目中后，此方式可以确定参数在"属性"选项板中显示在哪一组标题下。

（5）确定参数是实例参数还是类型参数，一般情况下定义为类型参数。

（6）设置完参数后，单击"确定"按钮，完成参数的创建。

4.6.3　为尺寸添加参数

（1）在视图中选取已经标注好的尺寸，打开如图4-53所示的"修改|尺寸标注"选项卡。

图4-53　"修改|尺寸标注"选项卡

（2）单击"标签尺寸标注"面板中的"创建参数"按钮 📋，打开"参数属性"对话框。输入名称为"拉伸深度"，设置参数分组方式为"尺寸标注"，选择"类型"单选按钮，如图4-54所示。单击"确定"按钮，添加"拉伸深度"尺寸参数，如图4-55所示。

图 4-54 参数设置

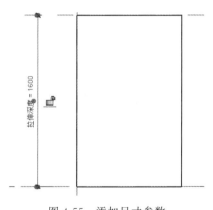

图 4-55 添加尺寸参数

4.6.4 为参数添加公式

在尺寸标注和参数中使用公式来驱动和控制模型中的参数化内容。在公式中可使用条件语句来加入参数中的信息。

在"族类型"对话框的"参数"栏中输入对应的公式,图元会根据输入的公式发生变化。

1. 常见的算术运算和三角函数

（1）加减乘除：运算符号为＋、－、＊、/，如图 4-56 所示。

尺寸标注			＾
a	300.0	= b - 200 mm	☐
b	500.0	=	☐

图 4-56　算术运算

（2）指数：函数式为(x)^y，表示 x 的 y 次方，如图 4-57 所示。

数值1	2.000000	=
数值2	4.000000	= (数值1) ^ 2

图 4-57　指数

（3）对数：函数式为 log (a)，如图 4-58 所示。

数值1	2.000000	=
数值2	0.301030	= log(数值1)

图 4-58　对数

（4）平方根：函数式为 sqrt(a)，如图 4-59 所示。

数值1	2.000000	=
数值2	1.414214	= sqrt(数值1)

图 4-59　平方根

（5）函数：θ 表示角度，如图 4-60 所示。

包括：正弦，$\sin(\theta)$；余弦，$\cos(\theta)$；正切，$\tan(\theta)$；反正弦，$\operatorname{asin}(\theta)$；反余弦，$\operatorname{acos}(\theta)$；反正切，$\operatorname{atan}(\theta)$。

a	300.0	=	☐
b	500.0	=	☐
l	150.0	= a * sin(角度)	☐
角度	30.00°	=	☐

图 4-60　函数

（6）e 的 x 方：函数式为 exp(a)，如图 4-61 所示。

数值1	2.000000	=
数值2	7.389056	= exp(数值1)

图 4-61　e 的 x 方

（7）绝对值：函数式为 abs(a)，如图 4-62 所示。

数值1	-2.000000	=
数值2	2.000000	= abs(数值1)

图 4-62　绝对值

（8）舍入：函数式为 round(a)，舍入函数返回舍入到最接近整数的值。它不考虑舍入的方向，例如 round(3.1) = 3，round(3.5) = 4。向上舍入：函数式为 roundup(a)，向上舍入函数将返回等于或大于 a 的最小整数值,例如 roundup(3.1)＝4,roundup(－3.7)＝－3。向下舍入:函数式为 rounddown(a),向下舍入函数将值返回为等于或小于 a 的最大整数值,例如 rounddown(3.7)＝3,rounddown(－3.7)＝－4。

注意:在输入公式时,有可能会出现"单位不一致"的错误情况,这是由于参数类型不一致造成的。比如参数为面积,公式是面积＝长＊宽,那么在新建面积参数时,参数类型要设置为面积,如果设置为长度参数类型,系统将提示"参数不一致"。

2. 条件语句

可以在公式中使用条件语句,来定义族中取决于其他参数状态的操作。条件语句的结构为:

IF (<条件>, <条件为真时的结果>, <条件为假时的结果>)

这表示输入的参数值取决于满足条件(真)还是不满足条件(假)。如果条件为真,则软件会返回条件为真时的值;如果条件为假,则软件会返回条件为假时的值。

条件语句可以包含数值、数字参数名和 Yes/No 参数。

(1) 条件语句中可使用下列比较符号:＜、＞、＝,如图 4-63 所示。

a	300.0	=	☐
b	500.0	=	☐
l	500.0	=if(b < a, 300 mm, 500 mm)	☐

图 4-63　使用比较符号

(2) 条件语句中还可以使用布尔运算符 and、or、not 等。

带有布尔运算符 and 的条件语句如图 4-64 所示。

a	300.0	=	☐
b	500.0	=	☐
l	500.0	=if(and(b < a,a<200), 300 mm, 500 mm)	☐

图 4-64　带有 and 的条件语句

带有布尔运算符 or 的条件语句如图 4-65 所示。

a	300.0	=	☐
b	500.0	=	☐
l	500.0	=if(or(b>a,a<200), 300 mm, 500 mm)	☐

图 4-65　带有 or 的条件语句

带有布尔运算符 not 的条件语句如图 4-66 所示:

a	300.0	=	☐
b	500.0	=	☐
l	500.0	=if(not(b > a), 300 mm, 500 mm)	☐

图 4-66　带有 not 的条件语句

软件当前不支持"＜＝"和"＞＝"符号。要表达这种比较符号,可以使用逻辑值 not。例如,"a＜＝b"可输入为"not(a＞b)"。

4.6.5 参数关联

（1）在"属性"选项板中单击"材质"栏右侧的"关联族参数"按钮，打开"关联族参数"对话框。

（2）单击"新建参数"按钮，打开如图4-67所示的"参数属性"对话框，输入名称为"混凝土"，其他采用默认设置。

图4-67 "参数属性"对话框

（3）单击"确定"按钮，返回"关联族参数"对话框，选取上步创建的混凝土参数，单击"确定"按钮，模型的材质及参数与混凝土关联，在"属性"选项板中模型的材质栏成为灰色，不能编辑，"关联族参数"按钮变成，表示该参数也被关联。

4.7 族连接件

Revit中族连接件有五种类型，分别为电气连接件、风管连接件、管道连接件、电缆桥架连接件和线管连接件，如图4-68所示。

电气连接件用于所有类型的电气连接，包括电力、电话、报警系统及其他。

风管连接件与管网、风管管件及作为空调系统一部分的其他图元相关联。

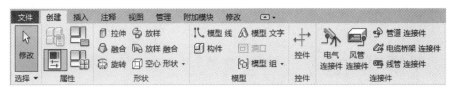

图 4-68　"连接件"面板

管道连接件用于管道、管件及用来传输流体的其他构件。

电缆桥架连接件用于电缆桥架、电缆桥架配件以及用来配线的其他构件。

线管连接件用于线管、线管配件以及用来配线的其他构件。线管连接件可以是单个连接件，也可以是表面连接件。单个连接件用于连接唯一一个线管。表面连接件用于将多个线管连接到表面。

4.7.1　放置连接件

下面以电气连接件为例，介绍放置连接件的具体步骤。

（1）首先打开一个需要添加电气连接件的族文件，或者直接在当前族文件中绘制模型，这里绘制一个拉伸体，如图 4-69 所示。

（2）单击"创建"选项卡"连接件"面板中的"电气　连接件"按钮 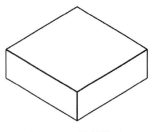，打开"修改|放置　电气连接件"选项卡，如图 4-70 所示。系统默认激活"面"按钮。

图 4-69　绘制模型

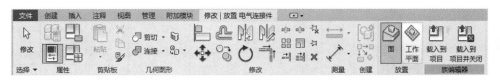

图 4-70　"修改|放置　电气连接件"选项卡

（3）在选项栏列表中选择放置连接件的类型，如图 4-71 所示，这里选取"通讯"类型。

（4）在视图中拾取如图 4-72 所示的面放置连接件。连接件附着在面的中心，如图 4-73 所示。

 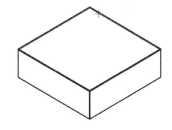 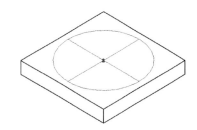

图 4-71　下拉列表　　　　图 4-72　拾取面　　　　图 4-73　放置连接件

（5）如果在步骤（2）中单击"工作平面"按钮 ，则将连接件附着在工作平面的中心。

4.7.2　设置连接件

本节将分别介绍电气连接件、风管连接件、管道连接件、电缆桥架连接件和线管连接件的设置方法。布置连接件后，通过"属性"选项板对其进行设置。

1．电气连接件

在视图中选取电气连接件，打开"属性"选项板。电气连接件的类型有 9 种，包括"数据""安全""火警""护理呼叫""控制""通讯""电话""电力-平衡""电力-不平衡"，其中"电力-平衡"和"电力-不平衡"为配电系统连接件，其余为弱电系统连接件。

1）弱电系统连接件

弱电系统连接件的设置相对来说比较简单，只需在"属性"选项板中的"系统类型"下拉列表框中选择类型即可，如图 4-74 所示。

2）配电系统连接件

配电系统包括电力-平衡和电力-不平衡连接件，这两种连接件的区别在于相位 1、相位 2 和相位 3 上的"视在负荷"是否相等，相等的为电力-平衡，不相等的为电力-不平衡，如图 4-75 和图 4-76 所示。

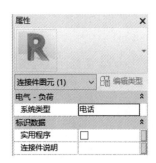

图 4-74　"属性"选项板

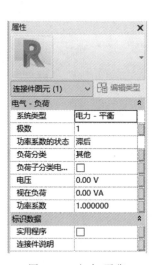

图 4-75　电力-平衡

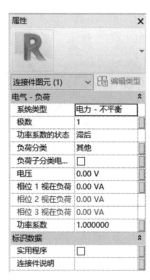

图 4-76　电力-不平衡

电气连接件"属性"选项板中的选项说明如下。

➢ 极数、电压和视在负荷：用于配电设备所需配电系统的极数、电压和视在负荷。

➢ 功率系数的状态：包括"滞后"和"超前"，默认值为"滞后"。

➢ 负荷分类和负荷子分类电动机：用于配电盘明细表/空间中负荷的分类和计算。

➢ 功率系数：又称功率因数，是电压与电流之间的相位差的余弦值，取值范围为 0～1，默认值为 1。

2．风管连接件

在视图中选取风管连接件，打开"属性"选项板，如图 4-77 所示。

风管连接件"属性"选项板中的选项说明如下。

- ➢ 尺寸标注：在"造型"栏中可定义连接件的形状，包括"矩形""圆形""椭圆形"。选择"圆形"造型，需要设置连接件的半径大小；选择"矩形"和"椭圆形"造型，需要设置连接件的高度和宽度。

- ➢ 系统分类：设置风管连接件的系统类型，包括"送风""回风""排风""其他""管件""全局"。

- ➢ 流向：设置流体通过连接件的方向，包括"进""出""双向"。当流体通过连接件流进构件族时，选择"进"；当流体通过连接件流出构件族时，选择"出"；当流向不明确时，选择"双向"。

- ➢ 流量配置：系统提供了三种配置方式，包括"计算""预设""系统"。

  - • 计算：指定为其他设备提供资源或服务的连接件，或者传输设备连接件，表示连接件的流量根据被提供服务的设备流量计算求和得出。

  - • 预设：指定需要其他设备提供资源或服务的连接件，表示通过连接件的流量由其自身决定。

  - • 系统：与"计算"类似，在系统中有几个属性相同设备的连接件为其他设备提供资源或服务时，表示通过该连接件的流量等于系统流量乘以流量系数。

- ➢ 损失方法：设置通过连接件的局部损失，包括"未定义""特定损失""系数"。

  - • 未定义：不考虑通过连接件处的压力损失。

  - • 系数：选择该选项，激活损失系数，设置流体通过连接件的局部损失系数。

  - • 特定损失：选择该选项，激活压降，设置流体通过连接件的压力损失。

图 4-77 "属性"选项板

3．管道连接件

在视图中选取管道连接件，打开"属性"选项板，如图 4-78 所示。

管道连接件"属性"选项板中的选项说明如下。

- ➢ 系统分类：在此下拉列表框中选择管道的系统分类，包括"家用热水""家用冷水""卫生设备""通气管""湿式消防系统""干式消防系统""循环供水""循环回水"等 13 种系统类型。Revit 不支持雨水系统，也不支持用户自定义添加新的系统类型。

- ➢ 直径：设置连接件连接管道的直径。

4．电缆桥架连接件

在视图中选取电缆桥架连接件，打开"属性"选项板，如图 4-79 所示。

电缆桥架连接件"属性"选项板中的选项说明如下。

- ➢ 高度、宽度：设置连接件的尺寸。

图 4-78 "属性"选项板

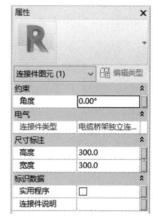

图 4-79 "属性"选项板

➢ 角度：设置连接件的倾斜角度，默认为 0.00°。当连接件无角度时，可以不设置该项。

5. 线管连接件

单击"创建"选项卡"连接件"面板中的"线管连接件"按钮 ，打开"修改|放置 线管连接件"选项卡和选项栏，如图 4-80 所示。选项栏中的选项说明如下。

图 4-80 "修改|放置 线管连接件"选项卡和选项栏

➢ 单个连接件：通过连接件连接一根线管。

➢ 表面连接件：在连接件附着表面任何位置连接一根或多根线管。

在视图中选取线管连接件，打开"属性"选项板，如图 4-81 所示。

线管连接件"属性"选项板中的选项说明如下。

➢ 角度：设置连接件的倾斜角度，默认为 0.00°。当连接件无角度时，可以不设置该项。

➢ 直径：设置连接件连接线管的直径。

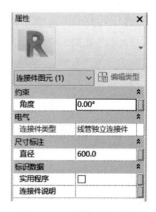

图 4-81 "属性"选项板

4.8　综合实例——变径弯头

4-1

（1）在主页中单击"族"→"新建"或者单击"文件"→"新建"→"族"命令，打开"新族-选择样板文件"对话框，选择"公制常规模型.rft"为样板族，单击"打开"按钮进入族编辑器。

（2）单击"创建"选项卡"属性"面板中的"族类别和族参数"按钮，打开"族类别和族参数"对话框。在"族类别"列表框中选择"管件"，零件类型设置为弯头，如图 4-82 所示，单击"确定"按钮，设置弯头的族类别为管件。

（3）单击"创建"选项卡"基准"面板中的"参照平面"按钮，绘制参照平面。单击"测量"面板中的"对齐尺寸标注"按钮，标注参照平面的尺寸，如图 4-83 所示。

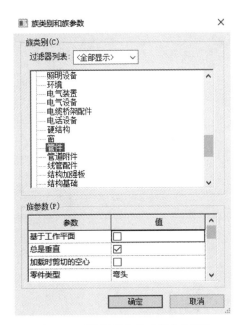

图 4-82　"族类别和族参数"对话框

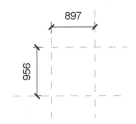

图 4-83　绘制参照平面

（4）选取视图中所有尺寸，单击"标签尺寸标注"面板中的"创建参数"按钮，打开"参数属性"对话框。输入名称为"中心半径"，参数分组方式选择"尺寸标注"，其他采用默认设置，如图 4-84 所示。单击"确定"按钮，更改尺寸为参数尺寸，如图 4-85 所示。

（5）单击"创建"选项卡"基准"面板中的"参照线"按钮，捕捉上步绘制的参照平面的交点为起点绘制斜参照线。单击"修改"选项卡"修改"面板中的"对齐"按钮，选取水平参照平面，然后选取斜参照线的上端点（按 Tab 键切换拾取），最后单击"创建或删除对齐约束"图标，将其与参照平面锁定。采用相同的方法，将斜参照线的上端点与竖直参照平面对齐并锁定，如图 4-86 所示。

图 4-84　"参数属性"对话框

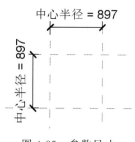

图 4-85　参数尺寸

（6）单击"注释"选项卡"尺寸标注"面板中的"角度尺寸标注"按钮 △，标注竖直参照平面和参照线之间的角度尺寸，如图 4-87 所示。

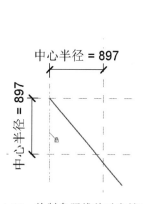

图 4-86　绘制参照线并对齐锁定

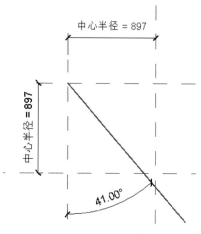

图 4-87　标注角度尺寸

（7）选取视图中角度尺寸，单击"标签尺寸标注"面板中的"创建参数"按钮 📇，打开"参数属性"对话框，输入名称为"角度"，参数分组方式选择"尺寸标注"，其他采用默认设置，单击"确定"按钮，更改尺寸为参数尺寸，如图 4-88 所示。

（8）单击"创建"选项卡"形状"面板中的"放样融合"按钮 🔊，打开"修改|放样融合"选项卡。单击"放样"面板中的"绘制路径"按钮 ✐，打开"修改|放样融合＞绘制路径"选项卡。单击"绘制"面板中的"圆心-端点弧"按钮 ⌒，绘制如图 4-89 所示的放样路

径。单击"创建或删除对齐约束"图标 ，将圆弧端点与参照平面和参照线锁定。

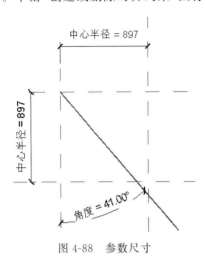

图 4-88　参数尺寸

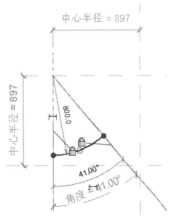

图 4-89　绘制路径并锁定

（9）单击"测量"面板中的"半径尺寸标注"按钮，标注上步绘制的圆弧的半径尺寸；选取视图中半径尺寸，在"标签"下拉列表框中选择"中心半径"尺寸参数，结果如图 4-90 所示。

（10）单击"模式"面板中的"完成编辑模式"按钮，完成路径绘制。单击"放样融合"面板中的"选择轮廓 1"按钮，然后单击"放样"面板中的"编辑轮廓"按钮，打开"转到视图"对话框，选择"立面：左"视图绘制轮廓，单击"打开视图"按钮。

（11）单击"圆"按钮，以参照点为圆心绘制圆作为截面轮廓 1。单击"测量"面板中的"直径尺寸标注"按钮，标注圆的直径尺寸；选取视图中直径尺寸，单击"标签尺寸标注"面板中的"创建参数"按钮，打开"参数属性"对话框，输入名称为"外径 1"，参数分组方式选择"尺寸标注"，其他采用默认设置，单击"确定"按钮，更改尺寸为参数尺寸，如图 4-91 所示。单击"模式"面板中的"完成编辑模式"按钮，完成截面 1 的绘制。

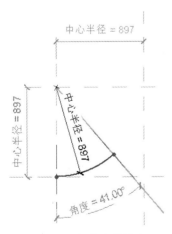

图 4-90　标注半径尺寸

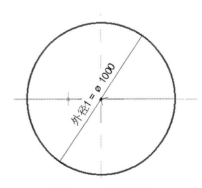

图 4-91　绘制截面 1

（12）单击"放样融合"面板中的"选择轮廓 2"按钮 ，然后单击"绘制截面"按钮 ，利用圆命令绘制截面轮廓 2。将视图切换至三维视图，单击"测量"面板中的"直径尺寸标注"按钮 ，标注圆的直径尺寸；选取视图中直径尺寸，单击"标签尺寸标注"面板中的"创建参数"按钮 ，打开"参数属性"对话框，输入名称为"外径 2"，参数分组方式选择"尺寸标注"，其他采用默认设置，单击"确定"按钮，更改尺寸为参数尺寸，如图 4-92 所示。单击"模式"面板中的"完成编辑模式"按钮 ，结果如图 4-93 所示。

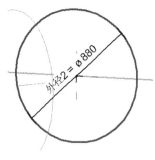

图 4-92　绘制截面 2

图 4-93　弯头主体

（13）单击"创建"选项卡"连接件"面板中的"管道连接件"按钮 ，打开"修改|放置　管道连接件"选项卡。单击"放置在面上"按钮 ，拾取弯头大端面放置管道连接件，在"属性"选项板中设置圆形连接件大小为"使用直径"，如图 4-94 所示。

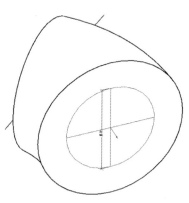

图 4-94　放置管道连接件

（14）选取上步创建的管道连接件，在"属性"选项板中设置系统分类为"管件"，此时的"属性"选项板如图 4-95 所示。

（15）在"属性"选项板中单击角度栏右侧的"关联族参数"按钮 ，打开"关联族参数"对话框，选择"角度"参数，如图 4-96 所示。单击"确定"按钮，将连接件的角度与弯头角度关联。

Note

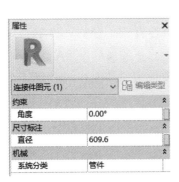

图 4-95　"属性"选项板

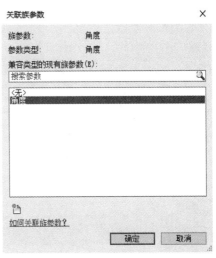

图 4-96　"关联族参数"对话框

（16）在"属性"选项板中单击直径右侧的"关联族参数"按钮▓，打开"关联族参数"对话框。单击"新建参数"按钮▓，打开"参数属性"对话框，输入名称为"公称直径 1"，其他采用默认设置，如图 4-97 所示。单击"确定"按钮，返回"关联族参数"对话框，选择"公称直径 1"参数，单击"确定"按钮，将连接件的直径与公称直径 1 关联。

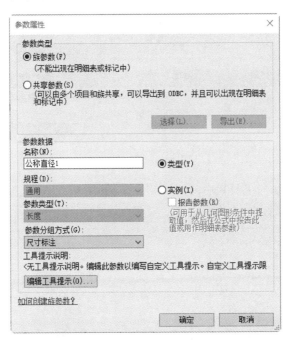

图 4-97　"参数属性"对话框

（17）重复步骤（13）～（16），在弯头的小端面上放置管道连接件，并将其直径与公称直径 2 关联。

（18）单击"创建"选项卡"属性"面板中的"族类型"按钮▓，打开"族类型"对话框，在"外径1"对应的"公式"栏中输入"公称直径1+15mm",在"外径2"对应的"公式"栏中输入"公称直径2+15mm"。

(19) 由于中心半径要比轮廓的半径大才能生成放样融合的形状,所以这里添加一个比较的公式。单击"新建参数"按钮 ，打开"参数属性"对话框,输入名称为"直径取大值",其他采用默认设置。单击"确定"按钮,返回"族类型"对话框,在"直径取大值"栏对应的"公式"栏中输入"if(公称直径1>公称直径2,公称直径1,公称直径2)"。

☎ **注意**：在输入公式时所有的括号、逗号等符号都要在英文状态下输入。

(20) 在"中心半径"对应的"公式"栏中输入"直径取最大值/2+15mm",如图4-98所示。

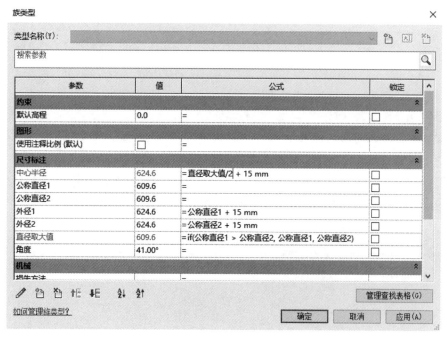

图 4-98　输入公式

(21) 单击快速访问工具栏中的"保存"按钮 ，打开"另存为"对话框,输入名称为"弯头"。单击"保存"按钮,保存族文件。

第 5 章

概念体量

知识导引

　　在初始设计中可以使用体量工具表达潜在设计意图,而无须使用通常项目中的详细程度。可以创建和修改组合成建筑模型图元的几何造型。可以随时拾取体量面并创建建筑模型图元,如墙、楼板、幕墙系统和屋顶。在创建了建筑图元后,可以将视图指定为显示体量图元、建筑图元,或同时显示这两种图元。体量图元和建筑图元不会自动链接。如果修改了体量面,则必须更新建筑面。

5.1 体量简介

体量可以在项目内部(内建体量)或项目外部(可载入体量族)创建。体量是使用体量实例观察、研究和解析建筑形式的过程。

5.1.1 体量族

在族编辑器中创建体量族后,可以将族载入项目中,并将体量族的实例放置在项目中。

(1)在主页中单击"族"→"新建"按钮,打开"新族-选择样板文件"对话框,选择"概念体量"文件夹中的"公制体量.rft"文件,如图5-1所示。

图5-1 "新族-选择样板文件"对话框

(2)单击"打开"按钮,进入体量族创建环境,如图5-2所示。

5.1.2 内建体量

内建体量用于表示项目独特的体量形状。其具体操作步骤如下。

(1)在项目文件中单击"体量和场地"选项卡"概念体量"面板中的"内建体量"按钮,打开"名称"对话框,输入体量名称,如图5-3所示。

(2)单击"确定"按钮,进入体量创建环境,如图5-4所示。

Note

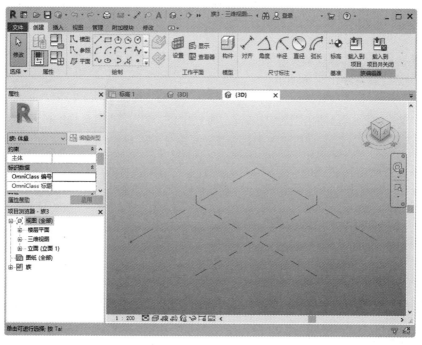

图 5-2　体量族创建环境

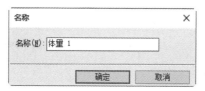

图 5-3　"名称"对话框

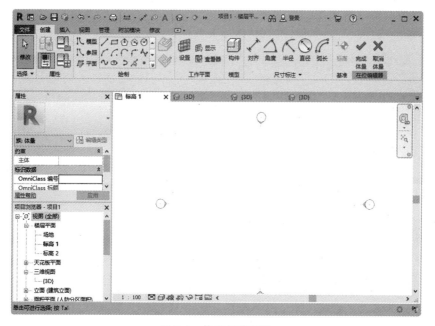

图 5-4　体量创建环境

5.1.3 将体量放置在项目中

在族编辑器中创建体量族之后,将族载入项目中,然后将一个或多个体量族实例放置在项目中。具体操作步骤如下。

(1)新建一个项目文件。

(2)单击"插入"选项卡"从库中载入"面板中的"载入族"按钮,打开如图5-5所示的"载入族"对话框,选取要载入的体量族,单击"打开"按钮,载入族文件。

图5-5 "载入族"对话框

(3)单击"体量和场地"选项卡"概念体量"面板中的"放置体量"按钮,打开如图5-6所示的"修改|放置 放置体量"选项卡和选项栏,在选项卡中单击放置类型。

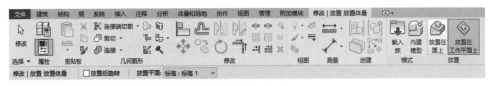

图5-6 "修改|放置 放置体量"选项卡和选项栏

(4)在绘图区单击,放置载入的体量。

5.1.4 在项目中连接体量

一个项目中可以包含多个体量实例。

为了消除重叠,单击"修改"选项卡"几何图形"面板"连接"下拉列表框中的"连接几何图形"按钮,选取第一个体量,然后选取第二个体量,第一个体量的重叠形式将插入第二个体量。第二个体量的体量楼层面会进行相应的调整,并在体量明细表中显示精确的总楼层面积。

如果移动连接的体量实例,则这些实例的属性会随之更新。如果移动体量实例,导致这些实例不再相交,则会显示警告消息。单击"取消连接几何图形"按钮 ,可取消体量之间的连接。

5.2 创 建 形 状

使用创建形状工具可以创建任何表面、三维实心或空心形状,然后通过三维形状操纵控件直接进行操纵。

5.2.1 创建表面形状

表面形状是基于开放的线或边创建的。创建表面形状的具体操作步骤如下。

（1）新建一个体量族文件。

（2）单击"创建"选项卡"绘制"面板中的"样条曲线"按钮 ,打开"修改|放置 线"选项卡和选项栏,绘制如图 5-7 所示的曲线,也可以选取模型线或参照线。

（3）单击"形状"面板"创建形状" 下拉列表框中的"实心形状"按钮 ,系统自动创建如图 5-8 所示的曲面。

图 5-7 绘制曲线

图 5-8 拉伸曲面

（4）选中曲面,可以拖动操纵控件上的箭头,使曲面沿各个方向移动,如图 5-9 所示。

（5）选取曲面的边,在边线中点处显示操控件,拖动操纵控件的箭头改变曲面形状,如图 5-10 所示。

图 5-9 移动曲面

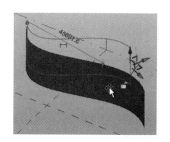

图 5-10 改变形状

（6）选取曲面的角点,显示此点的操纵控件,拖动操纵控件改变曲面在 3 个方向的形状,也可以通过分别调节操纵控件上的方向箭头改变各个方向上的形状,如图 5-11

所示。

（7）也可以直接选取体量的边线，单击"形状"面板"创建形状" 下拉列表框中的
"实心形状"按钮 ，系统自动创建曲面，如图 5-12 所示。

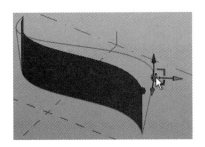

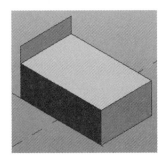

图 5-11　改变角点形状　　　　　　　　图 5-12　根据边线创建曲面

5.2.2　创建拉伸形状

可以先绘制截面轮廓，然后系统根据截面创建拉伸模型。具体操作步骤如下。

（1）新建一个体量族文件。

（2）单击"创建"选项卡"绘制"面板中的"矩形"按钮 ，打开如图 5-13 所示的"修
改|放置　线"选项卡和选项栏，绘制如图 5-14 所示的封闭轮廓。

图 5-13　"修改|放置　线"选项卡和选项栏

（3）单击"形状"面板"创建形状" 下拉列表框中的"实心形状"按钮 ，系统自动
创建如图 5-15 所示的拉伸模型。

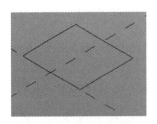

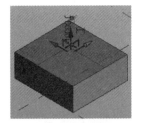

图 5-14　绘制封闭轮廓　　　　　　　　图 5-15　拉伸模型

（4）单击深度尺寸，输入新的尺寸值，按 Enter 键修改拉伸深度，如图 5-16 所示。

（5）拖动模型上的操纵控件的任意方向箭头可以改变倾斜角度，如图 5-17 所示。

（6）选取模型上的边线，显示此边线的操纵控件，拖动操纵控件上的箭头可以修改
模型的局部形状，如图 5-18 所示。

Note

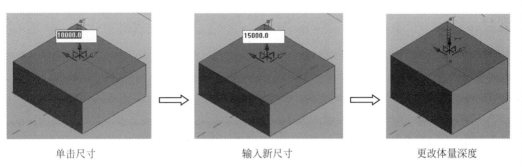

| 单击尺寸 | 输入新尺寸 | 更改体量深度 |

图 5-16 修改深度

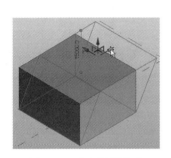

图 5-17 改变倾斜角度

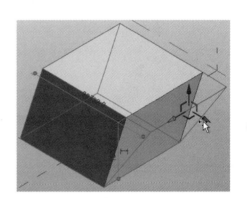

图 5-18 改变形状

（7）选取模型的端点，显示此点的操纵控件，拖动操纵控件可以改变该点在 3 个方向的形状，如图 5-19 所示。

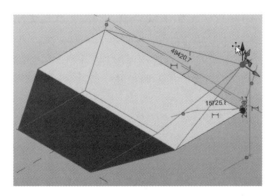

图 5-19 拖动端点

5.2.3 创建旋转形状

可以根据线和共享工作平面的二维轮廓来创建旋转形状。具体操作步骤如下。

（1）新建一个体量族文件。

（2）单击"创建"选项卡"绘制"面板中的"线"按钮 ✏，绘制一条直线段作为旋转轴。

（3）单击"绘制"面板中的"线"按钮 ╱，绘制旋转截面，如图5-20所示。

（4）选取轴和截面，单击"形状"面板"创建形状" 下拉列表框中的"实心形状"按钮 ，系统自动创建如图5-21所示的旋转模型。

（5）选取旋转模型上的面或边线，显示操纵控件，拖动操纵控件上的紫色箭头可以改变模型大小，如图5-22所示。

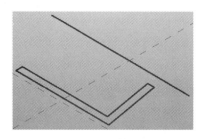

图 5-20　绘制截面

图 5-21　旋转模型

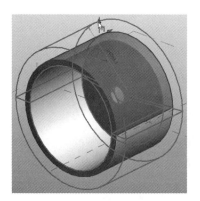

图 5-22　改变模型大小

5.2.4　创建放样形状

可以根据线和垂直于线绘制的二维轮廓创建放样形状。放样中的线定义了放样二维轮廓来创建三维形态的路径。轮廓由线组成，轮廓线垂直于用于定义路径的一条或多条线而绘制。

如果轮廓是基于闭合环生成的，可以使用多分段的路径来创建放样。如果轮廓不是闭合的，则不会沿多分段路径进行放样。如果路径是一条线，则使用开放的轮廓创建放样。

具体操作步骤如下。

（1）新建一个体量族文件。

（2）单击"创建"选项卡"绘制"面板中的"圆弧"按钮 ╱，绘制一条圆弧曲线作为放样路径，如图5-23所示。

（3）单击"创建"选项卡"绘制"面板中的"点图元"按钮 ，在路径上放置参照点，如图5-24所示。

图 5-23　绘制路径

图 5-24　创建参照点

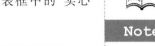

（4）选择参照点，放大图形，将工作平面显示出来，如图 5-25 所示。

（5）单击"绘制"面板中的"内接多边形"按钮 ，在选项栏中取消选中"根据闭合的环生成表面"复选框，在工作平面上绘制截面轮廓，如图 5-26 所示。

（6）选取路径和截面轮廓，单击"形状"面板"创建形状" 下拉列表框中的"实心形状"按钮 ，系统自动创建如图 5-27 所示的放样模型。

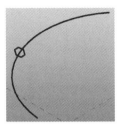

图 5-25　显示工作平面　　　　图 5-26　绘制截面轮廓　　　　图 5-27　放样模型

5.2.5　创建放样融合形状

可以根据垂直于线绘制的线和两个或多个二维轮廓创建放样融合形状。放样融合中的线定义了放样并融合二维轮廓来创建三维形状的路径。轮廓由线组成，轮廓线垂直于用于定义路径的一条或多条线而绘制。

与放样形状不同，放样融合无法沿着多段路径创建。但是，轮廓可以打开或闭合。

具体操作步骤如下。

（1）新建一个体量族文件。

（2）单击"创建"选项卡"绘制"面板中的"起点-终点-半径弧"按钮 ，绘制一条曲线作为路径，如图 5-28 所示。

（3）单击"创建"选项卡"绘制"面板中的"点图元"按钮 ，沿路径放置放样融合轮廓的参照点，如图 5-29 所示。

（4）选择起点参照点，放大图形，将工作平面显示出来，单击"绘制"面板中的"圆"按钮 ，在工作平面上绘制第一个截面轮廓，如图 5-30 所示。

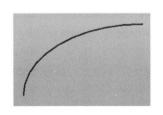
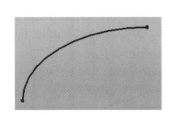
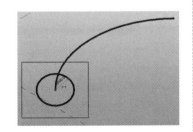

图 5-28　绘制路径　　　　图 5-29　创建参照点　　　　图 5-30　绘制第一个截面轮廓

Note

（5）选择终点的参照点，放大图形，将工作平面显示出来，单击"绘制"面板中的"矩形"按钮 ▭，在工作平面上绘制第二个截面轮廓，如图 5-31 所示。

（6）选取所有的路径和截面轮廓，单击"形状"面板"创建形状" 🗿 下拉列表框中的"实心形状"按钮 🔺，系统自动创建如图 5-32 所示的放样融合模型。

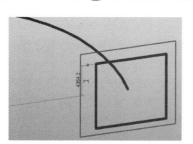

图 5-31　绘制第二个截面轮廓

图 5-32　放样融合模型

5.2.6　创建空心形状

使用创建空心形状工具可创建负几何图形（空心）以剪切实心几何图形。

具体操作步骤如下。

（1）新建一个体量族文件。

（2）单击"创建"选项卡"绘制"面板中的"矩形"按钮 ▭，绘制如图 5-33 所示的封闭轮廓。

（3）单击"形状"面板"创建形状" 🗿 下拉列表框中的"实心形状"按钮 🔺，系统自动创建如图 5-34 所示的拉伸模型。

（4）单击"绘制"面板中的"圆"按钮 ⊙，在拉伸模型的侧面绘制截面轮廓，如图 5-35所示。

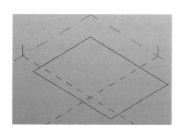

图 5-33　绘制封闭轮廓

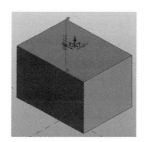

图 5-34　拉伸模型

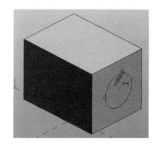

图 5-35　绘制截面

（5）单击"形状"面板"创建形状" 🗿 下拉列表框中的"空心形状"按钮 🔺，系统自动创建一个空心形状拉伸。默认孔底为如图 5-36 所示的平底，也可以单击 🔳 按钮，更改孔底为圆弧底，如图 5-37 所示。

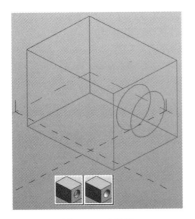

图 5-36　平底

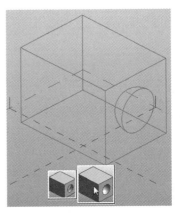

图 5-37　圆弧底

（6）拖动操纵控件调整孔的深度，或直接修改尺寸，创建通孔，结果如图 5-38 所示。

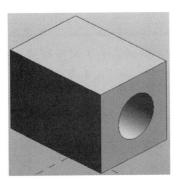

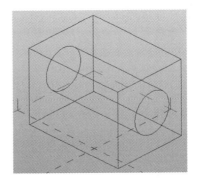

图 5-38　创建通孔

5.3　编 辑 形 状

5.3.1　编辑形状轮廓

通过更改轮廓或路径可编辑形状。具体操作步骤如下。

（1）打开前面绘制的放样融合形状文件。在视图中选择侧面，打开"修改|形式"选项卡，单击"形状"面板中的"编辑轮廓"按钮 ，打开"修改|形式＞编辑轮廓"选项卡，并进入路径编辑模式，更改路径的形状和大小，如图 5-39 所示。

（2）单击"模式"面板中的"完成编辑模式"按钮 ，完成对路径的更改。

（3）选取放样融合的端面，单击"形状"面板中的"编辑轮廓"按钮 ，进入轮廓编辑模式，对

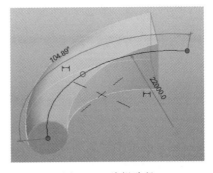

图 5-39　编辑路径

截面轮廓进行编辑,如图 5-40 所示。

Note

(4)单击"模式"面板中的"完成编辑模式"按钮 ✔,结果如图 5-41 所示。

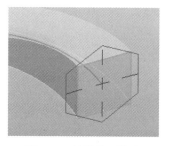

图 5-40　编辑端面轮廓

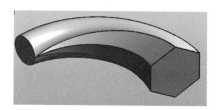

图 5-41　编辑形状

5.3.2　在透视模式中编辑形状

在概念设计环境中,透视模式将形状显示为透明,显示了其路径、轮廓和系统生成的关键点过程。透视模式显示所选形状的基本几何骨架,可以更直接地与组成形状的各图元交互。透视操作一次仅适用于一个形状。如果显示了多个平铺的视图,当在一个视图中对某个形状使用透视模式时,其他视图中也会显示透视模式。

也可以在透视模式中添加和删除轮廓、边和顶点。

具体操作步骤如下。

(1)选择形状模型,打开"修改|形式"选项卡,单击"形状"面板中的"透视"按钮 ⊞,进入透视模式,如图 5-42 所示。透视模式会显示形状的几何图形和节点。

(2)选择形状和三维控件显示的任意图元以重新定位节点和线,如图 5-43 所示。

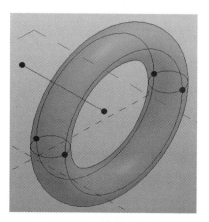

图 5-42　透视模式

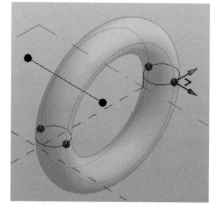

图 5-43　重新定位节点和线

(3)选择并拖动节点,更改截面大小,如图 5-44 所示。

(4)单击"添加边"按钮 ⊞,在轮廓线上添加节点以增加边,如图 5-45 所示。

(5)选择增加的点,拖动控件,改变截面形状,如图 5-46 所示。

Note

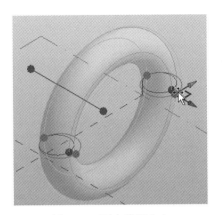

图 5-44　更改截面大小

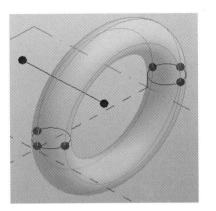

图 5-45　增加边

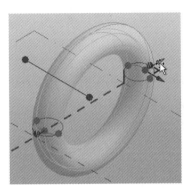

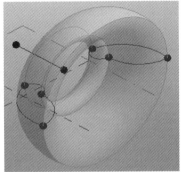

图 5-46　改变形状

（6）再次单击"形状"面板中的"透视"按钮 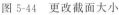，退出透视模式，结果如图 5-47 所示。

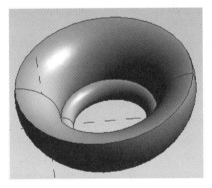

图 5-47　编辑形状

5.3.3　分割路径

可以分割路径和形状边以定义放置在设计的自适应构件上的节点。

在概念设计中分割路径时，将应用节点表示构件的放置点位置。通过确定分割数、分割之间的距离或通过与参照（标高、垂直参照平面或其他分割路径）的交点来执行分割。

具体操作步骤如下。

（1）打开已经绘制好的形状，这里打开放样融合形状。

（2）选择形状的一条边线，如图 5-48 所示。

（3）打开"修改|形式"选项卡，单击"分割"面板中的"分割路径"按钮，默认情况下，路径将被分割为具有 6 个等距离节点的 5 段（英制样板）或具有 5 个等距离节点的 4 段（公制样板），如图 5-49 所示。

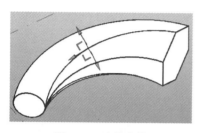

图 5-48 选择边线

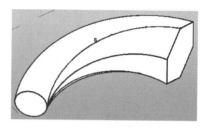

图 5-49 分割路径

（4）在"属性"选项板中设置"布局"为"固定距离"，更改"距离"值为 6000，如图 5-50 所示。也可以直接在视图中选择节点数字，输入节点编号为 7，如图 5-51 所示。

图 5-50 "属性"选项板

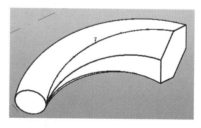

图 5-51 更改节点编号

"属性"选项板中的选项说明如下。

➢ 布局：指定如何沿分割路径布置节点，包括"无""固定数量""固定距离""最小距离""最大距离"。

• 无：将移除使用分割路径工具创建的节点并对路径产生影响。

• 固定数量：默认为此布局，它指定以相等间距沿路径分布的节点数。默认情况下，该路径将分割为 5 段 6 个等距离节点（英制样板）或 4 段 5 个等距离节点（公制样板）。

注意： 当"弦长"的测量类型仅与复杂路径的几个分割点一起使用时，生成的系列点可能不像图中所示的那样非常接近曲线。当路径的起点和终点相互靠近时会发生这种情况。

- 固定距离：指定节点之间的距离。默认情况下，一个节点放置在路径的起点，新节点按路径的"距离"实例属性定义的间距放置。通过指定"对正"实例属性，也可以将第一个节点指定在路径的"中心"或"末端"。
- 最小距离：以相等间距沿节点之间距离最短的路径分布节点。
- 最大距离：以相等间距沿节点之间距离最长的路径分布节点。
- 编号：指定用于分割路径的节点数。
- 距离：沿分割路径指定节点之间的距离。
- 测量类型：指定测量节点之间距离所使用的长度类型，包括"弦长"和"线段长度"两种。
  - 弦长：指的是节点之间的直线长度。
  - 线段长度：指的是节点之间沿路径的长度。
- 节点总数：指定根据分割和参照交点创建的节点总数。
- 显示节点编号：设置在选择路径时是否显示每个节点的编号。
- 翻转方向：选中此复选框，则沿分割路径翻转节点的数字方向。
- 起始缩进：指定分割路径起点处的缩进长度。缩进取决于测量类型，分布时创建的节点不会延伸到缩进范围。
- 末尾缩进：指定分割路径终点的缩进长度。
- 路径长度：指定分割路径的长度。

5.3.4　分割表面

在概念设计中沿着表面应用分割网格，具体操作步骤如下。

（1）选择形状的一个面，如图 5-52 所示。

（2）打开"修改|形式"选项卡，单击"分割"面板中的"分割表面"按钮，打开"修改|分割的表面"选项卡和选项栏，如图 5-53 所示。

默认情况下，U/V 网格的数量为 10，如图 5-54 所示。

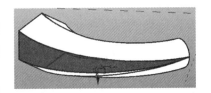

图 5-52　选择面

图 5-53　"修改|分割的表面"选项卡和选项栏

（3）可以在选项栏中更改 U/V 网格的编号或距离；也可以在"属性"选项板中更改 U/V 网格的编号或距离，如图 5-55 所示。

"属性"选项板中的选项说明如下。

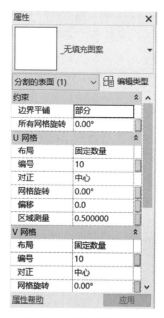

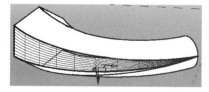

图 5-54　分割表面　　　　　　　　　　　图 5-55　"属性"选项板

> 边界平铺：确定填充图案与表面边界相交的方式，包括"空""部分""悬挑"3 种
> 方式。
> 所有网格旋转：指定 U 网格以及 V 网格的旋转角度。
> 布局：指定 U/V 网格的间距形式，包括"无""固定数量""固定距离""最大距离"
> "最小距离"，默认设置为"固定数量"。
> 编号：设置 U/V 网格的固定分割数量。
> 对正：用于设置 U/V 网格的位置，包括"起点""中心""终点"。
> 网格旋转：用于指定 U/V 网格的旋转角度。
> 偏移：指定网格原点的 U/V 向偏移距离。
> 区域测量：沿分割的弯曲表面 U/V 网格的位置，测量网格之间的弦距离。

（4）在视图中单击"配置 UV 网格布局"按钮 ◈，UV 网格编辑控件即显示在分割
表面上，如图 5-56 所示。根据需要调整 UV 网格的间距、旋转和网格定位。

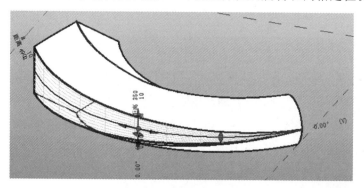

图 5-56　UV 网格编辑控件

（5）可以通过单击"UV网格和交点"面板中的"U网格"按钮 和"V网格"按钮 来控制 UV 网格的关闭或显示，如图 5-57 所示。

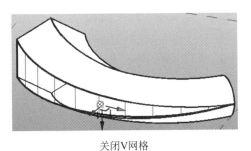
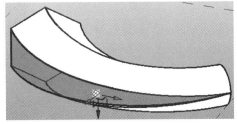

关闭V网格　　　　　　　　　　关闭U/V网格

图 5-57　UV 网格的显示控制

（6）单击"表面表示"面板中的"表面"按钮 ，控制分割表面后的网格显示。默认状态下系统激活此按钮，显示网格；再次单击此按钮，关闭网格显示。

（7）单击"表面表示"面板中的"显示属性"按钮 ，打开"表面表示"对话框。默认选中"UV 网格和相交线"复选框，如图 5-58 所示。如果选中"原始表面"和"节点"复选框，则显示原始表面和节点，如图 5-59 所示。

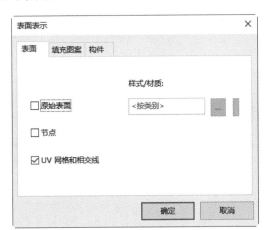

图 5-58　"表面表示"对话框

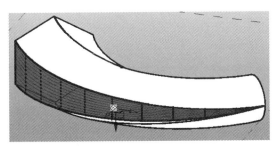

图 5-59　显示原始表面和节点

提示：在选择面或边线时，单击"分割"面板中的"默认分割设置"按钮 ，打开如图 5-60 所示的"默认分割设置"对话框，可以设置分割表面时的 U/V 网格数量和分割路径时的布局编号。

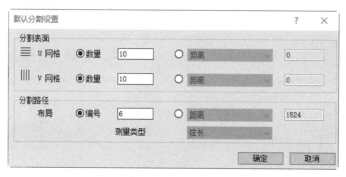

图 5-60　"默认分割设置"对话框

5.4　综合实例——创建参数化桥墩

多跨桥的中间支承结构称为桥墩。桥墩分重力式桥墩和轻型桥墩两大类,也有一说为以下三种分类:实体式桥墩、空心式桥墩、桩或柱式桥墩。

下面以实体式桥墩为例介绍参数化桥墩的创建方法。桥墩建模思路主要分为三步:首先创建参数化的轮廓族;其次建立实体墩族,在实体墩族内载入轮廓族,通过修改轮廓参数;最终生成完整的桥墩模型。

5.4.1　创建参数化轮廓族

(1) 单击"文件"→"新建"→"概念体量"命令,打开"新概念体量-选择样板文件"对话框,选择"公制体量.rft"为样板族,如图 5-61 所示。单击"打开"按钮,进入体量族编辑器。

5-1

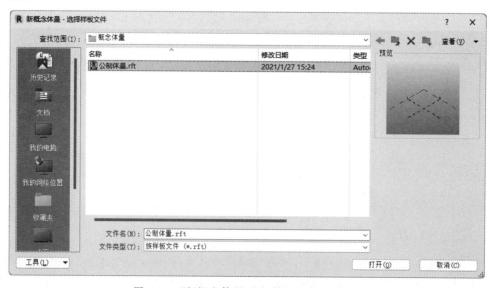

图 5-61　"新概念体量-选择样板文件"对话框

（2）将视图切换至标高 1 楼层平面。单击"创建"选项卡"绘图"面板中的"参照平面"按钮![]，绘制竖直参照平面和水平参照平面，如图 5-62 所示。

（3）单击"修改"选项卡"测量"面板中的"对齐尺寸标注"按钮![]（快捷键：DI），选取左侧边线，然后选取竖直参照平面，再选取右侧边线，拖动尺寸到适当的位置，单击![]图标，创建等分尺寸。采用相同的方法，创建宽度方向的等分尺寸。继续标注长度尺寸和宽度尺寸，如图 5-63 所示。

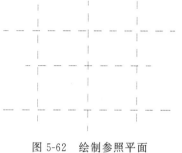

图 5-62　绘制参照平面

Note

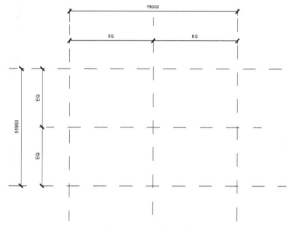

图 5-63　标注尺寸

（4）选取水平方向的总尺寸，单击"标签尺寸标注"面板中的"创建参数"按钮![]，打开"参数属性"对话框。输入名称为"长"，设置参数分组方式为"尺寸标注"，选择"实例"单选按钮，如图 5-64 所示，单击"确定"按钮。采用相同的方法对竖直方向的总尺寸添加参数，参数名称为"宽"，结果如图 5-65 所示。

（5）双击水平方向的总尺寸，更改尺寸值为 7600；双击竖直方向的总尺寸，更改尺寸值为 3000。也可以在"族类型"对话框中更改。结果如图 5-66 所示。

（6）单击"修改"选项卡"绘制"面板中的"模型线"按钮![]，打开如图 5-67 所示的"修改 | 放置　线"选项卡，利用"矩形"按钮和"圆心端点弧"按钮![]绘制轮廓，如图 5-68 所示。

（7）单击"创建"选项卡"基准"面板中的"参照平面"按钮![]，绘制距离两侧竖直参照平面 1500 的竖直参照平面；单击"修改"选项卡"测量"面板中的"对齐尺寸标注"按钮![]快捷键，标注尺寸，然后添加参数为 R，结果如图 5-69 所示。

（8）分别选取左右两侧的圆弧，在"属性"选项板的"中心标记可见"栏中选中复选框，如图 5-70 所示，使圆弧的中心标记可见，如图 5-71 所示。

Note

图 5-64　"参数属性"对话框

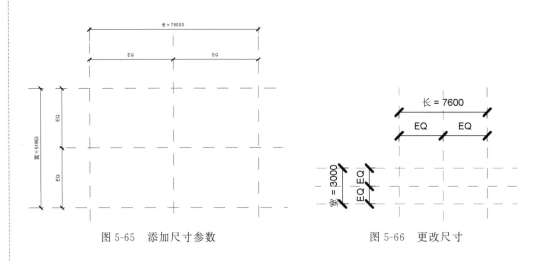

图 5-65　添加尺寸参数　　　　　　　图 5-66　更改尺寸

图 5-67　"修改|放置　线"选项卡

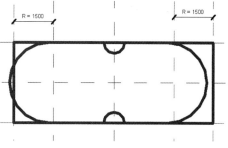

图 5-69 绘制参照平面并添加参数

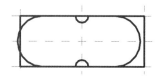

图 5-68 绘制轮廓

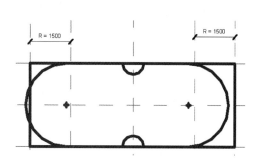

图 5-70 "属性"选项板

图 5-71 圆弧中心标记可见

（9）单击"修改"选项卡"修改"面板中的"对齐"按钮 ▣，选取步骤（7）绘制的左侧竖直参照平面，然后选取左侧的圆弧中心标记，添加对齐关系，并锁定；采用相同的方法添加右侧参照平面和圆弧圆心的对齐关系并锁定，结果如图 5-72 所示。

（10）单击"修改"选项卡"修改"面板中的"拆分图元"按钮 ￫，在中间竖直参照平面处将水平线段进行拆分；单击"修改"选项卡"修改"面板中的"修剪/延伸为角"按钮 ￫，修剪图形，得到如图 5-73 所示的轮廓。

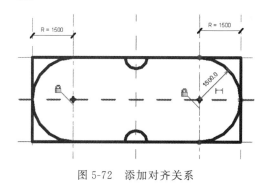

图 5-72 添加对齐关系

图 5-73 修剪图形

Note

（11）单击"创建"选项卡"属性"面板中的"族类型"按钮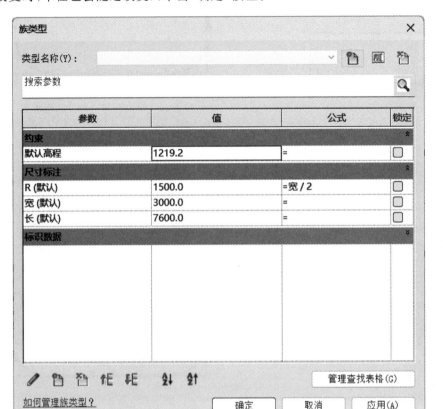，打开"族类型"对话框，在R对应的"公式"栏中输入"宽/2"，如图5-74所示（即添加圆弧半径和宽度的关系，当宽度改变时，半径也会随之改变），单击"确定"按钮。

图 5-74　"族类型"对话框

（12）单击快速访问工具栏中的"保存"按钮，打开"另存为"对话框，输入名称为"桥墩轮廓"，单击"保存"按钮，保存族文件。

5.4.2　创建实体墩族

（1）单击"文件"→"新建"→"概念体量"命令，打开"新概念体量-选择样板文件"对话框，选择"公制体量.rft"为样板族，单击"打开"按钮，进入体量族编辑器。

（2）将视图切换至南立面。单击"创建"选项卡"绘制"面板中的"参照平面"按钮，在标高1的上方绘制水平参照平面，如图5-75所示。

（3）单击"修改"选项卡"测量"面板中的"对齐尺寸标注"按钮，标注尺寸，然后添加参数，结果如图5-76所示。注意：这里的参数类型为"类型"。

（4）选取参照平面，单击平面上方"单击以命名"字样，输入参照平面名称，从下到上名称依次为1、2、3、4。这里给参照平面命名是为了后面方便将轮廓与参照平面关联起来。

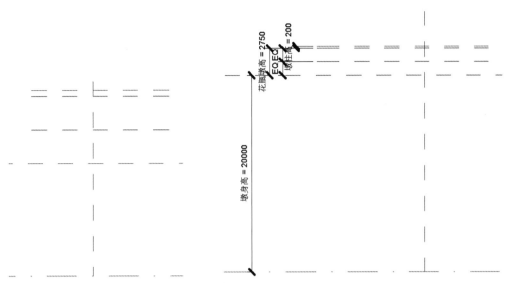

图 5-75　绘制水平参照平面　　　　　　　　图 5-76　添加参数

（5）将视图切换至标高 1 楼层平面。单击"插入"选项卡"从库中载入"面板中的"载入族"按钮，打开"载入族"对话框，选取前面绘制的"桥墩轮廓"族文件，单击"打开"按钮，将其载入到当前文件中。

（6）在项目浏览器"族"→"体量"→"桥墩轮廓"节点下选取"桥墩轮廓"，将其拖动到视图中参照平面的交点处，如图 5-77 所示。

（7）将视图切换至南立面。单击"修改"选项卡"修改"面板中的"复制"命令，选取上步放置在标高 1 上的桥墩轮廓，捕捉竖直参照平面与标高 1 的交点为起点，将其复制到其他水平参照平面与竖直参照平面的交点处，如图 5-78 所示。

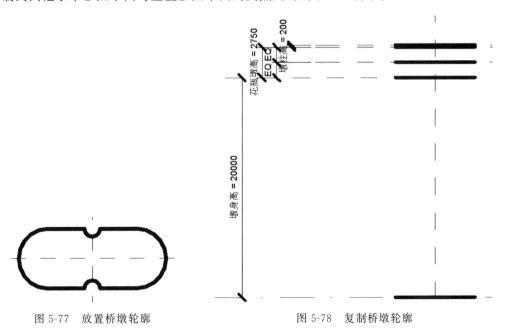

图 5-77　放置桥墩轮廓　　　　　　　　图 5-78　复制桥墩轮廓

(8) 选取参照平面1上的桥墩轮廓,在选项栏的"主体"下拉列表框中选择"参照平面:1",如图5-79所示,使桥墩轮廓和参照平面1关联在一起。采用相图的方法,使桥墩轮廓与其他参照平面关联。

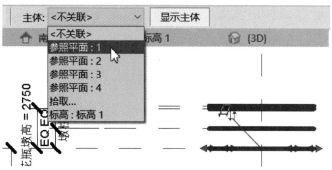

图5-79 桥墩轮廓和参照平面关联

注意: 也可以利用"对齐"命令,添加参照平面和桥墩轮廓的对齐关系并锁定。

(9) 选取参照平面1上的桥墩轮廓,在"属性"选项板中更改宽为2300,长为6000,如图5-80所示。采用相同的方法,更改参照平面2上的桥墩轮廓宽为2500,长为6500。

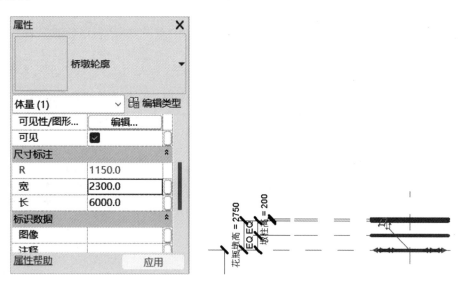

图5-80 更改参照平面1上的桥墩轮廓大小

(10) 框选参照平面1到参照平面4上的轮廓,单击"修改|体量"选项卡"形状"面板"创建形状"下拉列表框中的"实心形状"按钮，生成花瓶墩实体,如图5-81所示。

(11) 选取标高1的桥墩轮廓和参照平面1上的桥墩轮廓,单击"修改|体量"选项卡"形状"面板"创建形状"下拉列表框中的"实心形状"按钮，生成墩身实体,如图5-82所示。

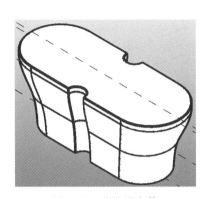

图 5-81　花瓶墩实体

图 5-82　墩身实体

5-3

5.4.3　创建上步附属结构

（1）单击"修改"选项卡"绘制"面板中的"模型线"按钮 ⫪，打开如图 5-67 所示的 "修改|放置　线"选项卡，单击"在工作平面上绘制"按钮 ◈ 和"线"按钮 ⟋，在南立面 图上绘制凹槽轮廓，如图 5-83 所示。

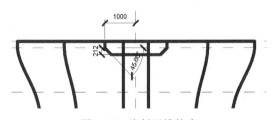

图 5-83　绘制凹槽轮廓

（2）框选上步绘制的凹槽轮廓，单击"修改|体量"选项卡"形状"面板"创建形状"下 拉列表框中的"空心形状"按钮 ⛛，将视图切换至三维视图，显示如图 5-84 所示的坐标 和剪切形状。拖动其中的绿色箭头，直至桥墩外，得到一侧凹槽，如图 5-85 所示。

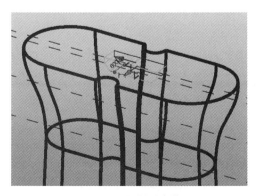

图 5-84　花瓶墩实体

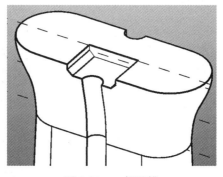

图 5-85 一侧凹槽

（3）选取如图 5-86 所示的凹槽端面，拖动绿色箭头，直至桥墩外，得到另一侧凹槽，如图 5-87 所示。

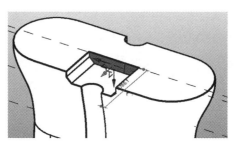

图 5-86 选取端面

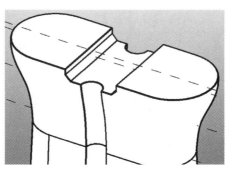

图 5-87 创建凹槽

（4）单击快速访问工具栏中的"保存"按钮 ⊟，打开"另存为"对话框，输入名称为"桥墩"，单击"保存"按钮，保存族文件。

第 6 章

场地设计

一般来说,场地设计是为满足一个建设项目的要求,在基地现状条件和相关的法规、规范的基础上,绘制场地。其根本目的是通过设计使场地中的各要素,尤其是建筑物与其他要素形成一个有机整体,以发挥效用,并使基地的利用能够达到最佳状态,以充分发挥用地效益,节约土地,减少浪费。

6.1 场地设置

可以定义等高线间隔,添加用户定义的等高线,选择剖面填充样式、基础土层高程和角度显示等项目全局场地设置。

单击"体量和场地"选项卡"场地建模"面板中的"场地设置"按钮 ↘ ,打开"场地设置"对话框,如图 6-1 所示。

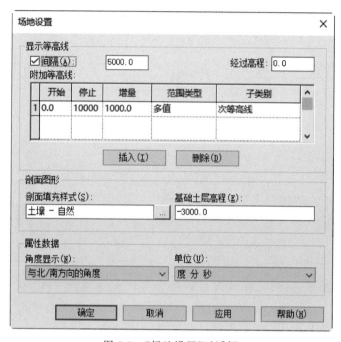

图 6-1 "场地设置"对话框

"场地设置"对话框中的选项说明如下。

1."显示等高线"选项组

➢ 间隔:设置等高线间的间隔。

➢ 经过高程:等高线间隔是根据这个值来确定的。例如,如果将等高线间隔设置为 10,则等高线将显示在−20、−10、0、10、20 的位置;如果将"经过高程"值设置为 5,则等高线将显示在−25、−15、−5、5、15、25 的位置。

➢ "附加等高线"列表

• 开始:设置附加等高线开始显示的高程。

• 停止:设置附加等高线不再显示的高程。

• 增量:设置附加等高线的间隔。

• 范围类型:选择"单一值"可以插入一条附加等高线;选择"多值"可以插入增量附加等高线。

• 子类别:设置将显示的等高线类型。包括"次等高线""三角形边缘""主等高线""隐藏线"4 种类型。

> 插入：单击此按钮，插入一条新的附加等高线。

> 删除：选中附加等高线，单击此按钮，删除选中的等高线。

2．"剖面图形"选项组

> 剖面填充样式：设置在剖视图中显示的材质。单击[...]按钮，打开"材质浏览器"对话框，即可设置剖面填充样式。

> 基础土层高程：控制土壤横断面的深度（如－30 英尺或－25 米）。该值控制项目中全部地形图元的土层深度。

3．"属性数据"选项组

> 角度显示：指定建筑红线标记上角度值的显示。

> 单位：指定在显示建筑红线表中的方向值时使用的单位。

6.2 地 形 表 面

地形表面工具使用点或导入的数据来定义地形表面，可以在三维视图或场地平面中创建地形表面。

6.2.1 通过放置点创建地形

可以在绘图区域中通过放置点来创建地形表面，具体操作步骤如下。

（1）单击"体量和场地"选项卡"场地建模"面板中的"地形表面"按钮 ，打开"修改|编辑表面"选项卡和选项栏，如图 6-2 所示。

图 6-2 "修改|编辑表面"选项卡和选项栏

> 绝对高程：点显示在指定的高程处（从项目基点量起）。

> 相对于表面：通过该选项，可以将点放置在现有地形表面上的指定高程处，从而编辑现有地形表面。要使该选项的使用效果更明显，需要在着色的三维视图中工作。

（2）系统默认激活"放置点"按钮 ，在选项栏中输入高程值。

（3）在绘图区域中单击放置点，如图 6-3 所示。

提示：如果需要的话，在放置其他点时可以修改选项栏中的高程值。

（4）单击"表面"面板中的"完成表面"按钮 ，完成地形的绘制，将视图切换到三维视图，结果如图 6-4 所示。

Note

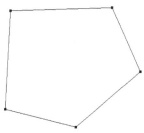

图 6-3　放置点

图 6-4　创建场地

6.2.2　通过点文件创建地形

可以将点文件导入以在 Revit 模型中创建地形表面。点文件使用高程点的规则网格来提供等高线数据。

导入的点文件必须符合以下要求：

（1）点文件必须使用逗号分隔的文件格式（可以是 CSV 或 TXT 文件）；

（2）必须以 x、y 和 z 坐标值作为文件的第一个数值；

（3）点的任何其他数值信息必须显示在 x、y 和 z 坐标值之后。

如果该文件中有两个点的 x 和 y 坐标值分别相等，Revit 会使用 z 坐标值最大的点。

具体操作步骤如下。

（1）新建一个项目文件，将视图切换到场地平面。

（2）单击"体量和场地"选项卡"场地建模"面板中的"地形表面"按钮 🔜 ，打开"修改│编辑表面"选项卡和选项栏。

（3）单击"工具"面板"通过导入创建" 🏠 下拉列表框中的"指定点文件"按钮 🏘 ，打开"选择文件"对话框，在"文件类型"下拉列表框中选择" ∗.txt"文件类型，选取要导入的高程点文件"点文件"，如图 6-5 所示。

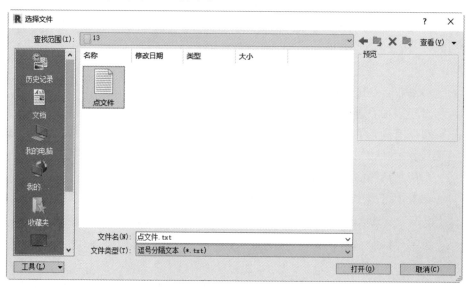

图 6-5　"选择文件"对话框

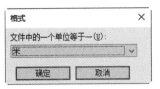

图 6-6　放置点

（4）单击"打开"按钮,打开"格式"对话框,选择单位为"米",如图 6-6 所示。

（5）单击"确定"按钮,根据点文件生成如图 6-7 所示的地形。

（6）单击"表面"面板中的"完成表面"按钮 ✔,将自动生成地形表面,将视图切换到三维视图,结果如图 6-8 所示。

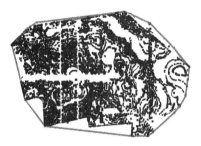

图 6-7　地形

图 6-8　创建场地

6.2.3　通过导入等高线创建地形

可以根据从 DWG、DXF 或 DGN 文件导入的三维等高线数据自动生成地形表面。Revit 会分析数据并沿等高线放置一系列高程点。

导入等高线数据时,应遵循以下要求:

（1）导入的 CAD 文件必须包含三维信息;

（2）在要导入的 CAD 文件中,必须将每条等高线放置在正确的 z 值位置;

（3）将 CAD 文件导入 Revit 时,请勿选择"定向到视图"选项。

6.3　建　筑　红　线

添加建筑红线的方法有:在场地平面中绘制以及在对话框中直接输入测量数据。

6.3.1　通过绘制创建建筑红线

具体操作步骤如下。

（1）单击"体量和场地"选项卡"修改场地"面板中的"建筑红线"按钮 🖼,打开"创建建筑红线"询问对话框,如图 6-9 所示。

（2）单击"通过绘制来创建"选项,打开"修改|创建建筑红线草图"选项卡和选项栏,如图 6-10 所示。

（3）单击"绘制"面板中的"矩形"按钮 ⬜,绘制建筑红线草图,如图 6-11 所示。

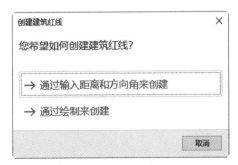

图 6-9　"创建建筑红线"询问对话框

图 6-10　"修改|创建建筑红线草图"选项卡和选项栏

☎ **注意**：这些线应当形成一个闭合环。如果绘制一个开放环并单击"完成编辑模式"按钮✔，Revit 会发出一条警告信息，说明无法计算面积。可以忽略该警告信息继续工作，或将环闭合。

（4）单击"模式"面板中的"完成编辑模式"按钮✔，完成建筑红线的创建，如图 6-12所示。

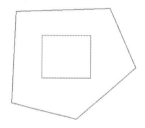

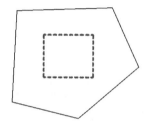

图 6-11　绘制建筑红线草图　　　　图 6-12　创建建筑红线

6.3.2　通过角度和方向绘制建筑红线

具体操作步骤如下。

（1）单击"体量和场地"选项卡"修改场地"面板中的"建筑红线"按钮，打开"创建建筑红线"询问对话框。

（2）单击"通过输入距离和方向角来创建"选项，打开"建筑红线"对话框，如图 6-13所示。

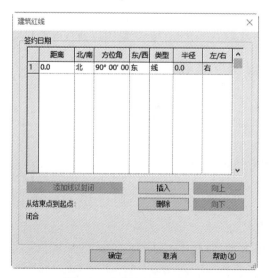

图 6-13　"建筑红线"对话框

（3）单击"插入"按钮，从测量数据中添加距离和方向角。

（4）也可以添加圆弧段为建筑红线，分别输入"距离"和"方向"的值，用于描绘弧上两点之间的线段。选取"弧"类型，并输入半径值。注意半径值必须大于线段长度的二分之一。半径越大，形成的圆越大，产生的弧也越平。

（5）继续插入线段，可以单击"向上"或"向下"按钮修改建筑红线的顺序。

（6）将建筑红线放置到适当位置。

6.4 建筑地坪

通过在地形表面绘制闭合环，可以添加建筑地坪。在绘制地坪后，可以指定一个值来控制其距标高的高度偏移，还可以指定其他属性。可通过在建筑地坪的边线之内绘制闭合环来定义地坪中的洞口，还可以为该建筑地坪定义坡度。

具体操作步骤如下。

（1）新建一个项目文件，并将视图切换到场地平面，绘制一个场地地形，如图 6-14 所示；或者直接打开场地地形。

（2）单击"体量和场地"选项卡"场地建模"面板中的"建筑地坪"按钮 ，打开"修改|创建建筑地坪边界"选项卡和选项栏，如图 6-15 所示。

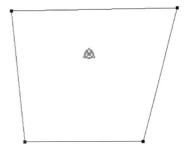

图 6-14 绘制场地地形

图 6-15 "修改|创建建筑地坪边界"选项卡和选项栏

（3）单击"绘制"面板中的"边界线"按钮 和"矩形"按钮 （默认情况下，边界线按钮为启动状态），绘制闭合的建筑地坪边界线，如图 6-16 所示。

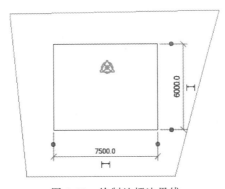

图 6-16 绘制地坪边界线

（4）在"属性"选项板中设置"自标高的高度偏移"为－500，其他采用默认设置，如图 6-17 所示。

> 标高：设置建筑地坪的标高。

> 自标高的高度偏移：指定建筑地坪偏移标高的正负距离。

> 房间边界：用于定义房间的范围。

（5）还可以单击"编辑类型"按钮 ，打开如图 6-18 所示的"类型属性"对话框，修改建筑地坪结构和指定图形设置。

图 6-17　"属性"选项板

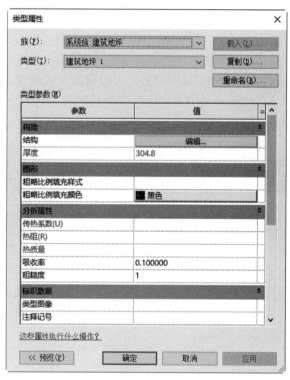

图 6-18　"类型属性"对话框

"类型属性"对话框中的选项说明如下。

> 结构：定义建筑地坪结构。单击"编辑"按钮，打开如图 6-19 所示的"编辑部件"对话框，通过将函数指定给部件中的每个层来修改建筑地坪的结构。

> 厚度：显示建筑地坪的总厚度。

> 粗略比例填充样式：在粗略比例视图中设置建筑地坪的填充样式。

> 粗略比例填充颜色：在粗略比例视图中对建筑地坪的填充样式应用某种颜色。

（6）单击"模式"面板中的"完成编辑模式"按钮 ✔，完成建筑地坪的创建，如图 6-20 所示。

（7）将视图切换到三维视图，建筑地坪的最终效果如图 6-21 所示。

Note

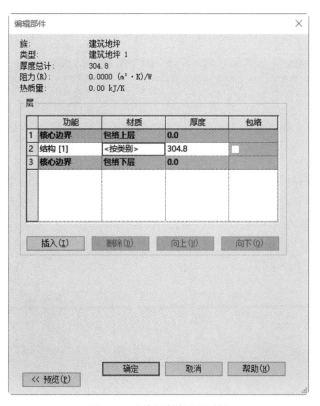

图 6-19 "编辑部件"对话框

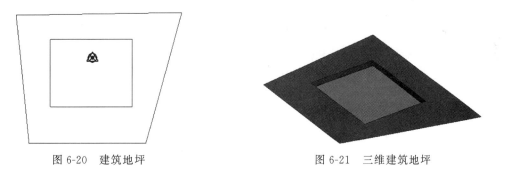

图 6-20 建筑地坪   图 6-21 三维建筑地坪

6.5 修 改 场 地

在 Revit 中不仅可以对场地进行拆分和合并,还可以在场地中建立子面域。

6.5.1 创建子面域

子面域可应用于不同属性集(如材质)的地形表面区域。例如,可以使用子面域在平整表面、道路或岛上绘制停车场。创建子面域不会生成单独的表面。

具体操作步骤如下。

（1）单击"体量和场地"选项卡"修改场地"面板中的"子面域"按钮，打开"修改｜创建子面域边界"选项卡和选项栏，如图6-22所示。

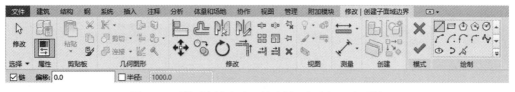

图6-22 "修改｜创建子面域边界"选项卡和选项栏

（2）单击"绘制"面板中的"矩形"按钮□，绘制子面域边界线，如图6-23所示。

（3）在"属性"选项板的"材质"栏中单击▦按钮，打开"材质浏览器"对话框，选取"水泥砂浆"材质，其他采用默认设置，单击"确定"按钮。

（4）单击"模式"面板中的"完成编辑模式"按钮✔，完成子面域的绘制，如图6-24所示。

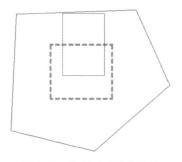

图6-23 绘制子面域边界线

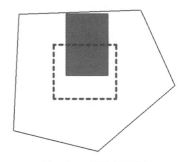

图6-24 创建子面域

☎注意：仅可使用单个闭合环创建地形表面子面域。如果创建多个闭合环，则只有第一个环用于创建子面域，其余环将被忽略。

6.5.2 拆分表面

可以将一个地形表面拆分为两个不同的表面，可以为这些表面指定不同的材质来表示公路、湖泊、广场或丘陵，也可以删除地形表面的一部分。

具体操作步骤如下。

（1）单击"体量和场地"选项卡"修改场地"面板中的"拆分表面"按钮▨，在视图中选择要拆分的地形表面，系统进入草图模式。

（2）打开"修改｜拆分表面"选项卡和选项栏，如图6-25所示。

图6-25 "修改｜拆分表面"选项卡和选项栏

Note

（3）单击"绘制"面板中的"线"按钮 ，绘制一个不与任何表面边界接触的单独闭合环，或绘制一个单独开放环。开放环的两个端点都必须在表面边界上。开放环的任何部分都不能相交，或者不能与表面边界重合，如图 6-26 所示。

（4）单击"模式"面板中的"完成编辑模式"按钮 ，完成地形表面的拆分，如图 6-27所示。

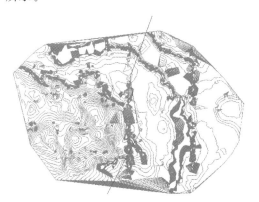

图 6-26 绘制拆分线

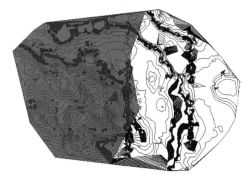

图 6-27 拆分地形表面

6.5.3 合并表面

可以将两个单独的地形表面合并为一个表面，此功能对于重新连接拆分表面非常有用。要合并的表面必须重叠或共享公共边。

具体操作步骤如下。

（1）打开上节绘制的拆分地形表面。

（2）单击"体量和场地"选项卡"修改场地"面板中的"合并表面"按钮 ，在选项栏上取消选中"删除公共边上的点"复选框。

删除公共边上的点：选中此复选框，可删除表面被拆分后插入的多余点。默认情况下此复选框处于选中状态。

（3）选择一个要合并的地形表面，然后选择另一个要合并到主表面的地形表面，如图 6-28 所示。

（4）系统自动将选择的两个地形表面合并成一个，如图 6-29 所示。

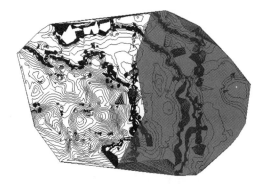

图 6-28 选取合并表面

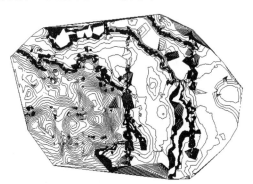

图 6-29 合并后的表面

6.5.4 平整区域

通过平整区域可平整地形表面区域、更改选定点处的高程，从而进一步进行场地设计。

若要创建平整区域，须选择一个地形表面，该地形表面应该为当前阶段中的一个现有表面。Revit 会将原始表面标记为已拆除并生成一个带有匹配边界的副本。Revit 会将此副本标记为在当前阶段新建的图元。

具体操作步骤如下。

（1）绘制地形表面。

（2）单击"体量和场地"选项卡"修改场地"面板中的"平整区域"按钮，打开"编辑平整区域"询问对话框，如图 6-30 所示。

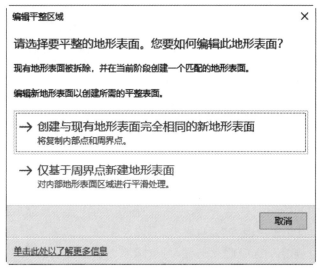

图 6-30 "编辑平整区域"询问对话框

（3）选择"仅基于周界点新建地形表面"选项，选取要编辑的地形，打开"修改︱编辑表面"选项卡，进入地形编辑环境。

（4）选择地形表面，添加或删除点，以修改点的高程或简化表面。

（5）单击"表面"面板中的"完成表面"按钮，平整区域。

6.5.5 场地布置

可在场地平面中放置场地专用构件（如树、电线杆和消防栓），具体操作步骤如下。

（1）单击"体量和场地"选项卡"场地建模"面板中的"场地构件"按钮，在"属性"选项板中选择所需构件。

（2）也可以单击"模式"面板中的"载入族"按钮，打开"载入族"对话框，选择所需构件。

（3）在绘图区域中单击添加一个或多个构件，如图 6-31 所示。

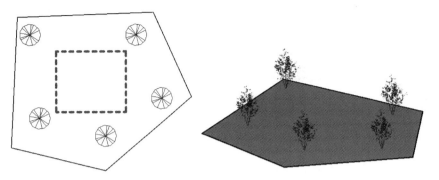

图 6-31 添加构件

第7章

空间定位

在绘制建筑平面图之前,我们要先画轴网,习惯上标注在对称界面或截面构件的中心线上,用于对图形进行平面定位;标高通常用来分割楼层,标出建筑各部分的相应高度用于进行立面定位。

Note

7.1 轴　　网

　　轴网作为施工放线的准绳，主要用于市政各相关专业模型的平面定位。在绘制市政项目各相关专业模型之前要先绘制轴网，它是由轴线组成的网，是人为在图纸中为了标示构件的详细尺寸，按照一般的习惯标准虚设的，习惯上标注在对称界面或截面构件的中心线上。

7.1.1　绘制轴网

　　轴网分直线轴网、斜交轴网和弧线轴网。轴网由定位轴线、标志尺寸和轴号组成。
　　轴线是有限平面，可以在立面图中通过拖曳改变其范围，使其不与标高线相交。这样便可以确定轴线是否出现在为项目创建的每个新平面的视图中。
　　具体操作步骤如下。
　　(1) 新建一个项目文件，在默认的标高平面上绘制轴网。
　　(2) 单击"建筑"选项卡"基准"面板中的"轴网"按钮 ，打开"修改|放置　轴网"选项卡和选项栏，如图 7-1 所示。

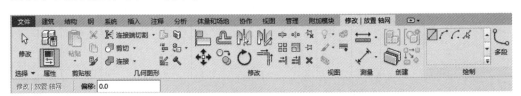

图 7-1　"修改|放置　轴网"选项卡和选项栏

　　(3) 单击确定轴线的起点，如图 7-2 所示；拖动鼠标向下移动到适当位置单击确定轴线的终点，完成一条竖直直线的绘制，结果如图 7-3 所示。Revit 会自动为每个轴线编号。要修改轴线编号，只需单击编号，输入新值，然后按 Enter 键即可。可以用字母作为轴线的值。如果将第一个轴线编号修改为字母，则所有后续轴线的编号将相应地进行更新。

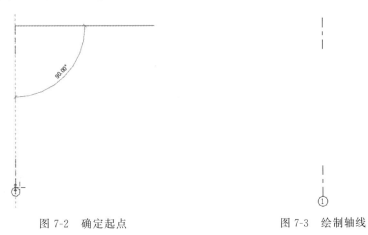

图 7-2　确定起点　　　　　　　　图 7-3　绘制轴线

（4）继续绘制其他轴线，也可以单击"修改"面板中的"复制"按钮 ，框选上一步绘制的轴线，然后按 Enter 键指定起点，移动鼠标到适当位置单击确定终点，如图 7-4 所示。也可以直接输入尺寸值确定两轴线之间的间距。

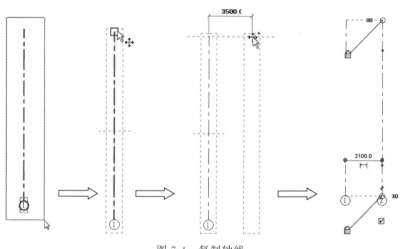

图 7-4　复制轴线

（5）继续绘制其他竖直轴线，如图 7-5 所示。复制的轴线编号是自动排序的。当绘制轴线时，可以使各轴线的头部和尾部相互对齐。如果轴线是对齐的，则选择轴线时会出现一个锁以指明对齐。如果移动轴网范围，则所有对齐的轴线都会随之移动。

图 7-5　绘制竖直轴线

（6）继续指定轴线的起点，水平移动鼠标到适当位置，单击确定终点，绘制一条水平轴线。继续绘制其他水平轴线，结果如图 7-6 所示。

🔒 **提示**：可以利用"阵列"命令创建轴线，在选项栏中采用"最后一个"选项阵列出来的轴线编号不是按顺序编号的，而采用"第二个"选项阵列出来的轴线编号是按顺序编号的。

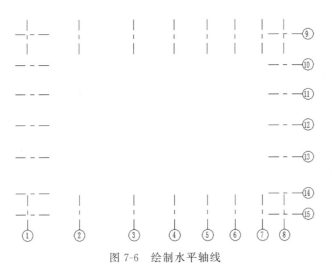

图 7-6　绘制水平轴线

7.1.2　编辑轴网

绘制完轴网后,若发现有的地方不符合要求,则需要进行修改。

具体操作步骤如下。

(1) 选取所有轴线,在"属性"选项板中选择"6.5mm 编号"类型,如图 7-7 所示。更改后的结果如图 7-8 所示。

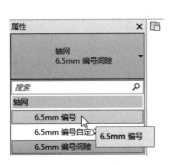

图 7-7　选择类型

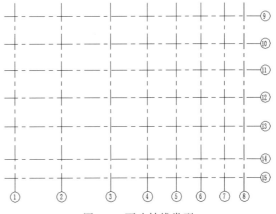

图 7-8　更改轴线类型

(2) 一般情况下,横向轴线的编号按从左到右的顺序编写,纵向轴线的编号则用大写的拉丁字母从下到上编写,不能用字母 I 和 O。选择最下端水平轴线,双击数字 15,将其更改为 A,如图 7-9 所示,然后按 Enter 键确认。

(3) 采用相同的方法更改其他纵向轴线的编号,结果如图 7-10 所示。

(4) 选中临时尺寸,可以编辑此轴线与相邻两轴线之间的尺寸,如图 7-11 所示。采用相同的方法可以更改轴之间的所有尺寸,也可以直接拖动轴线调整轴线之间的间距。

(5) 选取轴线,拖曳轴线端点 调整轴线的长度,如图 7-12 所示。

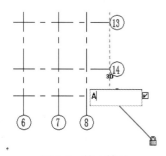

图 7-9　输入轴号

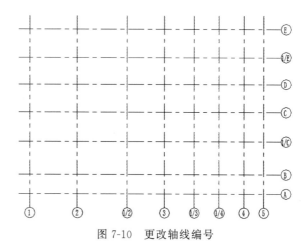

图 7-10　更改轴线编号

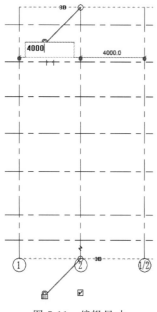

图 7-11　编辑尺寸

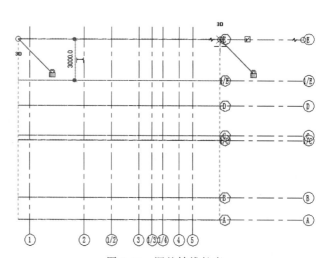

图 7-12　调整轴线长度

（6）选取任意轴线，单击"属性"选项板中的"编辑类型"按钮 或者单击"修改|轴网"选项卡"属性"面板中的"类型属性"按钮 ，打开如图 7-13 所示的"类型属性"对话框，可以在该对话框中修改轴线类型、符号、颜色等属性。选中"平面视图轴号端点 1（默认）"复选框，单击"确定"按钮，结果如图 7-14 所示。

"类型属性"对话框中的选项说明如下。

➢ 符号：指轴线端点的符号。

➢ 轴线中段：在轴线中显示的轴线中段的类型。包括"无""连续""自定义"三项，如图 7-15 所示。

➢ 轴线末段宽度：表示连续轴线的线宽，或者在"轴线中段"为"无"或"自定义"的情况下表示轴线末段的线宽，如图 7-16 所示。

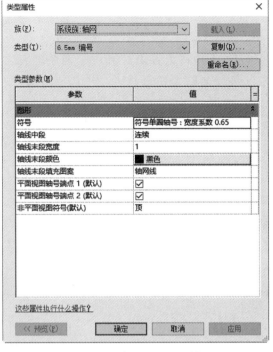

图 7-13 "类型属性"对话框

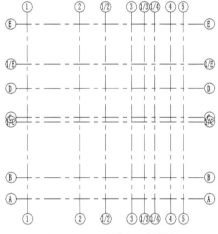

图 7-14 显示端点 1 的轴号

图 7-15 轴线中段形式

图 7-16 轴线末段宽度

➢ 轴线末段颜色：表示连续轴线的线颜色，或者在"轴线中段"为"无"或"自定义"的情况下表示轴线末段的线颜色，如图 7-17 所示。

➢ 轴线末段填充图案：表示连续轴线的线样式，或者在"轴线中段"为"无"或"自定义"的情况下表示轴线末段的线样式，如图 7-18 所示。

图 7-17 轴线末段颜色 图 7-18 轴线末段填充图案

➢ 平面视图轴号端点 1(默认)：在平面图中，在轴线的起点处显示编号的默认设置。也就是说，在绘制轴线时，编号显示在其起点处。

➢ 平面视图轴号端点 2(默认)：在平面图中，在轴线的终点处显示编号的默认设置。也就是说，在绘制轴线时，编号显示在其终点处。

➤ 非平面视图符号(默认):在非平面图的项目视图(例如,立面图和剖视图)中,轴线上显示编号的默认位置,包括"顶""底""两者"(顶和底)和"无"。如果需要的话,可以显示或隐藏视图中各轴线的编号。

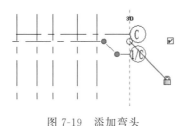

图 7-19　添加弯头

(7) 从图 7-14 中可以看出 C 和 1/C 两条轴线之间相距太近,可以选取 1/C 轴线,单击"添加弯头"按钮 ↤,添加弯头后如图 7-19 所示。然后将控制柄拖曳到正确的位置,从而将轴号从轴线中移开。

(8) 选择任意轴线,选中或取消选中轴线外侧的方框 ☑,可以打开或关闭轴号显示。

7.2　标　　高

标高用于表示市政各专业模型的垂直高度,如图 7-20 所示,图中倒三角为标高图标,图标上的数值为标高值,虚线为标高线,图标右侧为标高名称。

7.2.1　创建标高

(1) 新建一项目文件,并将视图切换到东立面图,或者打开要添加标高的剖视图或立面图。

图 7-20　标高

(2) 东立面图中显示预设的标高,如图 7-21 所示。在 Revit 中使用默认样板开始创建新项目时,将会显示两个标高:标高 1 和标高 2。

图 7-21　预设标高

(3) 单击"建筑"选项卡"基准"面板中的"标高"按钮 ⊹,打开"修改|放置 标高"选项卡和选项栏,如图 7-22 所示。

图 7-22　"修改|放置 标高"选项卡和选项栏

➤ 创建平面视图:默认选中此复选框,所创建的每个标高都是一个楼层,并且创建关联楼层平面图和天花板投影平面图。如果取消选中此复选框,则认为标高是非楼层的标高或参照标高,并且不创建关联的平面图。墙及其他以标高为主体的图元可以将参照标高用作自己的墙顶或墙底定位标高。

➤ 平面视图类型：单击此选项，打开如图7-23 所示的"平面视图类型"对话框，指定视图 类型。

（4）当放置光标以创建标高时，如果光标与现 有标高线对齐，则光标和该标高线之间会显示一个 临时的垂直尺寸标注，如图7-24所示。单击确定 标高的起点。

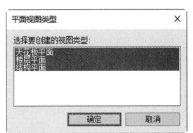

图7-23　"平面视图类型"对话框

（5）通过水平移动光标绘制标高线，直到捕捉 到另一侧标头时，单击确定标高线的终点。

图7-24　对齐标头

（6）选择与其他标高线对齐的标高线时，将会出现一个锁以表示对齐，如图7-25 所示。如果水平移动标高线，则全部对齐的标高线会随之移动。

图7-25　锁定对齐

（7）如果想要生成多条标高，可以利用"复制"按钮 和"阵列"按钮 实现。需要 注意的是，利用这两种工具只能单纯地创建标高符号而不会生成相应的视图。需要手 动创建平面图。

7.2.2　编辑标高

当标高创建完成后，还可以修改标高的标头样式、标高线型，调整标高的标头位置。 具体操作步骤如下。

（1）选中视图中标高的临时尺寸值，可以更改标高的高度，如图7-26所示。

（2）单击标高的名称，可以对其进行修改，如图7-27所示。在空白位置单击，打开 如图7-28所示的"确认标高重命名"对话框，单击"是"按钮，则相关的楼层平面和天花 板投影平面的名称也将随之更新。如果输入的名称已存在，则会弹出如图7-29所示的

Autodesk Revit 2022错误提示对话框,单击"取消"按钮,重新输入名称。

图 7-26　更改标高高度

图 7-27　输入标高名称

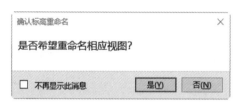

图 7-28　"确认标高重命名"对话框

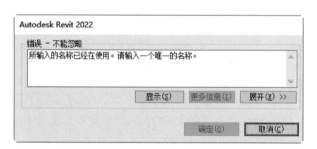

图 7-29　Autodesk Revit 2022错误提示对话框

注意:在绘制标高时,要注意光标位置。如果光标在现有标高位置的上方,则会在当前标高位置的上方生成标高;如果光标在现有标高位置的下方,则会在当前标高位置的下方生成标高。在拾取时,视图中会以虚线表示即将生成的标高位置,可以根据此预览来判断标高位置是否正确。

(3) 选取要修改的标高,在"属性"选项板中更改类型,如图 7-30 所示。

(4) 当相邻两个标高靠得很近时,有时会出现标头文字重叠现象,可以单击"添加弯头"按钮,拖动控制柄到适当的位置,如图 7-31 所示。

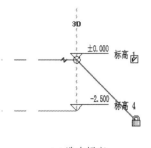

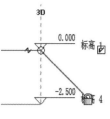

Note

| (a) 选中标高 | (b) 更改类型 | (c) 更改结果 |

图 7-30 更改标高类型

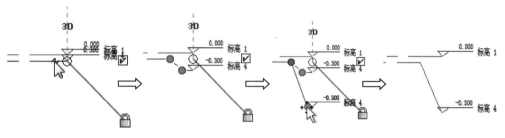

图 7-31 调整位置

注意：当编号移动至偏离标高线位置时，其效果仅在本视图中显示，而不会影响其他视图。通过拖曳编号所创建的线段为实线，不能改变这个样式。

（5）选取标高线，拖动其两端的操纵柄，向左或向右移动鼠标，调整标高线的长度，如图 7-32 所示。

（6）选取一条标高线，在标高编号的附近会显示"隐藏或显示标头"复选框，取消选中此复选框，隐藏标头；选中此复选框，显示标头，如图 7-33 所示。

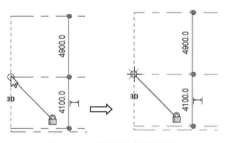

图 7-32 调整标高线长度

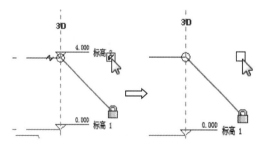

图 7-33 隐藏或显示标头

（7）选取标高后，单击 3D 字样，将标高切换到 2D 属性，如图 7-34 所示。这时拖曳标头延长标高线后，其他视图不会受到影响。

（8）可以通过在"属性"选项板中修改实例属性来指定标高的高程，计算高度和名称，如图 7-35 所示。对实例属性的修改只会影响当前所选中的图元。

"属性"选项板中的选项说明如下。

➢ 立面：标高的垂直高度。

➢ 上方楼层：与"建筑楼层"参数结合使用，此参数指定该标高的下一个建筑楼层。默认情况下，"上方楼层"是下一个启用"建筑楼层"的最高标高。

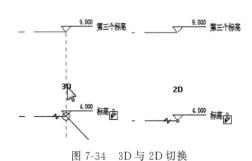

图 7-34 3D 与 2D 切换

图 7-35 "属性"选项板

➤ 计算高度：在计算房间周长、面积和体积时要使用的房间底部标高之上的距离。

➤ 名称：标高的标签。可以为该属性指定任何所需的标签或名称。

➤ 结构：将标高标识为主要结构（如钢顶部）。

➤ 建筑楼层：指定标高对应于模型中的功能楼层或楼板，与其他标高（如平台和保护墙）相对。

（9）单击"属性"选项板中的"编辑类型"按钮 ，打开如图 7-36 所示的"类型属性"对话框，可以在该对话框中修改基面、线宽、颜色等标高类型属性。

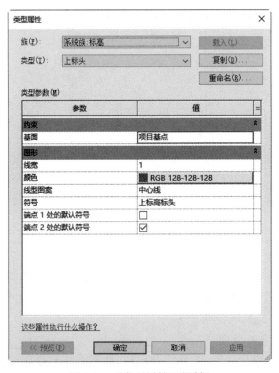

图 7-36 "类型属性"对话框

"类型属性"对话框中的选项说明如下:

- 基面:包括"项目基点"和"测量点"。如果选择"项目基点",则在某一标高上显示的高程基于项目原点;如果选择"测量点",则显示的高程基于固定测量点。
- 线宽:设置标高线宽。可以从"值"列表中选择线宽型号。
- 颜色:设置标高线的颜色。单击颜色的值,打开"颜色"对话框,从"颜色"列表中选择颜色或自定义颜色。
- 线型图案:设置标高线的线型图案,线型图案可以为实线或虚线和圆点的组合。可以从 Revit 定义的"值"列表中选择线型图案或自定义线型图案。
- 符号:确定标高线的标头是否显示编号中的标高号(标高标头-圆圈),显示标高号但不显示编号(标高标头-无编号)或不显示标高号(<无>)。
- 端点 1 处的默认符号:默认情况下,在标高线的左端点处不放置编号,选中此复选框,显示编号。
- 端点 2 处的默认符号:默认情况下,在标高线的右端点处放置编号。选择标高线时,标高编号旁边将显示复选框,取消选中此复选框,则隐藏编号。

7.3　其他定位图元

1. 坐标系

在建立模型时使用两个坐标系:测量坐标系和项目坐标系。

1)测量坐标系

测量坐标系为模型提供真实世界的关联环境,旨在描述地球表面上的位置。

许多测量坐标系都进行了标准化处理。有些系统使用经纬度,而有些使用 x、y、z 轴坐标。测量坐标系测量的比例比项目坐标系测量的比例大得多,并且可以处理地球曲率和地形等问题,而这些对于项目坐标系则无关紧要。

测量点△可以标识模型附近的真实世界位置。例如,可以将测量点放置在项目场地一角或两条属性线的相交处,并指定其真实世界坐标。

2)项目坐标系

项目坐标系描述相对于模型的位置,使用属性边界或项目范围中选定的点作为参照,以此测量距离并相对于模型定位对象。

使用项目坐标系可确定项目相对于模型附近指定点的位置。此坐标系特定于当前项目。

项目坐标系的原点即项目基点⊗,许多用户使用项目基点作为参考点在场地中进行测量,将其放置在模型的边角或模型中的其他合适位置以简化现场测量。

2. 内部原点

内部坐标系的原点为测量坐标系和项目坐标系提供了基础。内部原点的位置绝不会移动。内部原点也称为起始位置。

创建新模型时,默认情况下,项目基点⊗和测量点△均放置在内部原点上。

若要建立项目坐标系,应将项目基点从内部原点位置移动到其他位置,如建筑的一角。如果以后需要将项目基点移回内部原点,应取消剪裁项目基点并对其右击,在弹出的快捷菜单中选择"移动到起始位置"命令。

若要建立测量坐标系,应将测量点从内部原点移动到已知的真实世界位置,例如大地标记或两条建筑红线的相交处。

1)距内部原点的最大距离

模型几何图形必须定位在距内部原点 32km 或 20mile 的范围内。超出该距离范围可能会降低可靠性。

2)通过内部原点定位连接项和导入项

导入或链接另一模型时,可通过对齐传入几何图形的内部原点与主体模型的内部原点来定位该模型。若要执行此操作,应将"定位"选项设为"自动-原点到原点"或"手动-原点到原点"。

3)高程点坐标

在模型中使用高程点坐标时,可以指定坐标的相对位置是测量点、项目基点还是内部原点。若要显示相对于内部原点的高程点坐标,应修改"高程点坐标"类型属性,将"坐标原点"参数更改为"相对"。

3. 定义测量点

导入或链接其他模型到当前模型中时,可以使用测量点进行对齐。

具体操作步骤如下。

(1)在场地平面图或其他能显示测量点的视图中,项目基点⊗和测量点△位于相同位置。

(2)若要选中测量点,应将光标移动到符号上方,然后查看工具提示或状态栏。如果显示"场地:项目基点",按 Tab 键,直到显示"场地:测量点"为止。单击选中测量点。

(3)测量点旁边的剪裁符号表示该测量的剪裁状态。它可能已被剪裁(图标为⬚)或未被剪裁(图标为⬚)。

(4)如果测量点已被剪裁,则单击取消剪裁。

(5)将该测量点拖放到所需位置。或者,在绘图区域使用"属性"选项板或"测量点"字段,输入"南/北"(北距)"东/西"(东距)和"高程"的值。

(6)在绘图区域中单击,以再次剪裁测量点。

第 **8** 章

道路

知 识 导 引

　　道路是构成城市空间的一个主要要素,道路设计工程是市政建设工程的重要组成部分。本章将介绍道路的基础知识,详细介绍创建道路模型的步骤。

8.1 道路基础知识

8.1.1 道路的分类

我国现行的《城市道路工程设计规范》(CJJ 37—2012(2016 年版))在充分考虑道路在城市道路网中的地位、交通功能及对沿线服务功能的基础上,将城镇道路分为快速路、主干路、次干路与支路四个等级。

快速路:城市道路中设有中央分隔带,具有四条以上机动车道,全部或部分采用立体交叉与控制出入,供汽车以较高速度行驶的道路。又称汽车专用道。设计行车速度为 60~100km/h。

主干路:连接城市各分区的干路,以交通功能为主。设计行车速度为 40~60km/h。

次干路:承担主干路与各分区间的交通集散作用,兼有服务功能。设计行车速度为 30~50km/h。

支路:次干路与街坊路(小区路)的连接线,以服务功能为主。设计行车速度为 20~40km/h。

8.1.2 道路结构

城市道路由路基和路面构成。路基是在地表按道路的线型(位置)和断面(几何尺寸)的要求开挖或堆填而成的岩土结构物。路面是在路基顶面的行车部分用不同粒料或混合料铺筑而成的层状结构物。

1. 路基

路基是公路的基本结构,是支撑路面结构的基础,与路面共同承受行车荷载的作用,同时承受气候变化和各种自然灾害的侵蚀和影响。

路基的断面形式有:①路堤,指路基顶面高于原地面的填方路基;②路堑,指全部由地面开挖出的路基(又分重路堑、半路堑、半山峒三种形式);③半填、半挖,指横断面一侧为挖方、另一侧为填方的路基。按材料分,路基可分为土路基、石路基、土石路基三种。

2. 路面

行车载荷和自然因素对路面的影响随深度的增加而逐渐减弱,对路面材料的强度、刚度和稳定性的要求也随深度的增加而逐渐降低。为适应这一特点,绝大部分路面的结构是多层次的,按使用要求、受力状况、土基支承条件和自然因素影响程度的不同,在路基顶面采用不同规格和要求的材料分别铺设垫层、基层和面层等结构层。

1) 面层

(1) 作用:直接承受车辆荷载及外界的作用,并且将荷载传递至基层。

(2) 要求:较高的强度,耐磨性,不透水,温度稳定性,好的平整度和粗糙程度,抗滑性,耐久性,扬尘少,噪声小。

(3) 材料:沥青类,水泥类,砂石类,块料类。

2) 基层

(1) 作用:在面层之下,主要承受由面层传递下来的车辆荷载垂直作用力,并且将荷载扩散到垫层和土层中。

（2）要求：足够的刚度和强度，足够的水稳定性。

（3）材料：稳定类，粒料类。

3）垫层

（1）作用：在土基与基层之间，起到排水、隔水、防冻、防基层污染，改善土基的温湿状况，保证面层与基层的强度和稳定性，不受冻胀翻浆的作用。

（2）要求：水稳定性、隔热性、吸水性好。

（3）材料：颗粒材料，结合稳定料。

8.1.3　城市道路的组成

一般情况下，城市道路位于建筑红线之间，由以下各个不同的功能部分组成。

（1）车行道：供各种车辆行驶的道路部分。供汽车、无轨电车、摩托车等机动车行驶的部分称为机动车道，供自行车、三轮车等非机动车行驶的部分称为非机动车道。

（2）路侧带：城市道路行车道两侧的人行道、绿带、公用设施带等的统称。

（3）分隔带：它是城市道路主要的交通安全设施之一，其应用及发展已经经历了相当长的时间。中间分隔带可以起到分离对向车流的作用，保护人们过街。

8.1.4　道路设计总则以及一般规定

城市道路设计的原则如下所述。

（1）应服从总体规划，以总体规划及道路交通规划为依据，来确定道路类别、级别、红线宽度、横断面类型、地面控制标高、地上杆线与地下管线布置等进行道路设计。

（2）应满足当前以及远期交通量发展的需要，应按交通量大小、交通特性、主要构筑物的技术要求进行道路设计，做到功能上适用、技术上可行、经济上合理，重视经济效益、社会效益与环境效益。

（3）在道路设计中应妥善处理地下管线与地上设施的矛盾，贯彻先地下后地上的原则，避免造成反复开挖修复的浪费。

（4）在道路设计中应综合考虑道路的建设投资、运输效益与养护费用等之间的关系，正确运用技术标准，不宜单纯为节约建设投资而不适当地采用技术指标中的低限值。

（5）处理好机动车、非机动车、行人、环境之间的关系，根据实际建设条件因地制宜。

（6）道路的平面、纵断面、横断面应相互协调。道路标高应与地面排水、地下管线、两侧建筑物等配合。

（7）在满足路基工作状态的前提下，尽可能降低路堤填土的高度，以减少土方量，节约工程投资。

（8）在道路设计中注意节约用地，合理拆迁房屋，妥善处理文物、名木、古迹等。在城市道路的规划设计中，应该主要考虑道路网、基干道路、次干路、支路的整体规划。城市道路的总体设计主要包括平面设计、纵断面设计和横断面设计，通常简称为道路平、纵、横设计。

（9）城市道路工程设计应该充分考虑道路的地理位置、作用、功能以及长远发展，注重沿线地区的交通发展、地区地块开发，注重道路建设与周边环境、地物的协调，客观地反映其地理位置和人文景观，体现以人为本的理念，注重道路景观环境设计，将道路设计和景观设计有机结合。

8.2 创建道路模型

8.2.1 绘制道路路面

（1）单击"文件"→"新建"→"项目"命令，打开"新建项目"对话框，在"样板文件"下拉列表框中选择"建筑样板"，选择"项目"单选按钮，如图8-1所示。单击"确定"按钮，进入建筑建模环境。

图8-1 "新建项目"对话框

（2）单击"插入"选项卡"导入"面板中的"导入CAD"按钮 ，打开"导入CAD格式"对话框，选择"信息中心道路.dwg"文件，设置定位为"自动-中心到中心"，选中"仅当前视图"复选框，导入单位设置为"毫米"，其他采用默认设置，如图8-2所示。单击"打开"按钮，导入CAD图纸，如图8-3所示。

图8-2 "导入CAD格式"对话框

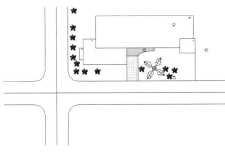

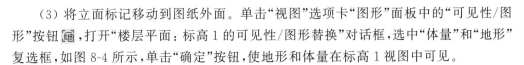

图 8-3　导入的图纸

（3）将立面标记移动到图纸外面。单击"视图"选项卡"图形"面板中的"可见性/图形"按钮 ，打开"楼层平面：标高 1 的可见性/图形替换"对话框，选中"体量"和"地形"复选框，如图 8-4 所示，单击"确定"按钮，使地形和体量在标高 1 视图中可见。

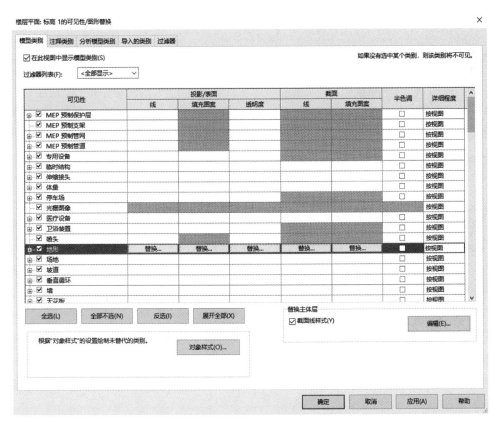

图 8-4　"楼层平面：标高 1 的可见性/图形替换"对话框

（4）单击"体量和场地"选项卡"场地建模"面板中的"地形表面"按钮 ，打开如图 8-5 所示的"修改|编辑表面"选项卡和选项栏。在选项栏中选择"绝对高程"选项，并输入高程值。

（5）单击"放置点"按钮 ，在总平面图上面放置点并设置点的高程，结果如图 8-6 所示。单击"表面"面板中的"完成编辑模式"按钮 ，创建带有高程差的地形。

图 8-5 "修改│编辑表面"选项卡和选项栏

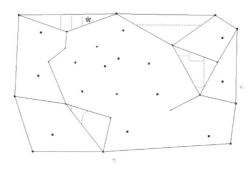

图 8-6 放置点

（6）单击"体量和场地"选项卡"修改场地"面板中的"子面域"按钮 ，打开如图 8-7 所示的"修改│创建子面域边界"选项卡和选项栏。单击"绘制"面板中的"拾取线"按钮，在选项栏中输入偏移值为 3500，拾取 CAD 图纸中的中心线向两侧偏移，如图 8-8 所示。

图 8-7 "修改│创建子面域边界"选项卡和选项栏

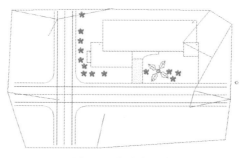

图 8-8 偏移中心线

（7）单击"修改"面板中的"拆分图元"按钮，对十字路口的线条进行拆分。然后单击"绘制"面板中的"圆角弧"按钮，在选项栏中选中"半径"复选框，输入半径为 6000，对十字路口进行倒圆角。然后单击"线"按钮，将边界线闭合，如图 8-9 所示。

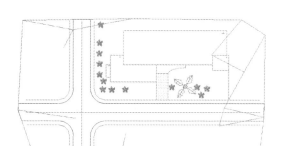

图 8-9　绘制道路边界线

（8）单击"模式"面板中的"完成编辑模式"按钮 ✔，完成道路面域的绘制，如图 8-10 所示。从图中可以看出绘制的道路面域是随地形变化的。

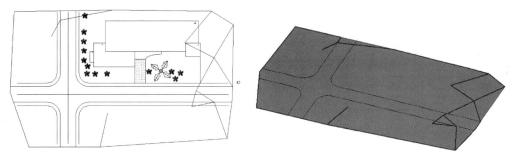

图 8-10　道路面域

（9）将视图切换至三维视图，选取上步绘制的道路面域，在控制栏中单击"临时隐藏/隔离"按钮 ，打开如图 8-11 所示的上拉菜单，选择"隔离图元"选项，将道路面域隔离，如图 8-12 所示。

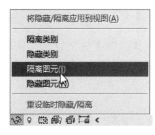

图 8-11　上拉菜单

图 8-12　隔离的道路面域

（10）单击"文件"→"导出"→"CAD 格式"→DWG 命令，打开如图 8-13 所示的"DWG 导出"对话框，采用默认设置。单击"下一步"按钮，打开"导出 CAD 格式-保存到目标文件夹"对话框，输入文件名为"道路 - 三维视图 - {3D}"，如图 8-14 所示。单击"确定"按钮，打开如图 8-15 所示的"临时隐藏/隔离中的导出"对话框，选择"将临时隐藏/隔离模式保持为打开状态并导出"选项，导出面域为 CAD 文件并在隔离模式下。

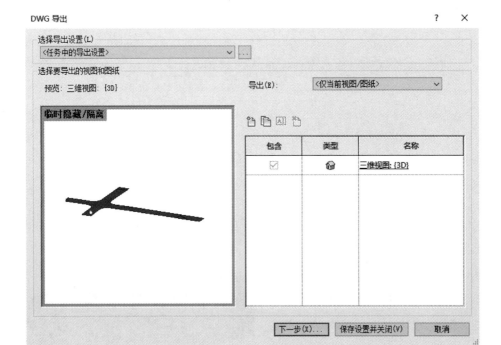

图 8-13　"DWG 导出"对话框

图 8-14　"导出 CAD 格式-保存到目标文件夹"对话框

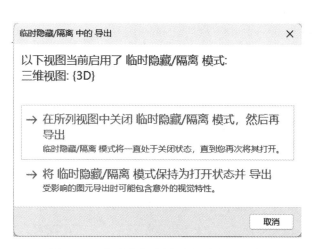

图 8-15 "临时隐藏/隔离中的导出"对话框

(11) 单击"体量和场地"选项卡"概念体量"面板中的"内建体量"按钮 ,打开"名称"对话框,输入名称为"道路",如图 8-16 所示,单击"确定"按钮,进入体量创建环境。

(12) 单击"插入"选项卡"导入"面板中的"导入 CAD"按钮 ,打开"导入 CAD 格式"对话框,选取前面保存的"道路 - 三维视图 - {3D}"文件,设置定位为"自动-中心到中心",导入单位为"毫米",选中"定向到视图"复选框,其他采用默认设置。单击"打开"按钮,创建道路体量,如图 8-17 所示。单击"在位编辑器"面板中的"完成体量"按钮 ,退出体量环境。

图 8-16 "名称"对话框

图 8-17 创建道路体量

(13) 单击"体量和场地"选项卡"面模型"面板中的"屋顶"按钮 ,在打开的"属性"选项板中单击"编辑类型"按钮 ,打开如图 8-18 所示的"类型属性"对话框。单击"复制"按钮,打开"名称"对话框,输入名称为"常规-100mm",如图 8-19 所示。单击"确定"按钮,新建"常规-100mm"类型,返回"类型属性"对话框。

(14) 单击"编辑"按钮,打开"编辑部件"对话框,在"材质"栏中单击 按钮,打开"材质浏览器"对话框。在库文件 AEC→"其他"中选取"沥青混凝土"材质,然后单击"将材质添加到文档中"按钮 ,将沥青混凝土材质添加到项目材质列表中,选中"使用渲染外观"复选框,其他采用默认设置,如图 8-20 所示。单击"确定"按钮,返回"编辑部件"对话框,更改结构栏的厚度为 100,如图 8-21 所示,完成"常规-100mm"类型的创建。

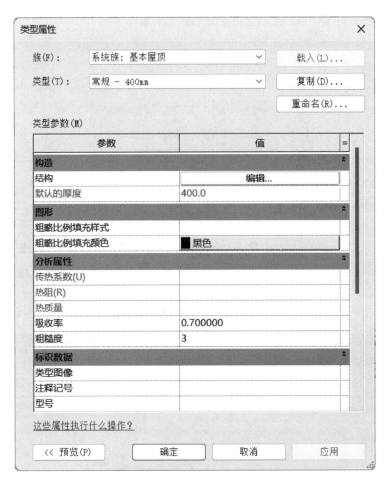

图 8-18 "类型属性"对话框

图 8-19 "名称"对话框

(15) 在"修改|放置面屋顶"选项卡中单击"选择多个"按钮，框选视图中所有的体量图元,在"属性"选项板中输入标高偏移为 100,然后单击"创建屋顶"按钮，根据体量创建道路路面。

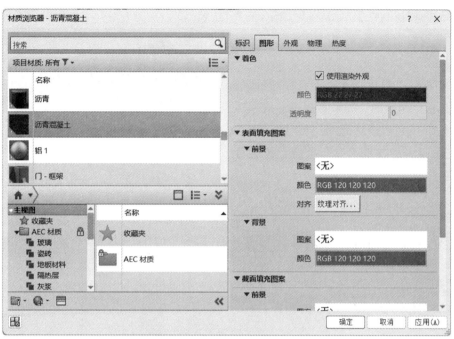

图 8-20 "材质浏览器"对话框

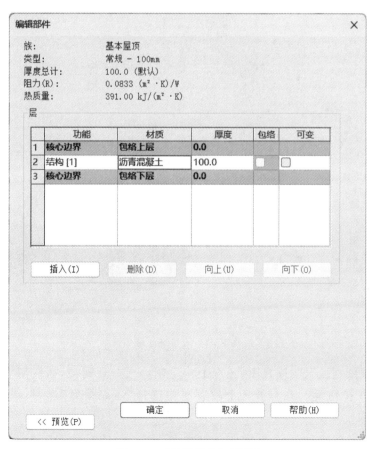

图 8-21 "编辑部件"对话框

（16）在控制栏中单击"临时隐藏/隔离"按钮 ，打开如图 8-11 所示的上拉菜单，选择"重设临时隐藏/隔离"选项，退出隔离模式，如图 8-22 所示。

从图 8-22 中可以看出，创建的路面与地形是完全贴合的。如果直接用迹线屋顶或楼板命令来创建路面，所创建的路面在标高上，而不能与地形完全贴合。读者可以自己体验一下。

图 8-22　创建道路路面

8-2

8.2.2　绘制人行道

（1）单击"体量和场地"选项卡"修改场地"面板中的"子面域"按钮 ，打开"修改|创建子面域边界"选项卡和选项栏。单击"绘制"面板中的"拾取线"按钮 和"圆角弧"按钮 ，拾取 CAD 图纸中线和道路面层边线，然后单击"修改"面板中的"修剪/延伸为角"按钮 ，使子区域边界成封闭环，如图 8-23 所示。

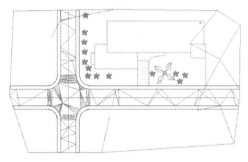

图 8-23　绘制子面域边界

（2）单击"模式"面板中的"完成编辑模式"按钮 ，完成人行道面域的绘制，如图 8-24 所示。从图中可以看出，绘制的人行道面域是随地形变化的。

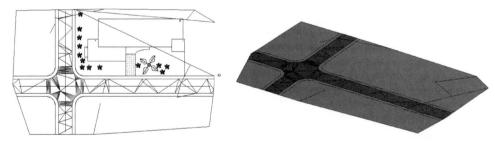

图 8-24　人行道面域

（3）将视图切换至三维视图，选取上步绘制的人行道面域，在控制栏中单击"临时隐藏/隔离"按钮 ，在打开的上拉菜单中选择"隔离图元"选项，将人行道面域隔离。

Note

（4）单击"文件"→"导出"→"CAD 格式"→DWG 命令，打开"DWG 导出"对话框，采用默认设置。单击"下一步"按钮，打开"导出 CAD 格式-保存到目标文件夹"对话框，输入文件名为"人行道- 三维视图 -｛3D｝"。单击"确定"按钮，打开"临时隐藏/隔离中的导出"对话框，选择"将临时隐藏/隔离模式保持为打开状态并导出"选项，导出面域为 CAD 文件并在隔离模式下。

（5）单击"体量和场地"选项卡"概念体量"面板中的"内建体量"按钮 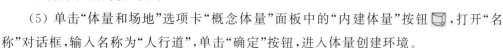，打开"名称"对话框，输入名称为"人行道"，单击"确定"按钮，进入体量创建环境。

（6）单击"插入"选项卡"导入"面板中的"导入 CAD"按钮 ，打开"导入 CAD 格式"对话框，选取前面保存的"人行道- 三维视图 -｛3D｝"文件，采用默认设置。单击"打开"按钮，创建人行道体量，如图 8-25 所示。单击"在位编辑器"面板中的"完成体量"按钮 ，退出体量环境。

（7）单击"体量和场地"选项卡"面模型"面板中的"屋顶"按钮 ，在打开的"属性"选项板中单击"编辑类型"按钮 ，打开"类型属性"对话框，新建"常规-300mm"类型。单击"编辑"按钮，打开"编辑部件"对话框，更改结构栏的厚度为 300。在"材质"栏中单击 按钮，打开"材质浏览器"对话框，在库文件 AEC→"混凝土"中选取"混凝土,人行道"材质，然后单击"将材质添加到文档中"按钮 ，将"混凝土,人行道"材质添加到项目材质列表中。选中"使用渲染外观"复选框，其他采用默认设置。连续单击"确定"按钮，完成"常规-300mm"类型的创建。

（8）在"修改|放置面屋顶"选项卡中单击"选择多个"按钮 ，框选视图中所有的体量图元。在"属性"选项板中输入标高偏移为 300，然后单击"创建屋顶"按钮 ，根据体量创建人行道 1。

（9）在控制栏中单击"临时隐藏/隔离"按钮 ，打开如图 8-11 所示的上拉菜单，选择"重设临时隐藏/隔离"选项，退出隔离模式，结果如图 8-26 所示。

图 8-25 创建人行道体量

图 8-26 创建人行道

8.2.3 绘制路缘石

（1）单击"文件"→"新建"→"族"命令，打开"新族-选择样板文件"对话框，选择"公制轮廓.rft"为样板族，如图 8-27 所示，单击"打开"按钮进入族编辑器。

（2）单击"创建"选项卡"详图"面板中的"线"按钮 ，打开如图 8-28 所示的"修改|

8-3

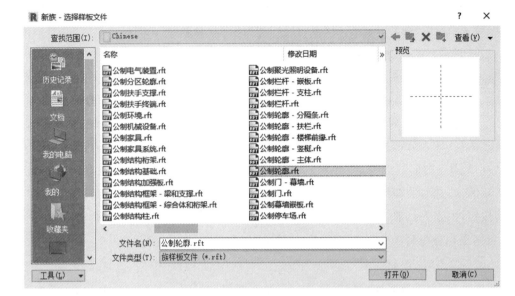

图 8-27 "新族-选择样板文件"对话框

图 8-28 "修改|放置 线"选项卡

放置 线"选项卡,系统默认激活"线"按钮 ∠。捕捉参照平面的交点为起点,向下移动
鼠标,输入长度 300,继续绘制轮廓,尺寸参照图 8-29。

（3）单击快速访问工具栏中的"保存"按钮 ，打开"另
存为"对话框,输入名称为"路缘石轮廓",如图 8-30 所示。单
击"保存"按钮,保存族文件。

（4）单击"修改"选项卡"族编辑器"面板中的"载入到项
目并关闭"按钮 ，将路缘石轮廓载入到项目文件中,并关闭
族文件。

（5）单击"建筑"选项卡"构建"面板"屋顶" 下拉列表
框中的"屋顶:封檐板"按钮 ，打开"修改|放置封檐板"选
项卡和选项栏。

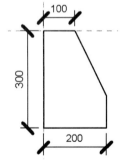

图 8-29 绘制路缘石轮廓

（6）在"属性"选项板中单击"编辑类型"按钮 ，打开"类型属性"对话框,新建"路
缘石"类型,在"轮廓"下拉列表框中选择路缘石轮廓。在"材质"栏中单击 按钮,打开
"材质浏览器"对话框,选择"混凝土砌块"材质,并选中"使用渲染外观"复选框,其他采
用默认设置。单击"确定"按钮,返回"类型属性"对话框,如图 8-31 所示。单击"确定"
按钮,完成"路缘石"类型的创建。

（7）拾取人行道的内侧（道路侧）上边线,如图 8-32 所示,系统自动沿着边线添加
路缘石,如图 8-33 所示。

Note

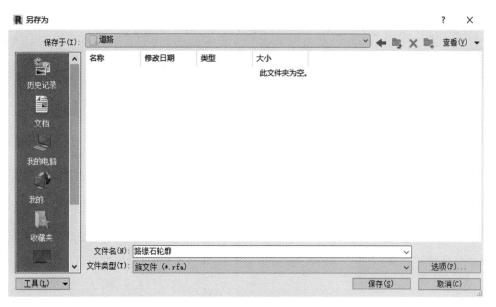

图 8-30 "另存为"对话框

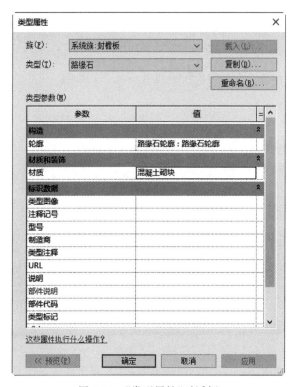

图 8-31 "类型属性"对话框

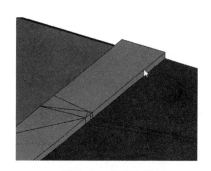

图 8-32 拾取边线

（8）采用相同的方法，拾取视图中所有人行道的内侧上边线添加路缘石，如图 8-34 所示。

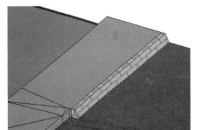
图 8-33 添加路缘石

图 8-34 布置路缘石

8.2.4 绘制道路标线

8-4

（1）单击"文件"→"新建"→"族"命令，打开"新族-选择样板文件"对话框，选择"公制轮廓-扶栏.rft"为样板族，单击"打开"按钮进入族编辑器。

（2）单击"创建"选项卡"详图"面板中的"线"按钮，打开"修改|放置 线"选项卡，绘制道路标线的轮廓，如图 8-35 所示。

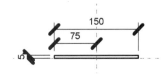
图 8-35 绘制道路标线轮廓

（3）单击快速访问工具栏中的"保存"按钮，打开"另存为"对话框，输入名称为"标线轮廓"，单击"保存"按钮，保存族文件。

（4）单击"修改"选项卡"族编辑器"面板中的"载入到项目并关闭"按钮，将标线轮廓载入到项目文件中，并关闭族文件。

（5）单击"建筑"选项卡"构建"面板"栏杆扶手"下拉列表框中的"绘制路径"按钮，打开如图 8-36 所示的"修改|创建栏杆扶手路径"选项卡和选项栏。

图 8-36 "修改|创建栏杆扶手路径"选项卡和选项栏

（6）在"属性"选项板中选择"栏杆扶手 900mm 圆管"类型，单击"编辑类型"按钮，打开"类型属性"对话框。新建"道路标线"类型，取消选中"使用顶部扶栏"复选框，如图 8-37 所示。

（7）单击"扶栏结构（非连续）"栏中的"编辑"按钮，打开"编辑扶手（非连续）"对话框，选取扶栏 4，单击"删除"按钮，删除扶栏 4，继续删除扶栏 3 和扶栏 2。在"材质"栏中单击■按钮，打开"材质浏览器"对话框，选取"涂料-黄色"材质后右击，在弹出的快捷菜单中选择"复制"命令，并将其重命名为"白色油漆"。在"外观"选项卡中单击"颜色"选项，打开"颜色"对话框，选取"白色"，单击"确定"按钮，返回"材质浏览器"对话框。在"图形"选项卡中选中"使用渲染外观"复选框，其他采用默认设置，如图 8-38 所示。单击"确定"按钮，返回"编辑扶手（非连续）"对话框，如图 8-39 所示，在"扶栏 1"的"轮廓"下拉列表框中选择"标线轮廓：标线轮廓"，设置高度为 0。单击"确定"按钮，返回"类型属性"对话框。

Note

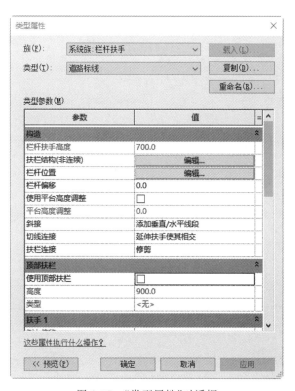

图 8-37 "类型属性"对话框

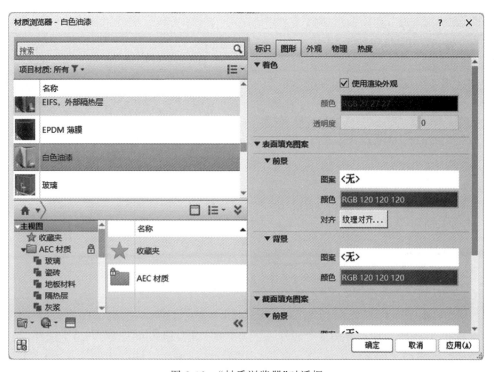

图 8-38 "材质浏览器"对话框

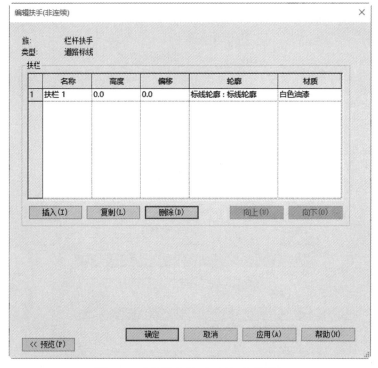

图 8-39　"编辑扶手(非连续)"对话框

　　(8) 单击"绘制"面板中的"线"按钮，沿着 CAD 图纸中的道路中心线绘制栏杆路径，长度为 1000，如图 8-40 所示。单击"模式"面板中的"完成编辑模式"按钮，完成一个标线的绘制，如图 8-41 所示。

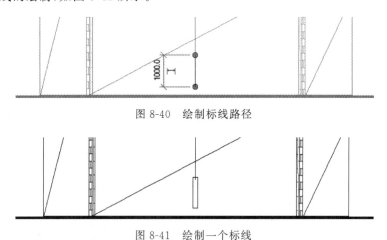

图 8-40　绘制标线路径

图 8-41　绘制一个标线

　　(9) 单击"修改"选项卡"修改"面板中的"阵列"按钮，选取上步创建的标线作为阵列对象，在选项栏中取消选中"成组并关联"复选框，输入项目数为 20。选择"第二个"选项，指定标线的下端中点为基点，水平向右移动鼠标并输入间距为 3000，完成标线阵列，如图 8-42 所示。

　　(10) 将视图切换至三维视图，观察图形，发现绘制的标线没有贴合道路路面，如

图 8-43 所示。选取标线，单击"修改|栏杆扶手"选项卡"工具"面板中的"拾取主体"按钮，拾取道路路面为标线的放置主体，结果如图 8-44 所示。

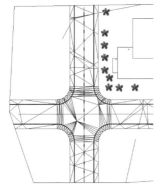

图 8-42　标线阵列

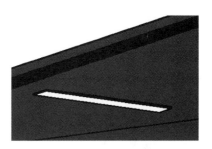

图 8-43　观察图形

（11）采用相同的方法，绘制其他道路上的水平和竖直标线，结果如图 8-45 所示。

图 8-44　调整标线放置主体

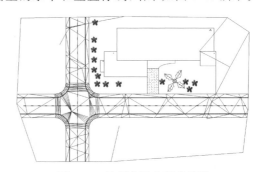

图 8-45　绘制水平和竖直标线

8.2.5　绘制人行横道

（1）单击"文件"→"新建"→"族"命令，打开"新族-选择样板文件"对话框，选择"公制轮廓-扶栏.rft"为样板族，单击"打开"按钮进入族编辑器。

（2）单击"创建"选项卡"详图"面板中的"线"按钮，打开"修改|放置　线"选项卡，绘制人行横道的轮廓，如图 8-46 所示。

（3）单击快速访问工具栏中的"保存"按钮，打开"另存为"对话框，输入名称为"人行横道轮廓"，单击"保存"按钮，保存族文件。

图 8-46　绘制人行横道轮廓

（4）单击"修改"选项卡"族编辑器"面板中的"载入到项目并关闭"按钮，将人行横道轮廓载入到项目文件中，并关闭族文件。

（5）单击"建筑"选项卡"构建"面板"栏杆扶手"下拉列表框中的"绘制路径"按钮，打开"修改|创建栏杆扶手路径"选项卡和选项栏。

（6）在"属性"选项板中单击"编辑类型"按钮，打开"类型属性"对话框。新建

Note

"人行横道"类型。单击"扶栏结构(非连续)"栏中的"编辑"按钮,打开"编辑扶手(非连续)"对话框,在"轮廓"下拉列表框中选择"人行横道轮廓",其他采用默认设置,如图8-47所示。单击"确定"按钮,返回"类型属性"对话框。

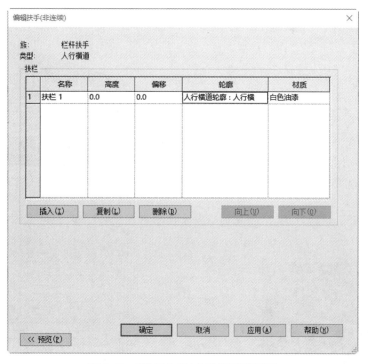

图 8-47 "编辑扶手(非连续)"对话框

(7) 单击"绘制"面板中的"线"按钮 ⬚,沿着路中心线绘制路径,长度为3000,如图8-48所示。单击"模式"面板中的"完成编辑模式"按钮 ✔,完成人行横道的绘制,如图8-49所示。

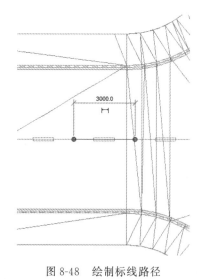

图 8-48 绘制标线路径

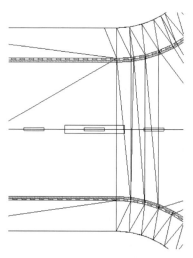

图 8-49 人行横道

（8）单击"修改"选项卡"修改"面板中的"复制"按钮，选取上步创建的人行横道作为复制对象，捕捉人行横道的中点为起点，复制人行横道，复制距离为1000，完成人行横道复制，如图8-50所示。

（9）单击"修改"选项卡"修改"面板中的"阵列"按钮，选取上步创建的所有人行横道，在选项栏中单击"半径"按钮，输入项目数4。单击"地点"按钮，指定中心线的交点为旋转中心，阵列角度为90，结果如图8-51所示。

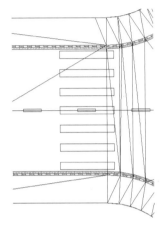

图8-50 复制人行横道

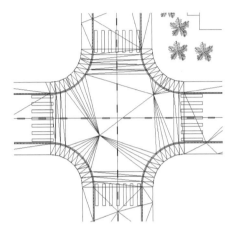

图8-51 圆周阵列人行横道

（10）选取人行横道上的标线和十字路口处的标线，按Delete键将其删除，结果如图8-52所示。

（11）将视图切换至三维视图，观察图形，发现绘制的人行横道没有贴合道路路面。选取人行横道，单击"修改|栏杆扶手"选项卡"工具"面板中的"拾取主体"按钮，拾取道路路面为人行横道的放置主体，结果如图8-53所示。

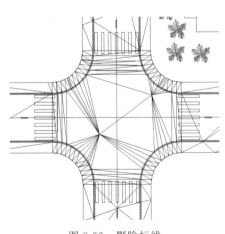

图8-52 删除标线

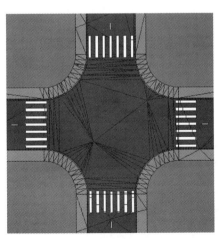

图8-53 调整人行横道放置主体

（12）单击快速访问工具栏中的"保存"按钮，打开"另存为"对话框，输入名称为"道路"，单击"保存"按钮，保存族文件。

8.3 创建参数化道路模型

8.3.1 创建道路主体

（1）单击"文件"→"新建"→"族"命令，打开"新族-选择样板文件"对话框，选择"公制结构框架-梁和支撑.rft"为样板族，如图 8-54 所示。单击"打开"按钮进入族编辑器，如图 8-55 所示。

图 8-54 "新族-选择样板文件"对话框

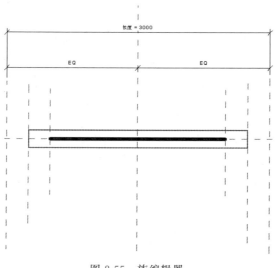

图 8-55 族编辑器

（2）选取中间的结构和参照平面，按 Delete 键将其删除，只留下中间和最外侧的参照平面以及长度尺寸。

　　（3）将视图切换至右视图。单击"创建"选项卡"基准"面板中的"参照平面"按钮，绘制参照平面，如图 8-56 所示。

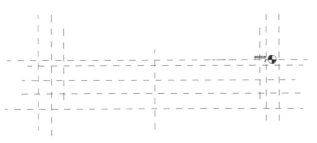

图 8-56　绘制参照平面

　　（4）单击"修改"选项卡"测量"面板中的"对齐尺寸标注"按钮，选取左侧参照平面，然后选取竖直参照平面，再选取右侧参照平面，拖动尺寸到适当的位置，单击图标，创建等分尺寸。采用相同的方法，继续标注尺寸，如图 8-57 所示。

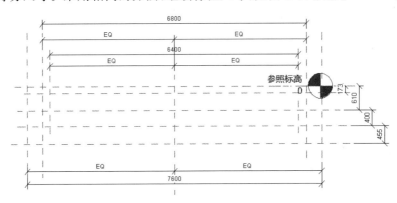

图 8-57　标注尺寸

　　（5）选取尺寸值为 6400 的尺寸，单击"标签尺寸标注"面板中的"创建参数"按钮，打开"参数属性"对话框，输入名称为"道路设计宽度"，设置参数分组方式为"尺寸标注"，选择"类型"单选按钮，如图 8-58 所示。单击"确定"按钮，结果如图 8-59 所示。

　　（6）重复步骤（5），对其他尺寸添加参数，结果如图 8-60 所示。

　　（7）单击"创建"选项卡"属性"面板中的"族类型"按钮，打开"族类型"对话框。单击"新建参数"按钮，打开"参数属性"对话框，输入名称为 i，设置参数类型为"数字"，设置参数分组方式为"数据"，如图 8-61 所示。单击"确定"按钮，返回"族类型"对话框，输入 i 值为 0.015，输入道路设计宽度值为 8000，面层厚度值为 240，基层厚度值为 240，垫层厚度值为 250，在"横坡高度"对应的"公式"栏中输入"道路设计宽度/2＊i"，在"基层宽"对应的"公式"栏中输入"道路设计宽度＋2＊200mm"，在"垫层宽"对应的"公式"栏中输入"基层宽＋2＊250mm"，如图 8-62 所示，单击"确定"按钮。

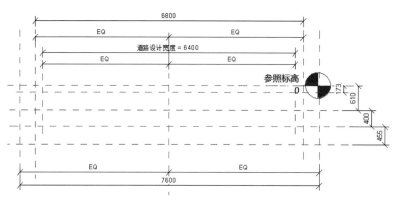

图 8-58 "参数属性"对话框

图 8-59 添加道路设计宽度尺寸参数

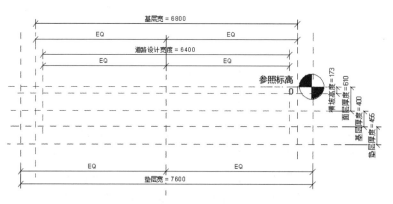

图 8-60 添加尺寸参数

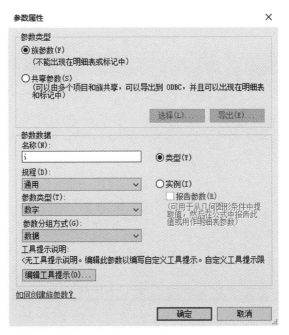

图 8-61 "参数属性"对话框

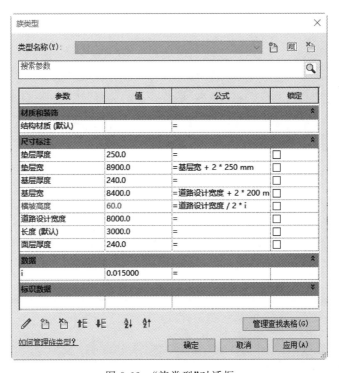

图 8-62 "族类型"对话框

提示：一般在进行城市规划和道路设计时，会对路面、分隔带、人行道等设计一个横坡。一般基地车行道的横坡宜为 1.5%~2.5%；基地人行道的横坡宜为 1.5%~

2.5%；人行道横坡宜采用单面坡,横坡为 1%～2%。通常的要求是小于等于 3%。横坡的设计一般是出于雨天排水考虑。

（8）将视图切换到参照标高视图。单击"创建"选项卡"形状"面板中的"放样"按钮，打开"修改|放样"选项卡；单击"放样"面板中的"绘制路径"按钮，打开"修改|放样＞绘制路径"选项卡；单击"绘制"面板中的"线"按钮，沿着水平参照平面绘制路径,如图 8-63 所示。

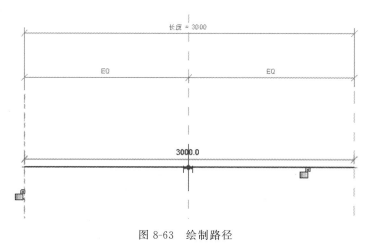

图 8-63　绘制路径

（9）单击"创建或删除长度和对齐约束"图标，使其变为，将路径与参照平面锁定。单击"修改"面板中的"对齐"按钮，选取右侧的竖直参照平面,然后选取路径的右端点,再单击"创建或删除长度和对齐约束"图标，使其变为，将路径端点与参照平面锁定,如图 8-64 所示。单击"模式"面板中的"完成编辑模式"按钮，完成路径绘制。

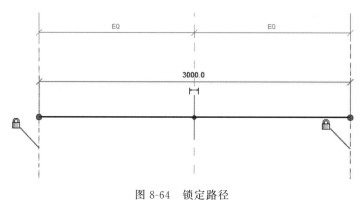

图 8-64　锁定路径

（10）单击"修改"选项卡"放样"面板中的"编辑轮廓"按钮，打开"转到视图"对话框,选择"立面：右"选项,如图 8-65 所示。单击"打开视图"按钮,切换到右立面图。

（11）单击"创建"选项卡"详图"面板中的"线"按钮，打开"修改|放置　线"选项卡,系统默认激活"线"按钮，取消选中"链"复选框,根据参照平面绘制轮廓线,如

图 8-66 所示。

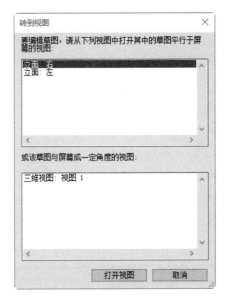

图 8-65　"转到视图"对话框

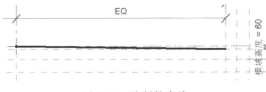

图 8-66　绘制轮廓线

（12）单击"修改"选项卡"修改"面板中的"对齐"按钮 ，先选取最上端水平参照平面，然后选取斜线的上端点，单击"创建或删除长度和对齐约束"按钮 ，将线端点与水平参照平面对齐并锁定；选取中间的竖直参照平面，选取斜线的上端点，单击"创建或删除长度和对齐约束"按钮 ，将线端点与竖直参照平面对齐并锁定。采用相同的方法，将斜线段的下端点与参照平面都添加对齐关系并锁定，结果如图 8-67 所示。

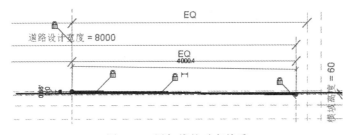

图 8-67　添加线的对齐关系

（13）单击"修改"选项卡"修改"面板中的"复制"按钮 ，选取轮廓线，捕捉轮廓线的上端点为起点，向下移动鼠标，然后捕捉第三个水平参照平面与竖直参照平面的交点为终点，复制斜轮廓线，如图 8-68 所示。

（14）单击"创建"选项卡"详图"面板中的"线"按钮 ，打开"修改|放置　线"选项

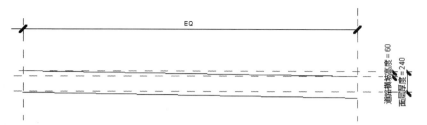

图 8-68　复制轮廓线

卡，系统默认激活"线"按钮，取消选中"链"复选框，沿着竖直参照平面绘制轮廓线。单击"创建或删除长度和对齐约束"按钮，将线与竖直参照平面并锁定，如图 8-69 所示。

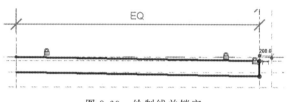

图 8-69　绘制线并锁定

（15）单击"修改"选项卡"修改"面板中的"镜像-拾取轴"按钮，框选右侧的轮廓线，然后拾取中间的竖直参照平面，将右侧轮廓镜像得到完整的面层轮廓，如图 8-70 所示。添加左侧竖直线与竖直参照平面的对齐关系并锁定。

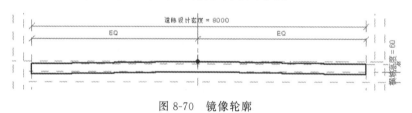

图 8-70　镜像轮廓

（16）连续单击"模式"面板中的"完成编辑模式"按钮，完成面层的创建。

（17）在"属性"选项板中单击"材质"栏右侧的"关联族参数"按钮，打开"关联族参数"对话框。单击"新建参数"按钮，打开如图 8-71 所示的"参数属性"对话框，输入名称为"面层材质"，其他采用默认设置。单击"确定"按钮，返回"关联族参数"对话框，选取面层材质参数，单击"确定"按钮，模型的材质与面层材质关联。

（18）单击"修改"选项卡"修改"面板中的"复制"按钮，选取面层，捕捉放样的上端点为起点，向下移动鼠标，然后捕捉第三个水平参照平面与竖直参照平面的交点为终点，复制面层，如图 8-72 所示。

（19）双击复制后的面层，编辑轮廓。单击"修改"面板中的"对齐"按钮，选取右侧的基层竖直参照平面，然后选取右侧竖直轮廓，再单击"创建或删除长度和对齐约束"图标，使其变为，将轮廓与参照平面锁定；然后将左侧竖直参照平面和左侧轮廓线对齐并锁定；继续将第四个水平参照平面和基层下表面轮廓的上端点对齐并锁定，如图 8-73 所示。

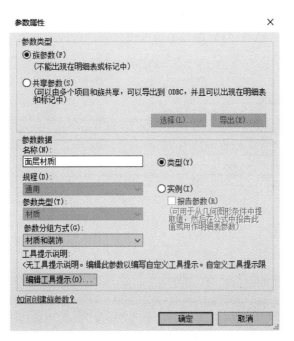

图 8-71　"参数属性"对话框

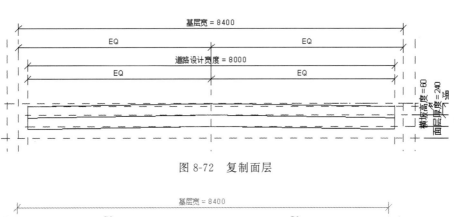

图 8-72　复制面层

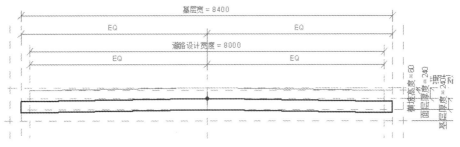

图 8-73　编辑基层轮廓

（20）在"属性"选项板中单击"材质"栏右侧的"关联族参数"按钮 ，打开"关联族参数"对话框。单击"新建参数"按钮 ，打开"参数属性"对话框，输入名称为"基层材质"，其他采用默认设置。单击"确定"按钮，返回"关联族参数"对话框，选取基层材质参数，单击"确定"按钮，模型的材质与基层材质关联。

（21）单击"修改"选项卡"修改"面板中的"复制"按钮，选取基层，捕捉基层的上端点为起点，向下移动鼠标，然后捕捉第四个水平参照平面与竖直参照平面的交点为终点，复制基层，如图 8-74 所示。

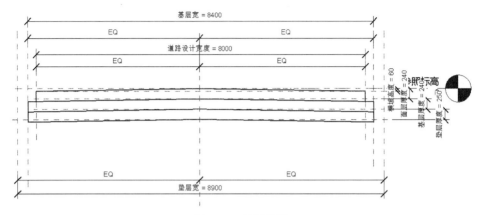

图 8-74　复制基层

（22）双击复制后的基层，编辑轮廓。单击"修改"面板中的"对齐"按钮，选取右侧的基层竖直参照平面，然后选取右侧竖直轮廓，再单击"创建或删除长度和对齐约束"图标，使其变为，将轮廓与参照平面锁定；然后将左侧竖直参照平面和左侧轮廓线对齐并锁定；单击"移动"按钮，将最下端的轮廓线向下移动到第五个水平参照平面，然后将第五个水平参照平面和垫层下表面轮廓的上端点对齐并锁定，如图 8-75 所示。

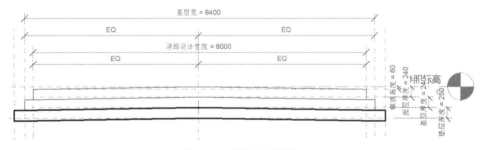

图 8-75　编辑垫层轮廓

（23）在"属性"选项板中单击"材质"栏右侧的"关联族参数"按钮，打开"关联族参数"对话框。单击"新建参数"按钮，打开"参数属性"对话框，输入名称为"垫层材质"，其他采用默认设置。单击"确定"按钮，返回"关联族参数"对话框，选取垫层材质参数，单击"确定"按钮，则模型的材质与垫层材质关联。

（24）单击"创建"选项卡"属性"面板中的"族类型"按钮，打开"族类型"对话框。在"面层材质"栏中单击图标，打开"材质浏览器"对话框。选择"AEC 材质"→"混凝土"选项，单击右侧"混凝土,现场浇注-C30"材质的"将材质添加到文档中"图标，将材质添加到项目材质列表。右击"混凝土,现场浇注-C30"材质，在弹出的快捷菜单中选择"重命名"命令，输入名称为"C30 混凝土"，如图 8-76 所示。

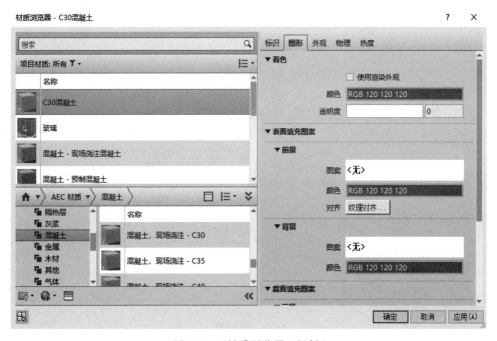

图 8-76 "材质浏览器"对话框

（25）单击"确定"按钮，返回"族类型"对话框，采用相同的方法，设置基层材质为"水泥稳定碎石"，垫层材质为"级配碎石"，如图 8-77 所示。

图 8-77 "族类型"对话框

（26）单击快速访问工具栏中的"保存"按钮 ，打开"另存为"对话框，输入名称为"道路横断面"，单击"保存"按钮，保存族文件。

（27）单击"文件"→"新建"→"项目"命令，打开"新建项目"对话框，在"样板文件"下拉列表框中选择"建筑样板"，选择"项目"单选按钮，单击"确定"按钮，进入建筑建模环境。

（28）将视图切换到东立面图。选取视图中的标高1后右击，在弹出的快捷菜单中选择"删除"命令，如图8-78所示，打开如图8-79所示的提示对话框。单击"确定"按钮，删除标高1。

图8-78 快捷菜单

图8-79 提示对话框

（29）更改设计标高高程为2m，更改标高名称为"路面设计高程"，如图8-80所示。

图8-80 更改标高

（30）将视图切换至路面设计高程视图。单击"结构"选项卡"结构"面板中的"梁"按钮 ，打开如图8-81所示的"修改|放置 梁"选项卡和选项栏，单击"载入族"按钮 ，打开"载入族"对话框。选取"道路横断面"族文件，单击"打开"按钮，将其载入。

图8-81 "修改|放置 梁"选项卡和选项栏

（31）单击"线"按钮 和"相切-端点弧"按钮 ，在视图中的适当位置单击确定起点和终点，绘制道路主体模型，如图8-82所示。

（32）选取直线段道路主体，在"属性"选项板中更改起点标高偏移为200，终点标高偏移为100，如图8-83所示。选取圆弧段道路主体，在"属性"选项板中更改起点标高偏移为100（这里的标高偏移为直线段的终点标高偏移），终点标高偏移为0。

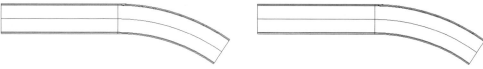

图8-82　绘制道路主体模型　　　　　　　　图8-83　更改标高偏移

8.3.2　绘制路缘石

（1）单击"建筑"选项卡"构建"面板"构件"下拉列表框中的"内建模型"按钮，打开"族类别和族参数"对话框，选择"常规模型"族类别，其他采用默认设置，如图8-84所示。

（2）单击"确定"按钮，打开"名称"对话框，输入名称为"路缘石"，如图8-85所示。单击"确定"按钮，进入路缘石模型创建界面。

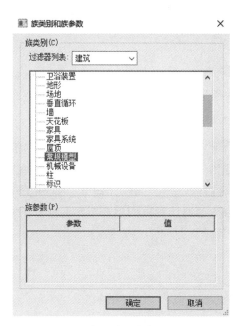

图8-84　"族类别和族参数"对话框

图8-85　"名称"对话框

（3）将视图切换至三维视图。单击"创建"选项卡"形状"面板中的"放样"按钮，打开"修改|放样"选项卡，单击"放样"面板中的"拾取路径"按钮，打开"修改|放样>拾取路径"选项卡。系统默认激活"拾取三维边"按钮，拾取道路面层的下边线为放样路径，如图8-86所示。单击"模式"面板中的"完成编辑模式"按钮，完成路径拾取。

（4）单击"放样"面板中的"编辑轮廓"按钮，然后单击"绘制"面板中的"线"按钮，绘制如图8-87所示的路缘石轮廓。单击"模式"面板中的"完成编辑模式"按钮，完成一侧路缘石的创建，如图8-88所示。

（5）采用相同的方法，拾取面层的另一侧下边线，创建另一侧的路缘石，如图8-89所示。

8-9

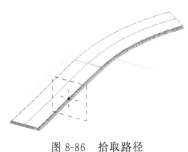

图 8-86　拾取路径

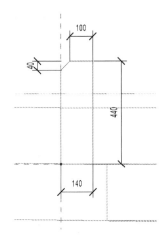

图 8-87　绘制路缘石轮廓

图 8-88　创建路缘石

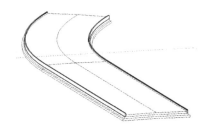

图 8-89　创建另一侧路缘石

（6）选取所有路缘石，在"属性"选项板的"材质"栏中单击▦按钮，打开"材质浏览器"对话框，选择"混凝土砌块"材质，并选中"使用渲染外观"复选框。单击"表面填充图案"选项组中的"前景"图案，打开"填充样式"对话框，选取"无填充图案"，如图 8-90 所示。单击"确定"按钮，返回"材质浏览器"对话框，继续设置截面填充图案的前景图案为"无"。单击"确定"按钮，完成路缘石材质的设置。

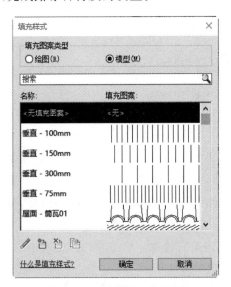

图 8-90　"填充样式"对话框

（7）单击"完成模型"按钮 ，完成路缘石的创建，返回项目文件中。

8.3.3　绘制人行道

（1）单击"文件"→"新建"→"族"命令，打开"新族-选择样板文件"对话框，选择"公制轮廓.rft"为样板族，单击"打开"按钮进入族编辑器。

（2）单击"创建"选项卡"基准"面板中的"参照平面"按钮 ，绘制参照平面，如图 8-91 所示。

图 8-91　绘制参照平面

（3）单击"修改"选项卡"测量"面板中的"对齐尺寸标注"按钮 ，标注尺寸，如图 8-92 所示。

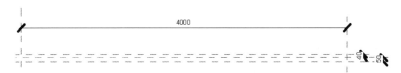

图 8-92　标注尺寸

（4）选取尺寸值为 4000，单击"标签尺寸标注"面板中的"创建参数"按钮 ，打开"参数属性"对话框。输入名称为"宽度"，设置参数分组方式为"尺寸标注"，选择"类型"单选按钮，单击"确定"按钮，结果如图 8-93 所示。

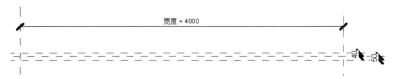

图 8-93　添加宽度尺寸参数

（5）重复步骤（4），对其他尺寸添加参数，如图 8-94 所示。

图 8-94　添加尺寸参数

（6）单击"创建"选项卡"属性"面板中的"族类型"按钮 ，打开"族类型"对话框。单击"新建参数"按钮 ，打开"参数属性"对话框，输入名称为 i，设置参数类型为"数字"，设置参数分组方式为"数据"。单击"确定"按钮，返回"族类型"对话框，输入 i 值为 0.015，输入宽度值为 4000，厚度值为 50，在"横坡高度"对应的"公式"栏中输入"宽度 * i"，如图 8-95 所示，单击"确定"按钮。

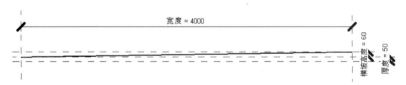

图 8-95 "族类型"对话框

（7）单击"创建"选项卡"详图"面板中的"线"按钮，打开"修改|放置 线"选项卡，系统默认激活"线"按钮，取消选中"链"复选框，根据参照平面绘制轮廓线，如图 8-96 所示。

图 8-96 绘制轮廓线

（8）单击"修改"选项卡"修改"面板中的"对齐"按钮，先选取中间水平参照平面，然后选取斜线的下端点，单击"创建或删除长度和对齐约束"按钮，将线端点与水平参照平面对齐并锁定；再选取左侧的竖直参照平面，选取斜线的下端点，单击"创建或删除长度和对齐约束"按钮，将线端点与竖直参照平面对齐并锁定。采用相同的方法，将斜线段的上端点与上端水平和右侧竖直参照平面都添加对齐关系并锁定，如图 8-97 所示。

（9）单击"修改"选项卡"修改"面板中的"复制"按钮，选取轮廓线，捕捉轮廓线的左侧端点为起点，向下移动鼠标，然后捕捉第三个水平参照平面与竖直参照平面的交点为终点，复制斜轮廓线，如图 8-98 所示。

（10）单击"创建"选项卡"详图"面板中的"线"按钮，打开"修改|放置 线"选项卡，系统默认激活"线"按钮，取消选中"链"复选框。分别沿着两侧竖直参照平面绘

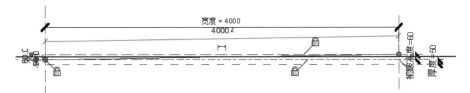

图 8-97 添加线的对齐关系

Note

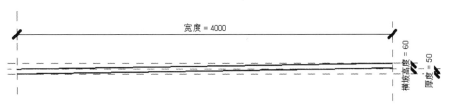

图 8-98 复制轮廓线

制轮廓线,单击"创建或删除长度和对齐约束"按钮 ,将线与竖直参照平面并锁定,如图 8-99 所示。

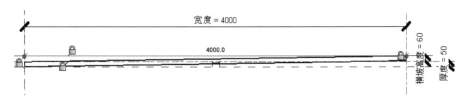

图 8-99 绘制线并锁定

(11) 单击快速访问工具栏中的"保存"按钮 ,打开"另存为"对话框,输入名称为"人行道轮廓-右侧",单击"保存"按钮,保存族文件。

(12) 单击"修改"选项卡"族编辑器"面板中的"载入到项目并关闭"按钮 ,将"人行道轮廓-右侧"文件载入项目文件中,并关闭族文件。

(13) 选取右侧轮廓,单击"修改"选项卡"修改"面板中的"镜像-拾取轴"按钮 ,取消选中"复制"复选框,拾取左侧竖直参照平面为镜像轴,如图 8-100 所示。

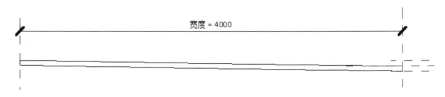

图 8-100 创建另一侧轮廓

(14) 单击"文件"→"另存为"→"族"命令,打开"另存为"对话框,输入名称为"人行道轮廓-左侧",单击"保存"按钮,保存族文件。

(15) 单击"修改"选项卡"族编辑器"面板中的"载入到项目并关闭"按钮 ,将"人行道轮廓-左侧"文件载入到项目文件中,并关闭族文件。

(16) 单击"建筑"选项卡"构建"面板"构件" 下拉列表框中的"内建模型"按钮

，打开"族类别和族参数"对话框，选择"常规模型"族类别，其他采用默认设置。

（17）单击"确定"按钮，打开"名称"对话框，输入名称为"人行道"，单击"确定"按钮，进入人行道模型创建界面。

（18）将视图切换至三维视图。单击"创建"选项卡"形状"面板中的"放样"按钮，打开"修改|放样"选项卡。单击"放样"面板中的"拾取路径"按钮，打开"修改|放样>拾取路径"选项卡，系统默认激活"拾取三维边"按钮，拾取路缘石上边线为放样路径，如图8-101所示。单击"模式"面板中的"完成编辑模式"按钮，完成路径拾取。

图 8-101　拾取路径

（19）单击"放样"面板中的"选择轮廓"按钮，在"轮廓"下拉列表框中选择"人行道轮廓-右侧"，在坐标处放置人行道轮廓，如图8-102所示。单击"模式"面板中的"完成编辑模式"按钮，完成一侧人行道的创建，如图8-103所示。

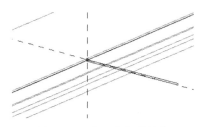

图 8-102　载入人行道轮廓

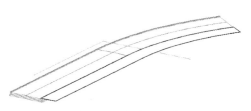

图 8-103　创建人行道

（20）采用相同的方法，拾取另一侧路缘石上边线，选取"人行道轮廓-左侧"轮廓，创建另一侧的人行道，如图8-104所示。

（21）选取所有人行道，在"属性"选项板的"材质"栏中单击按钮，打开"材质浏览器"对话框。选择"AEC材质"→"混凝土"选项，单击右侧"混凝土，人行道"材质的"将材质添加到文档中"图标，将材质添加到项目材质列表，选中"使用渲染外观"复选框，单击"确定"按钮，完成人行道材质的设置。

（22）单击"完成模型"按钮，完成人行道的创建，返回项目文件中，如图8-105所示。

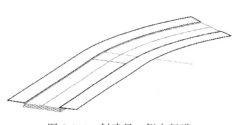

图 8-104　创建另一侧人行道

图 8-105　道路模型

（23）单击快速访问工具栏中的"保存"按钮，打开"另存为"对话框，输入名称为"参数化道路"。单击"保存"按钮，保存项目文件。

第 9 章

桥梁

知识导引

　　桥梁属于道路的特殊部分,是地形复杂条件下道路设计的必不可少的组成环节。桥梁设计必须遵循一定的原则,包括安全性、适用性、经济性、美观性以及桥梁具体结构特性等要素的综合考量和设计。

9.1 桥梁设计基础知识

桥梁是跨越障碍的人工构造物。当道路路线遇到江河湖泊、山谷深沟以及其他线路(铁路或公路)等障碍时,为了保持道路的连续性,充分发挥其正常的运输能力,就需要建造专门的人工构造物——桥梁来跨越障碍。桥梁一方面要保证桥上交通运行,另一方面也要保证桥下水流宣泄、船只通航或车辆通行。

9.1.1 桥涵的分类

1. 桥梁的分类

桥梁的分类方式很多,通常从受力特点、建桥材料、适用跨度、施工条件等方面划分。

1)按受力特点分

结构工程上的受力构件,拉、压、弯为三种基本受力方式,由基本构件组成的各种结构物在力学上也可归结为梁式、拱式、悬吊式三种基本体系以及它们之间的各种组合。

(1)梁式桥

梁式桥是一种在竖向荷载作用下无水平反力的结构。由于外力(恒载和活载)的作用向与承重结构的轴线接近垂直,故与同样跨径的其他结构体系相比,梁内产生的弯矩最大,通常需用抗弯能力强的材料(钢、木、钢筋混凝土、预应力钢筋混凝土等)来建造。

(2)拱式桥

拱式桥的主要承重结构是拱圈或拱肋。这种结构在竖向荷载作用下,桥墩或桥台将承受水平推力,同时这种水平推力将显著抵消荷载所引起的在拱圈(或拱肋)内的弯矩作用。拱桥的承重结构以受压为主,通常用抗压能力强的圬工材料(砖、石、混凝土)和钢筋混凝土等来建造。

(3)刚架桥

刚架桥的主要承重结构是梁或板和立柱或竖墙整体结合在一起的刚架结构。梁或板和柱的连接处具有很大的刚性,在竖向荷载作用下,梁部主要受弯,而在柱脚处也具有水平反力,其受力状态介于梁桥和拱桥之间。同样的跨径,在相同荷载作用下,刚架桥的正弯矩比梁式桥要小,刚架桥的建筑高度可以降低;但刚架桥施工比较困难,用普通钢筋混凝土修建,梁柱刚结处易产生裂缝。

(4)悬索桥

悬索桥以悬索为主要承重结构,结构自重较轻,构造简单,受力明确,能以较小的建筑高度经济合理地修建大跨度桥。由于这种桥的结构自重轻,刚度差,在车辆动荷载和风荷载作用下有较大的变形和振动。

(5)组合体系桥

组合体系桥由几个不同体系的结构组合而成,最常见的为连续刚构,梁、拱组合等。斜拉桥也是组合体系桥的一种。

2）其他分类方式

（1）按桥梁多孔跨径总长或单孔跨径的长度，可分为特大桥、大桥、中桥、小桥。

（2）按用途划分，有公路桥、铁路桥、公铁两用桥、农用桥、人行桥、运水桥（渡槽）及其他专用桥梁（如通过管路、电缆等）。

（3）按主要承重结构所用的材料来分，有圬工桥、钢筋混凝土桥、预应力混凝土桥、钢桥、钢-混凝土结合梁桥和木桥等。

（4）按跨越障碍的性质来分，有跨河桥、跨线桥（立体交叉桥）、高架桥和栈桥。

（5）按上部结构的行车道位置分为上承式（桥面结构布置在主要承重结构之上）桥、下承式桥、中承式桥。

2．涵洞的分类

（1）按建筑材料分为石涵、盖板涵及钢筋混凝土涵、钢波纹管涵等。

（2）按构造形式分为圆管涵、盖板涵、拱涵、箱涵等。

① 圆管涵：仅需两端设置端墙，不需要设置墩台，故圬工数量少、造价低。

② 盖板涵：分为钢筋混凝土盖板涵和石盖板涵。

③ 拱涵：适用于跨越深沟或高路堤。

④ 箱涵：适用于软土地基，施工困难且造价高。

（3）按洞顶填土情况不同分为明涵和暗涵。

① 明涵：洞顶无填土，适用于低路堤及浅沟渠。

② 暗涵：洞顶有填土，厚度≥0.5m，适用于高路堤和深沟渠。

（4）按水力性能不同分为无压力涵洞、半压力涵洞、压力式涵洞。

① 无压力涵洞：水流在涵洞长度上保持自由水面。

② 半压力涵洞：涵洞进口被水淹没，洞内水全部或者一部分为自由面。

③ 压力式涵洞：涵洞进出口被水淹没，涵洞全长范围内以全部断面泄水。

9.1.2 桥涵的组成

1．桥梁

桥梁由上部结构、下部结构、支座系统和附属设施四个基本部分组成，示意图如图 9-1 所示。

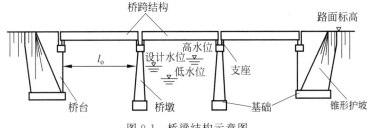

图 9-1 桥梁结构示意图

（1）上部结构（桥跨结构）：在线路遇到障碍而中断时，跨越这类障碍的主要承载结构。

（2）下部结构：包括桥墩、桥台和墩台基础，是支承桥跨结构的结构物。

① 桥墩：是在河中或岸上支承桥跨结构的结构物。

② 桥台：设在桥的两端，一边与路堤相接，以防止路堤滑塌；另一边则支承桥跨结构的端部。为保护桥台和路堤填土，桥台两侧常做锥形护坡、挡土墙等防护工程。

③ 墩台基础：是保证桥梁墩台安全并将荷载传至地基的结构。

（3）支座系统：在桥跨结构与桥墩或桥台的支承处设置的传力装置。它不仅要传递很大的荷载，而且要保证桥跨结构能产生一定的变位。

（4）附属设施：包括桥面系统（由桥面铺装、防水排水系统、栏杆或防撞栏杆以及灯光照明等组成）、伸缩缝、桥头搭板和锥形护坡等。

① 桥面铺装（或称行车道铺装）：铺装的平整性、耐磨性、不翘曲、不渗水是保证行车舒适的关键。特别是在钢箱梁上铺设沥青路面时，其技术要求甚严。

② 排水防水系统：应能迅速排除桥面积水，并使渗水的可能性降至最小限度。城市桥梁排水系统应保证桥下无滴水和结构上无漏水现象。

③ 栏杆（或防撞栏杆）：既是保证安全的构造措施，又是有利于观赏的最佳装饰件。

④ 伸缩缝：桥跨上部结构之间或桥跨上部结构与桥台端墙之间所设的缝隙，以保证结构在各种因素作用下的变位。为使行车顺适、不颠簸，桥面上要设置伸缩缝构造。

⑤ 灯光照明：现代城市中，大跨桥梁通常是一个标志性建筑，大多装置了灯光照明系统，构成城市夜景的重要组成部分。

2．涵洞

涵洞由洞身、洞口、基础和附属工程等组成。

（1）洞身

① 圆管涵：圆管涵洞身主要由管身、基础、接缝及防水层构成。

② 盖板涵：主要由盖板、边墙、洞身铺底、伸缩缝、防水层等构成。

③ 拱涵：其洞身主要由拱圈、边墙、基础、铺底、沉降缝及排水设施组成。

④ 箱涵：其洞身主要由钢筋混凝土涵身、翼墙、基础、变形缝等组成。

（2）洞口：是洞身、路基、河道三者的连接构造物。洞口建筑由进水口、出水口和沟床加固三部分组成。

（3）基础：包括圬工基础和无圬工基础。

（4）附属工程：包括端墙、翼墙、进出水口急流槽等。

9.1.3 桥梁设计总则及一般规定

桥梁的设计应该根据其作用、性质和将来发展的需要进行，除符合技术先进、安全可靠、适用耐久、经济合理的要求外，还应按照美观和有利于环保的原则进行设计，并考虑因地制宜、就地取材、便于施工和养护等因素。既要有足够的承载能力，能保证行车的畅通、舒适和安全，满足当前的需要，又要考虑今后的发展；既要满足交通运输本身的需要，也要考虑到支援农业、满足农田排灌的需要；通航河流上的桥梁应满足航运的要求；靠近城市、村镇、铁路及水利设施的桥梁还应结合各有关方面的要求，考虑综合利用。桥梁还应该考虑在战时适应国防的要求。在特定地区，桥梁还应满足特定条件下的特殊要求（如抗震等）。一般要求如下：

1. 安全可靠

（1）所设计的桥梁结构在强度、稳定和耐久性方面应有足够的安全储备。

（2）防撞栏杆应具有足够的高度和强度，人与车流之间应做好防护栏，防止车辆撞入人行道或撞坏栏杆而落到桥下。

（3）对于交通繁忙的桥梁，应设计好照明设施并有明确的交通标志，两端引桥坡度不宜太陡，以避免发生车辆碰撞等引起的车祸。

（4）对于修建在地震区的桥梁，应按抗震要求采取防震措施；对于河床易变迁的河道，应设计好导流设施，防止桥梁基础底部被过度冲刷；对于通行大吨位船舶的河道，除按规定加大桥孔跨径外，必要时要设置防撞构筑物等。

2. 适用耐久

（1）桥面宽度能满足当前以及今后规划年限内的交通流量（包括行人通道）。

（2）桥梁结构在设计荷载作用下不出现过大的变形和过宽的裂缝。

（3）桥跨结构的下方要有利于泄洪、通航（跨河桥）或车辆（立交桥）和行人的通行（旱桥）。

（4）桥梁的两端要便于车辆的进入和疏散，而不致产生交通堵塞现象等。

（5）考虑综合利用，方便各种管线（水、电、通信等）的搭载。

3. 经济合理

（1）桥梁设计必须经过技术经济比较，使桥梁在建造时使用最少量的材料、工具和劳动力，在使用期间养护维修费用最省，并且经久耐用。

（2）桥梁设计还应满足快速施工的要求。缩短工期不仅能降低施工费用，而且能提早通车，在运输上带来很大的经济效益。因此结构形式要便于施工和制造，能够采用先进的施工技术和施工机械，以便于加快施工速度，保证工程质量和施工安全。

4. 美观

（1）在满足功能要求的前提下，要选用最佳的结构形式——纯正、清爽、稳定。质量统一于美，美从属质量。

（2）美，主要表现在结构选型和谐与具有良好的比例，并具有秩序感和韵律感。过多的重复会导致单调。

（3）重视与环境的协调。材料的选择、表面的质感、特别色彩的运用等都对环境的协调起着重要作用。模型检试有助于实感判断，审视阴影效果。

总之，在适用、经济和安全的前提下，尽可能使桥梁具有优美的外形，并与周围的环境相协调，这就是美观的要求。合理的结构布局和轮廓是美观的主要因素。在城市和游览地区的桥梁，还要注意环保问题。另外，施工质量对桥梁美观也有很大影响。

5. 桥涵布置

（1）桥梁应根据公路功能、等级、通行能力及抗洪防灾要求，结合水文、地质、通航、环境等条件进行综合设计。

（2）当桥址处有两个及两个以上的稳定河槽，或滩地流量占设计流量比例较大，且水流不易引入同一座桥时，可在各河槽、滩地、河汊上分别设桥，不宜用长大导流堤强行集中水流。平坦、草原、漫流地区,可按分片泄洪布置桥涵。天然河道不宜改移或裁弯取直。

（3）公路桥涵的设计洪水频率应符合表 9-1 的规定。

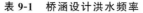

表 9-1　桥涵设计洪水频率

公路等级	设计洪水频率				
	特大桥	大桥	中桥	小桥	涵洞及小型排水构造物
高速公路	1/300	1/100	1/100	1/100	1/100
一级公路	1/300	1/100	1/100	1/100	1/100
二级公路	1/100	1/100	1/100	1/50	1/25
三级公路	1/100	1/50	1/50	1/25	1/25
四级公路	1/100	1/50	1/25	1/25	不作规定

注：① 二级公路上的特大桥及三、四级公路上的大桥,在水势猛急、河床易于冲刷的情况下,可提高一级洪水频率验算基础冲刷深度。

　② 三、四级公路,在交通容许有限度的中断时,可修建漫水桥和过水路面。漫水桥和过水路面的设计洪水频率,应根据容许阻断交通的时间长短和对上下游农田、城镇、村庄的影响以及泥沙淤塞桥孔、上游河床的淤高等因素确定。

6. 桥涵孔径

（1）桥涵孔径的设计必须保证设计洪水以内的各级洪水及流冰、泥石流、漂流物等安全通过,并应考虑壅水、冲刷对上下游的影响,确保桥涵附近路堤的稳定。

（2）桥涵孔径的设计应考虑桥位上下游已建或拟建桥涵和水工建筑物的状况及其对河床演变的影响。

（3）桥涵孔径设计尚应注意河床地形,不宜过分压缩河道、改变水流的天然状态。

（4）小桥、涵洞的孔径,应根据设计洪水流量、河床地质、河床和锥坡加固形式等条件确定。

（5）当小桥、涵洞的上游条件许可积水时,依暴雨径流计算的流量可考虑减少,但减少的流量不宜大于总流量的 1/4。

（6）特大、大、中桥的孔径布置应按设计洪水流量和桥位河段的特性进行设计计算,并对孔径大小、结构形式、墩台基础埋置深度、桥头引道及调治构造物的布置等进行综合比较。

（7）计算桥下冲刷时,应考虑桥孔压缩后设计洪水过水断面所产生的桥下一般冲刷、墩台阻水引起的局部冲刷、河床自然演变冲刷以及调治构造物和桥位其他冲刷因素的影响。

（8）桥梁全长规定为:有桥台的桥梁为两岸桥台侧墙或八字墙尾端间的距离;无桥台的桥梁为桥面系长度。

当标准设计或新建桥涵的跨径在 50m 及以下时,宜采用标准化跨径。桥涵标准化跨径规定如下：0.75、1.0、1.25、1.5、2.0、2.5、3.0、4.0、5.0、6.0、8.0、10、13、16、20、25、30、35、40、45、50m。

7. 桥涵净空

（1）桥涵净空应符合公路建筑限界规定及本条其他各款规定,如图 9-2 所示。

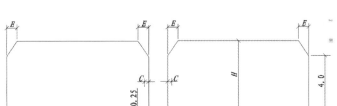

(a) 高速公路、一级公路（整体式）

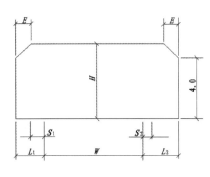

(b) 高速公路、一级公路（分离式）

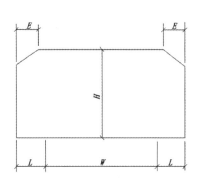

(c) 二、三、四级公路

图 9-2　桥涵净空（尺寸单位：m）

注：① 当桥梁设置人行道时,桥涵净空应包括该部分的宽度;

　② 人行道、自行车道与行车道分开设置时,其净高不应小于 2.5m。

图中：W——行车道宽度,为车道数乘以车道宽度,并计入所设置的加（减）速车道、紧急停车道、爬坡车道、慢车道或错车道的宽度。车道宽度规定见表 9-2。

C——当设计速度大于 100km/h 时为 0.5m,当设计速度小于或等于 100km/h 时为 0.25m。

S_1——行车道左侧路缘带宽度,其值见表 9-3。

S_2——行车道右侧路缘带宽度,应为 0.5m。

M_1——中间带宽度,由两条左侧路缘带和中央分隔带组成,其值见表 9-3。

M_2——中央分隔带宽度,其值见表 9-3。

E——桥涵净空顶角宽度。当 $L \leq 1$m 时,$E=L$；当 $L>1$m 时,$E=1$m。

H——净空高度。高速公路和一、二级公路上的桥梁应为 5.0m,三、四级公路上的桥梁应为 4.5m。

L_2——桥涵右侧路肩宽度,其值见表 9-4。当受地形条件及其他特殊情况限制时,可采用最小值。高速公路和一级公路上的桥梁应在右侧路肩内设右侧路缘带,其宽度为 0.5m；设计速度为 120km/h 的四车道高速公路上桥梁,宜采用 3.50m 的右侧路肩,六车道、八车道高速公路上的桥梁,宜采用 3.00m 的右侧路肩。高速公路、一级公路上桥梁的右侧路肩宽度小于 2.50m 且桥长超过 500m 时,宜设置紧急

Note

停车带,紧急停车带宽度包括路肩在内为 3.50m,有效长度不应小于 30m,间距不宜大于 500m。

L_1——桥梁左侧路肩宽度,其值见表 9-5。八车道及八车道以上高速公路上的桥梁宜设置左路肩,其宽度应为 2.50m,左侧路肩宽度内含左侧路缘带宽度。

L——侧向宽度。高速公路、一级公路上桥梁的侧向宽度为路肩宽度(L_1、L_2);二、三、四级公路上桥梁的侧向宽度为其相应的路肩宽度减去 0.25m。

表 9-2   车道宽度

设计速度/(km/h)	120	100	80	60	40	30	20
车道宽度/m	3.75	3.75	3.75	3.50	3.50	3.25	3.00(单车道为 3.50m)

注:高速公路上的八车道桥梁,当设置左侧路肩时,内侧车道宽度可采用 3.50m。

表 9-3   中间带宽度

设计速度/(km/h)		120	100	80	60
中央分隔带宽度/m	一般值	3.00	2.00	2.00	2.00
	最小值	2.00	2.00	1.00	1.00
左侧路缘带宽度/m	一般值	0.75	0.75	0.50	0.50
	最小值	0.75	0.50	0.50	0.50
中间带宽度/m	一般值	4.50	3.50	3.00	3.00
	最小值	3.50	3.00	2.00	2.00

注:"一般值"为正常情况下的采用值;"最小值"为条件受限制时可采用的值。

表 9-4   右侧路肩宽度

公路等级		高速公路、一级公路				二、三、四级公路				
设计速度/(km/h)		120	100	80	60	80	60	40	30	20
左侧路缘带宽度/m	一般值	3.00 或 3.50	3.00	2.50	2.50	1.50	0.75	—	—	—
	最小值	3.00	2.50	1.50	1.50	0.75	0.25	—	—	—

注:"一般值"为正常情况下的采用值;"最小值"为条件受限制时可采用的值。

表 9-5   分离式断面高速公路、一级公路左侧路肩宽度

设计速度/(km/h)	120	100	80	60
左侧路肩宽度/m	1.25	1.00	0.75	0.75

(2)桥下净空应根据计算水位(设计水位计入壅水、浪高等)或最高流冰水位加安全高度确定。

当河流有形成流冰阻塞的危险或有漂浮物通过时,应按实际调查的数据,在计算水位的基础上,结合当地具体情况酌留一定富余量,作为确定桥下净空的依据。对于有淤积的河流,桥下净空应适当增加。

在不通航或无流放木筏河流上及通航河流的不通航桥孔内,桥下净空不应小于表9-6的规定。

表9-6 非通航河流桥下最小净空

桥梁的部位		高出计算水位/m	高出最高流冰面/m
梁底	洪水期无大漂流物	0.50	0.75
	洪水期有大漂流物	1.50	—
	有泥石流	1.00	—
支承垫石顶面		0.25	0.50
拱脚		0.25	0.25

无铰拱的拱脚允许被设计洪水淹没,但不宜超过拱圈高度的2/3,且拱顶底面至计算水位的净高不得小于1.0m。

在不通航和无流筏的水库区域内,梁底面或拱顶底面离开水面的高度不应小于计算浪高的0.75倍加上0.25m。

(3)涵洞宜设计为无压力式的。无压力式涵洞内顶点至洞内设计洪水频率标准水位的净高应符合表9-7的规定。

表9-7 无压力式涵洞内顶点至最高流水面的净高

涵洞进口净高(或内径)h	涵洞类型		
	管涵	拱涵	矩形涵
$h \leqslant 3\mathrm{m}$	$\geqslant h/4$	$\geqslant h/4$	$\geqslant h/6$
$h > 3\mathrm{m}$	$\geqslant 0.75\mathrm{m}$	$\geqslant 0.75\mathrm{m}$	$\geqslant 0.5\mathrm{m}$

(4)立体交叉跨线桥桥下净空应符合下列规定。

公路与公路立体交叉的跨线桥桥下净空及布孔除应符合以上桥涵净空的规定外,还应满足桥下公路的视距和前方信息识别的要求,其结构形式应与周围环境相协调。

铁路从公路上跨越通过时,其跨线桥桥下净空及布孔除应符合以上桥涵净空的规定外,还应满足桥下公路的视距和前方信息识别的要求。

农村道路与公路立体交叉的跨线桥桥下净空规定如下。

① 当农村道路从公路上面跨越时,跨线桥桥下净空应符合以上建筑限界的规定。

② 当农村道路从公路下面穿过时,其净空可根据当地通行的车辆和交叉情况而定,人行通道的净高应大于或等于2.2m,净宽应大于或等于4.0m。

③ 畜力车及拖拉机通道的净高应大于或等于2.7m,净宽应大于或等于4.0m。

④ 农用汽车通道的净高应大于或等于3.2m,并根据交通量和通行农业机械的类型选用净宽,但应大于或等于4.0m。

⑤ 汽车通道的净高应大于或等于3.5m;净宽应大于或等于6.0m。

(5)车行天桥桥面净宽按交通量和通行农业机械类型可选用4.5m或5.0m;人行天桥桥面净宽应大于或等于3.0m。

（6）电信线、电力线、电缆、管道等的设置不得侵入公路桥涵净空限界，不得妨害桥涵交通安全，并不得损害桥涵的构造和设施。

严禁天然气输送管道、输油管道利用公路桥梁跨越河流。天然气输送管道离开特大、大、中桥的安全距离不应小于100m，离开小桥的安全距离不应小于50m。

高压线跨河塔架的轴线与桥梁的最小间距不得小于一倍塔高。高压线与公路桥涵的交叉应符合现行《公路路线设计规范》的规定。

8. 桥上线形及桥头引道

（1）桥上及桥头引道的线形应与路线布设相互协调，各项技术指标应符合路线布设的规定。桥上纵坡不宜大于4%，桥头引道纵坡不宜大于5%；位于市镇混合交通繁忙处时，桥上纵坡和桥头引道纵坡均不得大于3%。桥头两端引道线形应与桥上线形相配合。

（2）在洪水泛滥区域内，特大、大、中桥桥头引道的路肩高程应高出桥梁设计洪水水位加壅水高、波浪爬高、河弯超高、河床淤积等影响0.5m以上。小桥涵引道的路肩高程，宜高出桥涵前壅水水位（不计浪高）0.5m以上。

（3）桥头锥体及引道应符合以下要求。

桥头锥体及桥台台后5～10m长度内的引道，可用砂性土等材料填筑。在非严寒地区当无透水性土时，可就地取土，经处理后填筑。

锥坡与桥台两侧正交线的坡度，当有铺砌时，路肩边缘下的第一个8m高度内不宜陡于1∶1；在8～12m高度内不宜陡于1∶1.25；高于12m的路基，其12m以下的边坡坡度应由计算确定，但不应陡于1∶1.5，变坡处台前宜设宽0.5～2.0m的锥坡平台；不受洪水冲刷的锥坡可采用不陡于1∶1.25的坡度；经常受水淹没部分的边坡坡度不应陡于1∶2。

埋置式桥台和钢筋混凝土灌注桩式或排架桩式桥台，其锥坡坡度不应陡于1∶1.5，对不受洪水冲刷的锥坡，加强防护时可采用不陡于1∶1.25的坡度。

洪水泛滥范围以内的锥坡和引道的边坡坡面，应根据设计流速设置铺砌层。铺砌层的高度应为：特大、大、中桥应高出计算水位0.5m以上；小桥涵应高出设计水位加壅水水位（不计浪高）0.25m以上。

（4）桥台侧墙后端和悬臂梁桥的悬臂端深入桥头锥坡顶点以内的长度，均不应小于0.75m（按路基和锥坡沉实后计算）。

高速公路、一级公路和二级公路的桥头宜设置搭板。搭板厚度不宜小于0.25m，长度不宜小于5m。

9. 桥涵构造要求

（1）桥涵结构应符合以下要求。

结构在制造、运输、安装和使用过程中，应具有规定的强度、刚度、稳定性和耐久性。结构的附加应力、局部应力应尽量减小。

结构形式和构造应便于制造、施工和养护。

结构物所用材料的品质及其技术性能必须符合相关现行标准的规定。

（2）公路桥涵应根据其所处环境条件选用适宜的结构形式和建筑材料，进行适当的耐久性设计,必要时尚应增加防护措施。

(3) 桥涵的上、下部构造应视需要设置变形缝或伸缩缝,以减小温度变化、混凝土收缩和徐变、地基不均匀沉降以及其他外力所产生的影响。

高速公路、一级公路上的多孔梁(板)桥宜采用连续桥面简支结构,或采用整体连续结构。

(4) 小桥涵可在进、出口和桥涵所在范围内将河床整治和加固,必要时在进、出口处设置减冲、防冲设施。

(5) 漫水桥应尽量减小桥面和桥墩的阻水面积,其上部构造与墩台的连接必须可靠,并应采取必要的措施使基础不被冲毁。

(6) 桥涵应有必要的通风、排水和防护措施及维修工作空间。

(7) 须设置栏杆的桥梁,其栏杆的设计除应满足受力要求外,尚应注意美观,栏杆高度不应小于 1.1m。

(8) 安装板式橡胶支座时,应保证其上下表面与梁底面及墩台支承垫石顶面平整密贴、传力均匀,不得有脱空的橡胶支座。

当板式橡胶支座设置在大于某一规定坡度上时,应在支座表面与梁底之间采取措施,使支座上、下传力面保持水平。

弯、坡、斜、宽桥梁宜选用圆形板式橡胶支座。公路桥涵不宜使用带球冠的板式橡胶支座或坡形的板式橡胶支座。

墩台构造应满足更换支座的要求。

10. 桥面铺装、排水和防水层

(1) 桥面铺装的结构形式宜与所在位置的公路路面相协调。桥面铺装应有完善的桥面防水、排水系统。

高速公路和一级公路上特大桥、大桥的桥面铺装宜采用沥青混凝土桥面铺装。

(2) 桥面铺装应设防水层。圬工桥台背面及拱桥拱圈与填料间应设置防水层,并设盲沟排水。

(3) 高速公路、一级公路上桥梁的沥青混凝土桥面铺装层厚度不宜小于 70mm;二级及二级以下公路桥梁的沥青混凝土桥面铺装层厚度不宜小于 50mm。

(4) 水泥混凝土桥面铺装面层(不含整平层和垫层)的厚度不宜小于 80mm,混凝土强度等级不应低于 C40。

水泥混凝土桥面铺装层内应配置钢筋网。钢筋直径不应小于 8mm,间距不宜大于 100mm。

(5) 正交异性板钢桥面沥青混凝土铺装结构应根据桥梁纵面线形、桥梁结构受力状态、桥面系的实际情况、当地气象与环境条件、铺装材料的性能等综合研究选用。

(6) 桥面伸缩装置应保证能自由伸缩,并使车辆平稳通过。伸缩装置应具有良好的密水性和排水性,并应便于检查和清除沟槽的污物。

特大桥和大桥宜使用模数式伸缩装置,其钢梁高度应按计算确定,但不应小于 70mm,并应具有强力的锚固系统。

(7) 桥面应设排水设施。跨越公路、铁路、通航河流的桥梁,桥面排水宜通过设在桥梁墩台处的竖向排水管排入地面排水设施中。

11. 养护及其他附属设施

（1）特大、大桥上部构造宜设置检查平台、通道、扶梯、箱内照明、入口井盖等专门供检查和养护用的设施，保证工作人员的正常工作和安全。条件许可时，特大、大桥应设置检修通道。

（2）特大桥和大桥的墩台宜根据需要设置测量标志，测量标志的设置应符合有关标准的规定。

（3）跨越河流或海湾的特大、大、中桥宜设置水尺或标志，较高墩台宜设围栏、扶梯等。

（4）斜拉桥和悬索桥的桥塔必须设置避雷设施。

（5）特大、大、中桥可视需要设防火、照明和导航设备以及养护工房、库房和守卫房等，必要时可设置紧急电话。

9.2 创建桥涵模型

9.2.1 空间定位

（1）单击"文件"→"新建"→"项目"命令，打开"新建项目"对话框，在"样板文件"下拉列表框中选择"结构样板"，选择"项目"单选按钮，单击"确定"按钮，进入结构建模环境。

（2）将视图切换至东立面图。单击"建筑"选项卡"基准"面板中的"标高"按钮 ，打开"修改|放置 标高"选项卡，绘制标高，并更改名称，如图9-3所示。

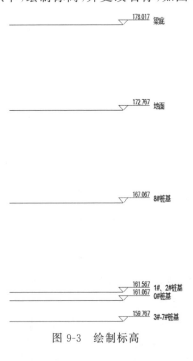

图9-3 绘制标高

（3）将视图切换至地面视图。单击"建筑"选项卡"基准"面板中的"轴网"按钮，打开"修改|放置 轴网"选项卡和选项栏，系统默认激活"线"按钮，绘制轴网，具体尺寸参见图9-4。

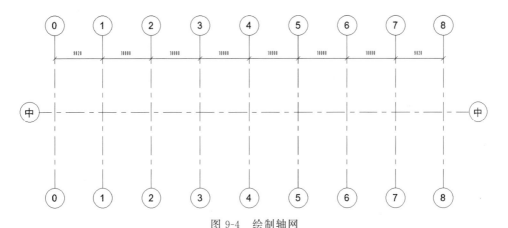

图9-4　绘制轴网

9.2.2　绘制桩基

（1）单击"文件"→"新建"→"族"命令，打开"新族-选择样板文件"对话框，选择"公制常规模型.rft"为样板族，单击"打开"按钮进入族编辑器。

（2）单击"创建"选项卡"形状"面板中的"拉伸"按钮，打开如图9-5所示的"修改|创建拉伸"选项卡和选项栏，单击"圆"按钮，绘制如图9-6所示的圆。

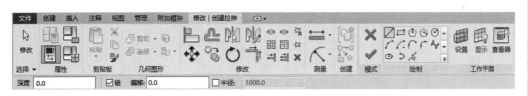

图9-5　"修改|创建拉伸"选项卡和选项栏

（3）单击"直径尺寸标注"按钮，对圆进行尺寸标注。选取直径尺寸，单击"尺寸标注"选项卡"标签尺寸标注"面板中的"创建参数"按钮，打开"参数属性"对话框，输入名称为"直径"，设置参数分组方式为"尺寸标注"，选择"类型"单选按钮，如图9-7所示。单击"确定"按钮，结果如图9-8所示。

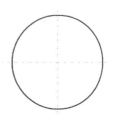

图9-6　绘制圆

（4）在"属性"选项板中单击"拉伸终点"右侧的"关联族参数"按钮，打开"关联族参数"对话框。单击"新建参数"按钮，打开如图9-9所示的"参数属性"对话框，输入名称为"桩长"，其他采用默认设置。单击"确定"按钮，返回"关联族参数"对话框，选取桩长参数，单击"确定"按钮，模型的拉伸终点与桩长关联。

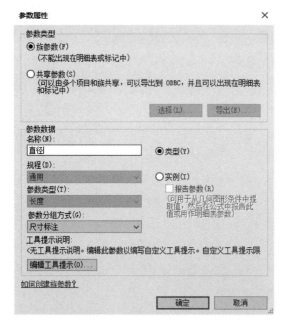

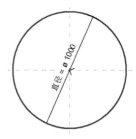

图 9-7 "参数属性"对话框　　　　　　图 9-8 参数尺寸

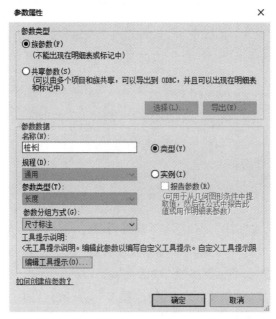

图 9-9 "参数属性"对话框

（5）在"属性"选项板中单击"材质"栏右侧的"关联族参数"按钮▯，打开"关联族参数"对话框。单击"新建参数"按钮▯，打开如图 9-10 所示的"参数属性"对话框，输入名称为"材质"，其他采用默认设置。单击"确定"按钮，返回"关联族参数"对话框，选取材质参数，单击"确定"按钮，模型的材质与材质关联。

单击"模式"面板中的"完成编辑模式"按钮✔️，完成桩的创建，如图 9-11 所示。

Note

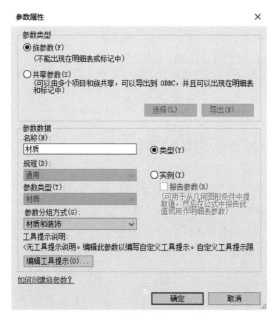

图 9-10 "参数属性"对话框

图 9-11 桩

（6）单击"创建"选项卡"属性"面板中的"族类型"按钮 ，打开"族类型"对话框，在材质栏中单击 图标，打开"材质浏览器"对话框。选择"AEC 材质"→"混凝土"选项，单击右侧"混凝土，现场浇筑-C25"材质的"将材质添加到文档中"图标 ，将材质添加到项目材质列表。右击"混凝土，现场浇筑-C25"材质，在弹出的快捷菜单中选择"重命名"命令，输入名称为"C25 钢筋混凝土"，选中"使用渲染外观"复选框，其他采用默认设置，如图 9-12 所示。单击"确定"按钮。

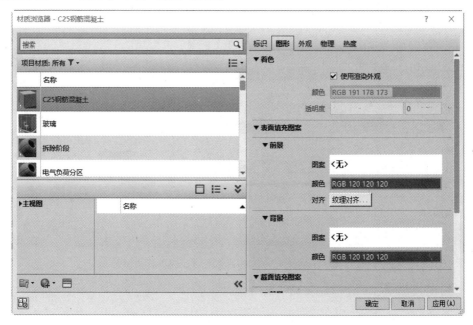

图 9-12 "材质浏览器"对话框

（7）单击快速访问工具栏中的"保存"按钮 🔲，打开"另存为"对话框，输入名称为"桩基"，单击"保存"按钮，保存族文件。

（8）单击"修改"选项卡"族编辑器"面板中的"载入到项目并关闭"按钮 ，将垫块载入到项目文件中，并关闭族文件。

（9）单击"建筑"选项卡"构建"面板中的"放置构件"按钮 ，将桩基放置在如图 9-13 所示的位置。

（10）选取上步放置的桩，单击"修改"选项卡"修改"面板中的"复制"按钮 ，将其复制到其他轴线处，如图 9-14 所示。

（11）选取轴线 0 上的两个桩基，在"属性"选项板中单击"编辑类型"按钮 ，打开"类型属性"对话框。单击"复制"按钮，打开"名称"对话框，输入名称为"0#桩基"。单击"确定"按钮，返回

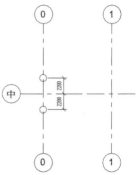

图 9-13　放置桩基

"类型属性"对话框，输入桩长为 16000，直径为 1000，其他采用默认设置，如图 9-15 所示，单击"确定"按钮。然后在"属性"选项板中更改桩基标高为"0#桩基"，如图 9-16 所示。

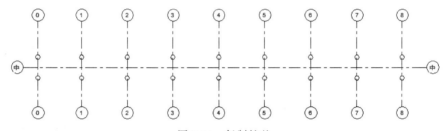

图 9-14　复制桩基

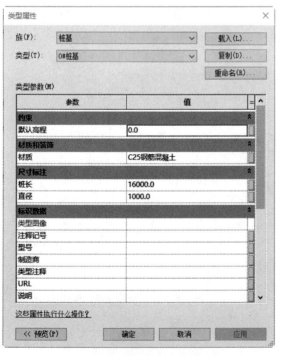

图 9-15　"类型属性"对话框

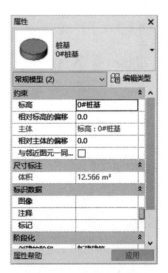

图 9-16　更改桩基标高

（12）选取轴线 1 上的两个桩基,在"属性"选项板中单击"编辑类型"按钮,打开"类型属性"对话框。单击"复制"按钮,打开"名称"对话框,输入名称为"1♯桩基"。单击"确定"按钮,返回"类型属性"对话框,输入桩长为 14000,直径为 1000,其他采用默认设置;单击"确定"按钮。然后在"属性"选项板中更改桩基标高为"1♯、2♯桩基"。

（13）选取轴线 2 上的两个桩基,在"属性"选项板中单击"编辑类型"按钮,打开"类型属性"对话框。单击"复制"按钮,打开"名称"对话框,输入名称为"2♯桩基"。单击"确定"按钮,返回"类型属性"对话框,输入桩长为 13000,直径为 1000,其他采用默认设置,单击"确定"按钮。然后在"属性"选项板中更改桩基标高为"1♯、2♯桩基"。

（14）分别选取轴线 3、4、5、6 和 7 上的所有桩基,在"属性"选项板中单击"编辑类型"按钮,打开"类型属性"对话框。单击"复制"按钮,打开"名称"对话框,分别输入名称为 3♯～7♯桩基。单击"确定"按钮,返回"类型属性"对话框,输入桩长为 13000,直径为 1000,其他采用默认设置,单击"确定"按钮。然后在"属性"选项板中更改桩基标高为 3♯～7♯桩基。

（15）选取轴线 8 上的两个桩基,在"属性"选项板中单击"编辑类型"按钮,打开"类型属性"对话框。单击"复制"按钮,打开"名称"对话框,输入名称为"8♯桩基"。单击"确定"按钮,返回"类型属性"对话框,输入桩长为 10000,直径为 1000,其他采用默认设置,单击"确定"按钮。然后在"属性"选项板中更改桩基标高为"8♯桩基",结果如图 9-17 所示。

图 9-17　布置桩基

9.2.3　绘制系梁

（1）单击"文件"→"新建"→"族"命令,打开"新族-选择样板文件"对话框,选择"公制常规模型.rft"为样板族,单击"打开"按钮进入族编辑器。

（2）单击"创建"选项卡"基准"面板中的"参照平面"按钮,绘制参照平面,如图 9-18 所示。

9-3

（3）单击"修改"选项卡"测量"面板中的"对齐尺寸标注"按钮,选取左侧参照平

图 9-18　绘制参照平面

面,然后选取竖直参照平面,再选取右侧参照平面,拖动尺寸到适当的位置,单击图标,创建等分尺寸。采用相同的方法,继续标注尺寸,如图 9-19 所示。

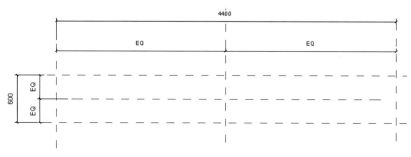

图 9-19　标注尺寸

（4）选取尺寸值为 4400 的尺寸，单击"标签尺寸标注"面板中的"创建参数"按钮 🖉，打开"参数属性"对话框，输入名称为"长"，设置参数分组方式为"尺寸标注"，选择"类型"单选按钮，单击"确定"按钮；继续添加宽参数，结果如图 9-20 所示。

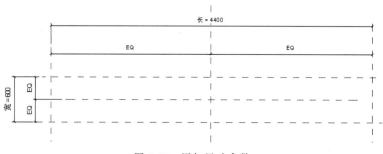

图 9-20　添加尺寸参数

（5）单击"创建"选项卡"形状"面板中的"拉伸"按钮 🗊，打开"修改|创建拉伸"选项卡和选项栏，单击"圆"按钮 ⊘，绘制圆并标注圆直径，然后添加参数；单击"线"按钮 ╱，沿着参照平面绘制并锁定，绘制如图 9-21 所示的拉伸截面。

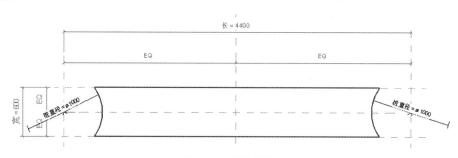

图 9-21　拉伸截面

（6）在"属性"选项板中单击"拉伸终点"右侧的"关联族参数"按钮 🗊，打开"关联族参数"对话框。单击"新建参数"按钮 🖉，打开"参数属性"对话框，输入名称为"高"，其他采用默认设置。单击"确定"按钮，返回"关联族参数"对话框，选取"高"参数，单击"确定"按钮，模型的拉伸终点与高关联。

（7）在"属性"选项板中单击"材质"栏右侧的"关联族参数"按钮 🗊，打开"关联族参数"对话框。单击"新建参数"按钮 🖉，打开"参数属性"对话框，输入名称为"材质"，其他采用默认设置。单击"确定"按钮,返回"关联族参数"对话框,选取"材质"参数,单击"确定"按钮,模型的材质与材质关联。

(8) 单击"模式"面板中的"完成编辑模式"按钮 ✔,完成系梁的创建,如图 9-22 所示。

(9) 单击"创建"选项卡"属性"面板中的"族类型"按钮,打开"族类型"对话框,在"材质"栏中单击图标,打开"材质浏览器"对话框。选择"AEC材质"→"混凝土"选项,单击右侧"混凝土,现场浇筑-C30"材质的"将材质添加到文档中"图标,将材质添加到项目材质列表。右击"混凝土,现场浇

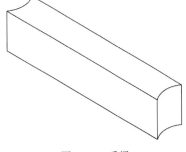

图 9-22　系梁

筑-C30"材质,在弹出的快捷菜单中选择"重命名"命令,输入名称为"C30 钢筋混凝土",选中"使用渲染外观"复选框,其他采用默认设置。单击"确定"按钮,返回"族类型"对话框,设置长为 4400,宽为 600,桩直径为 1000,高为−800,如图 9-23 所示,单击"确定"按钮。

图 9-23　"族类型"对话框

(10) 单击快速访问工具栏中的"保存"按钮,打开"另存为"对话框,输入名称为"系梁",单击"保存"按钮,保存族文件。

(11) 单击"修改"选项卡"族编辑器"面板中的"载入到项目并关闭"按钮,将垫块载入到项目文件中,并关闭族文件。

(12) 将视图切换至地面。单击"建筑"选项卡"构建"面板中的"放置构件"按钮,将系梁放置在轴线 1 到轴线 7 与轴线"中"的交点处,如图 9-24 所示。

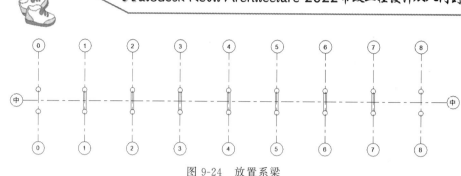

图 9-24　放置系梁

（13）在三维视图中，单击"修改"选项卡"修改"面板中的"对齐"按钮，选取轴线1上的桩基上端面，然后选取系梁的上端面；采用相同的方法，添加轴线2上桩基上端面和系梁上端面的对齐关系，如图9-25所示。

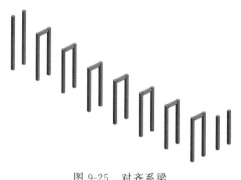

图 9-25　对齐系梁

9.2.4　绘制墩柱

（1）单击"文件"→"新建"→"族"命令，打开"新族-选择样板文件"对话框，选择"基于面的公制常规模型.rft"为样板族，如图9-26所示，单击"打开"按钮进入族编辑器。

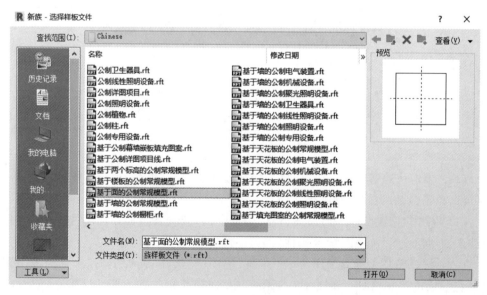

图 9-26　"新族-选择样板文件"对话框

（2）单击"创建"选项卡"形状"面板中的"拉伸"按钮，打开"修改|创建拉伸"选项卡和选项栏，单击"圆"按钮，绘制圆，然后添加参数，如图 9-27 所示。

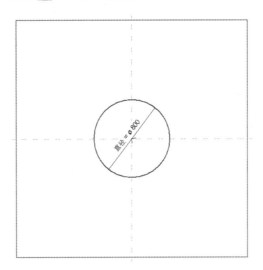

图 9-27　绘制拉伸截面

（3）在"属性"选项板中单击"拉伸终点"右侧的"关联族参数"按钮，打开"关联族参数"对话框。单击"新建参数"按钮，打开"参数属性"对话框，输入名称为"墩柱长"，其他采用默认设置。单击"确定"按钮，返回"关联族参数"对话框，选取"墩柱长"参数，单击"确定"按钮，模型的拉伸终点与墩柱长关联。

（4）在"属性"选项板中单击"材质"栏右侧的"关联族参数"按钮，打开"关联族参数"对话框。单击"新建参数"按钮，打开"参数属性"对话框，输入名称为"材质"，其他采用默认设置。单击"确定"按钮，返回"关联族参数"对话框，选取"材质"参数，单击"确定"按钮，模型的材质与材质关联。

（5）单击"模式"面板中的"完成编辑模式"按钮，完成墩柱的创建，如图 9-28 所示。

（6）单击"创建"选项卡"属性"面板中的"族类型"按钮，打开"族类型"对话框，如图 9-29 所示，在"材质"栏中单击图标，打开"材质浏览器"对话框，选择"C30 钢筋混凝土"，选中"使用渲染外观"复选框，其他采用默认设置，单击"确定"按钮。

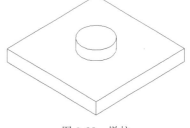

图 9-28　墩柱

（7）单击快速访问工具栏中的"保存"按钮，打开"另存为"对话框，输入名称为"墩柱"，单击"保存"按钮，保存族文件。

（8）单击"修改"选项卡"族编辑器"面板中的"载入到项目并关闭"按钮，将垫块载入到项目文件中，并关闭族文件。

（9）切换至地面视图。单击"建筑"选项卡"构建"面板中的"放置构件"按钮，再单击"修改|放置 构件"选项卡"放置"面板中的"放置在面上"按钮，将墩柱放置到轴线 1 到轴线 7 所在的桩基上，如图 9-30 所示。

图 9-29 "族类型"对话框

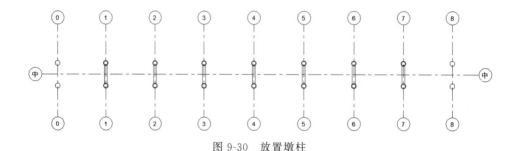

图 9-30 放置墩柱

（10）选取轴线 1 上的两个墩柱，在"属性"选项板中单击"编辑类型"按钮，打开"类型属性"对话框。单击"复制"按钮，打开"名称"对话框，输入名称为"1♯墩柱"。单击"确定"按钮，返回"类型属性"对话框，输入桩长为 1500，其他采用默认设置，如图 9-31 所示，单击"确定"按钮。

（11）选取轴线 2 上的两个墩柱，在"属性"选项板中单击"编辑类型"按钮，打开"类型属性"对话框。单击"复制"按钮，打开"名称"对话框，输入名称为"2♯墩柱"。单击"确定"按钮，返回"类型属性"对话框，输入桩长为 2500，其他采用默认设置，单击"确定"按钮。

（12）分别选取轴线 3、4、5、6 和 7 上的所有桩基，在"属性"选项板中单击"编辑类型"按钮，打开"类型属性"对话框。单击"复制"按钮，打开"名称"对话框，输入名称为 3♯～7♯桩基。单击"确定"按钮，返回"类型属性"对话框，输入桩长为 4300，其他采用默认设置，单击"确定"按钮，结果如图 9-32 所示。

Note

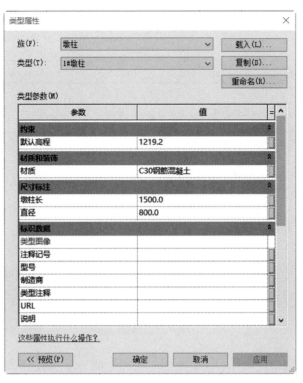

图 9-31 "类型属性"对话框

图 9-32 布置墩柱

9.2.5 绘制盖梁

（1）单击"文件"→"新建"→"族"命令，打开"新族-选择样板文件"对话框，选择"基于面的公制常规模型.rft"为样板族，单击"打开"按钮进入族编辑器。

（2）将视图切换至前立面图。单击"创建"选项卡"形状"面板中的"拉伸"按钮 ，打开"修改|创建拉伸"选项卡和选项栏，绘制如图9-33所示的拉伸截面。

（3）在"属性"选项板中设置拉伸起点为−800，拉伸终点为800，如图9-34所示。在"材质"栏中单击 图标，打开"材质浏览器"对话框，选择"C30钢筋混凝土"，选中"使用渲染外观"复选框，其他采用默认设置，单击"确定"按钮，返回"属性"选项板。

（4）单击"模式"面板中的"完成编辑模式"按钮 ，完成盖梁模型的创建，如图9-35所示。

9-5

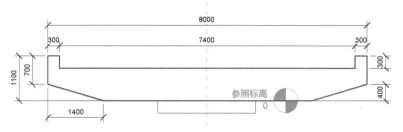

图 9-33   拉伸截面

图 9-34   "属性"选项板

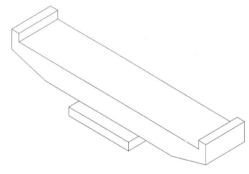

图 9-35   盖梁

（5）单击快速访问工具栏中的"保存"按钮 ，打开"另存为"对话框，输入名称为"盖梁"，单击"保存"按钮，保存族文件。

（6）单击"修改"选项卡"族编辑器"面板中的"载入到项目并关闭"按钮 ，将盖梁载入到项目文件中，并关闭族文件。

（7）切换至三维视图。单击"建筑"选项卡"构建"面板中的"放置构件"按钮 ，再单击"修改|放置 构件"选项卡"放置"面板中的"放置在面上"按钮 ，将盖梁放置在轴线 1 到轴线 7 所在的墩柱上表面上，如图 9-36 所示。

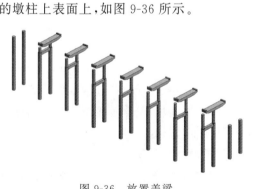

图 9-36   放置盖梁

(8) 单击"修改"选项卡"修改"面板中的"对齐"按钮 ，选取轴线 1，然后选取盖梁的中心(前/后)参照平面，添加对齐；选取中轴线，然后选取盖梁的中心(左/右)参照平面，添加对齐；采用相同的方法，添加其他轴线与盖梁的对齐关系，如图 9-37 所示。

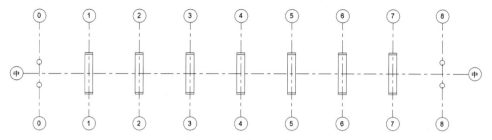

图 9-37　添加对齐关系

9.2.6　绘制桥台

9-6

(1) 单击"文件"→"新建"→"族"命令，打开"新族-选择样板文件"对话框，选择"公制常规模型.rft"为样板族，单击"打开"按钮进入族编辑器。

(2) 将视图切换至右立面图。单击"创建"选项卡"形状"面板中的"拉伸"按钮 ，打开"修改|创建拉伸"选项卡和选项栏，绘制如图 9-38 所示的拉伸截面。

(3) 在"属性"选项板中设置拉伸起点为 −4000，拉伸终点为 4000，材质为"C30 钢筋混凝土"，单击"模式"面板中的"完成编辑模式"按钮 ，完成桥台主体模型的创建，如图 9-39 所示。

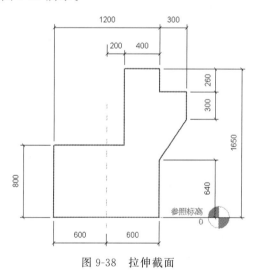

图 9-38　拉伸截面

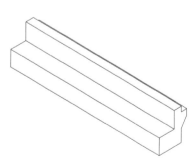

图 9-39　桥台主体

(4) 将视图切换至右立面图。单击"创建"选项卡"形状"面板中的"拉伸"按钮 ，打开"修改|创建拉伸"选项卡和选项栏，绘制如图 9-40 所示的耳墙截面。

(5) 在"属性"选项板中设置拉伸起点为 3500，拉伸终点为 4000，材质为 C30 钢筋混凝土，单击"模式"面板中的"完成编辑模式"按钮 ，完成耳墙模型的创建，如图 9-41 所示。

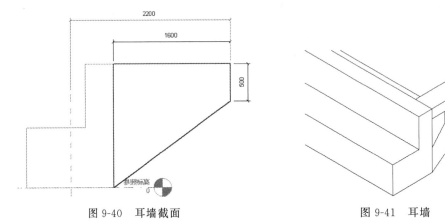

图 9-40　耳墙截面　　　　　　　　图 9-41　耳墙

（6）将视图切换至参照标高视图。选取上步创建的耳墙，单击"修改"面板中的"镜像-拾取轴"按钮，拾取中间的竖直参照平面为镜像平面将其镜像，如图 9-42 所示。

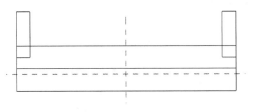

图 9-42　镜像耳墙

（7）将视图切换至右立面图。单击"创建"选项卡"形状"面板中的"拉伸"按钮，打开"修改|创建拉伸"选项卡和选项栏，绘制如图 9-43 所示的挡板截面。

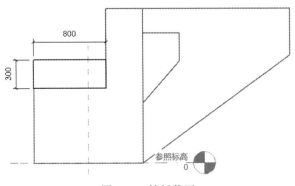

图 9-43　挡板截面

（8）在"属性"选项板中设置拉伸起点为 3700，拉伸终点为 4000，材质为"C30 钢筋混凝土"，单击"模式"面板中的"完成编辑模式"按钮，完成挡板模型的创建，如图 9-44 所示。

（9）将视图切换至参照标高视图。选取上步创建的挡板，单击"修改"面板中的"镜像-拾取轴"按钮，拾取中间的竖直参照平面为镜像平面将其镜像，如图 9-45 所示。

Note

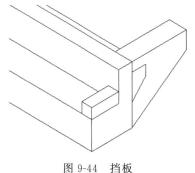

图 9-44 挡板

图 9-45 镜像挡板

(10) 单击"修改"选项卡"几何图形"面板中的"连接几何图形"按钮，先选取桥台主体，然后再选取耳墙和挡块，将其连接成一个整体，如图 9-46 所示。

(11) 单击快速访问工具栏中的"保存"按钮，打开"另存为"对话框，输入名称为"桥台"，单击"保存"按钮，保存族文件。

(12) 单击"修改"选项卡"族编辑器"面板中的"载入到项目并关闭"按钮，将桥台载入到项目文件中，并关闭族文件。

(13) 单击"建筑"选项卡"构建"面板中的"放置构件"按钮，将桥台放置在轴线 0 到轴线 8 所在位置，如图 9-47 所示。

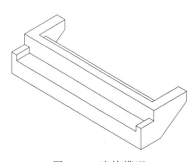

图 9-46 连接模型

图 9-47 放置桥台

(14) 将视图切换至南立面图。单击"修改"选项卡"修改"面板中的"对齐"按钮，选取轴线 0 上桩的上端面，然后选取桥台的下端面，添加对齐；选取中轴线 0 上桩的上端面，然后选取桥台的下端面，添加对齐，如图 9-48 所示。

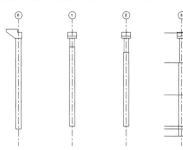

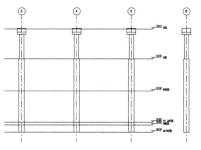

图 9-48 添加对齐关系

9.2.7 绘制垫石

（1）单击"文件"→"新建"→"族"命令，打开"新族-选择样板文件"对话框，选择"基于面的公制常规模型.rft"为样板族，单击"打开"按钮进入族编辑器。

（2）单击"创建"选项卡"形状"面板中的"拉伸"按钮 ，打开如图 9-5 所示的"修改｜创建拉伸"选项卡和选项栏，绘制如图 9-49 所示的拉伸截面。

（3）在"属性"选项板中设置拉伸起点为 0，拉伸终点为 100，材质为"C35 现浇混凝土"。单击"模式"面板中的"完成编辑模式"按钮 ，完成垫石模型的创建，如图 9-50 所示。

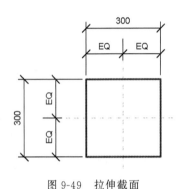
图 9-49　拉伸截面

图 9-50　垫石

（4）单击快速访问工具栏中的"保存"按钮 ，打开"另存为"对话框，输入名称为"垫石"，单击"保存"按钮，保存族文件。

（5）单击"修改"选项卡"族编辑器"面板中的"载入到项目并关闭"按钮 ，将垫石载入到项目文件中，并关闭族文件。

（6）将视图切换至地面。单击"建筑"选项卡"构建"面板中的"放置构件"按钮 ，再单击"修改｜放置　构件"选项卡"放置"面板中的"放置在面上"按钮 ，将垫石放置在桥台上，如图 9-51 所示。

（7）单击"修改"选项卡"测量"面板中的"对齐尺寸标注"按钮 ，选取桥台边线和垫石的中心参照平面，标注尺寸，如图 9-52 所示。

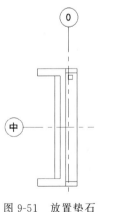
图 9-51　放置垫石

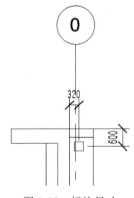
图 9-52　标注尺寸

（8）选取垫石，使垫石的尺寸处于编辑状态，单击尺寸值，删除原尺寸值，输入新的尺寸值，按 Enter 键，根据新尺寸调整垫石位置，如图 9-53 所示。调整好垫石后，删除垫石上的尺寸。

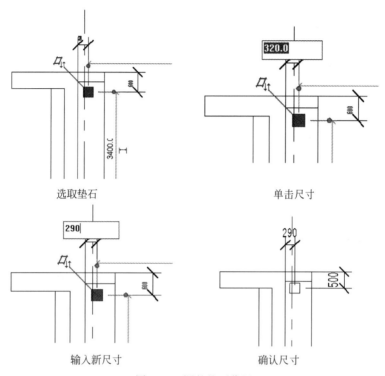

图 9-53　调整垫石位置

（9）单击"修改"选项卡"修改"面板中的"复制"命令 ，选取上步放置的垫石，捕捉垫石竖直边中点为起点，向下移动鼠标，输入复制距离 860，复制一个垫石；继续输入复制距离 880，向下复制垫石。结果如图 9-54 所示。

（10）单击"建筑"选项卡"工作平面"面板中的"参照平面"按钮 ，绘制参照平面，如图 9-55 所示。

（11）单击"修改"选项卡"修改"面板中的"复制"命令 ，选取轴线 0 处的所有垫石，捕捉垫石的中点为起点，水平向右移动鼠标，捕捉上步绘制的参照平面，复制垫石，结果如图 9-56 所示。

（12）单击"修改"选项卡"修改"面板中的"复制"命令 ，选取轴线 1 处的所有垫石，捕捉轴线 1 和中轴线的交点为起点，水平向右移动鼠标，捕捉轴线 2、轴线 3、轴线 4、轴线 5、轴线 6、轴线 7 和中轴线的交点为终点，复制垫石，结果如图 9-57 所示。

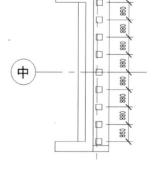

图 9-54　复制垫石

（13）选取轴线 0 处桥台上的所有垫石，单击"修改"面板中的"镜像-拾取轴"按钮 ，拾取中间的轴线 4 为镜像平面将其镜像，得到轴线 8 处桥台上的垫石，如图 9-58 所示。

Note

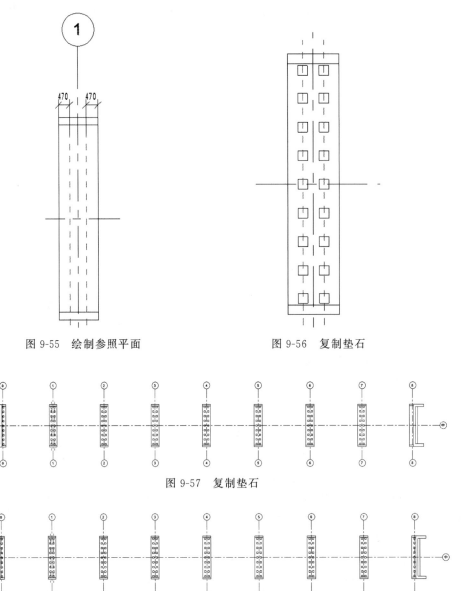

图 9-55 绘制参照平面   图 9-56 复制垫石

图 9-57 复制垫石

图 9-58 镜像垫石

9-8

9.2.8 绘制支座

（1）单击"文件"→"新建"→"族"命令，打开"新族-选择样板文件"对话框，选择"基于面的公制常规模型. rft"为样板族，单击"打开"按钮进入族编辑器。

（2）单击"创建"选项卡"形状"面板中的"拉伸"按钮 ，打开如图 9-5 所示的"修改 | 创建拉伸"选项卡和选项栏，绘制如图 9-59 所示的拉伸截面。

（3）在"属性"选项板中设置拉伸起点为 0，拉伸终点为 50，材质为"铁，铸造"。单击"模式"面板中的"完成编辑模式"按钮 ，完成支座模型的创建，如图 9-60 所示。

Note

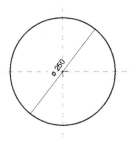

图 9-59 拉伸截面

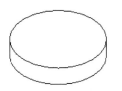

图 9-60 支座

（4）单击快速访问工具栏中的"保存"按钮 ，打开"另存为"对话框，输入名称为"支座"，单击"保存"按钮，保存族文件。

（5）单击"修改"选项卡"族编辑器"面板中的"载入到项目并关闭"按钮 ，将支座载入到项目文件中，并关闭族文件。

（6）将视图切换至地面。单击"建筑"选项卡"构建"面板中的"放置构件"按钮 ，再单击"修改|放置 构件"选项卡"放置"面板中的"放置在面上"按钮 ，将支座放置在所有垫石的中心点上，如图 9-61 所示。

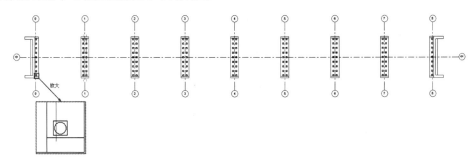

图 9-61 放置支座

9.2.9 绘制空心板

（1）单击"文件"→"新建"→"族"命令，打开"新族-选择样板文件"对话框，选择"基于面的公制常规模型.rft"为样板族，单击"打开"按钮进入族编辑器。

（2）将视图切换至右立面图。单击"创建"选项卡"形状"面板中的"拉伸"按钮 ，打开"修改|创建拉伸"选项卡和选项栏，单击"线"按钮 ，绘制如图 9-62 所示的拉伸截面。

9-9

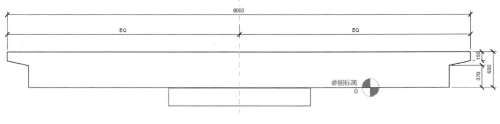

图 9-62 拉伸截面

（3）在"属性"选项板中设置拉伸起点为－4980，拉伸终点为4980，在"材质"栏中单击图标，打开"材质浏览器"对话框，选择"C40 现浇混凝土"，选中"使用渲染外观"复选框，其他采用默认设置，单击"确定"按钮。

（4）单击"模式"面板中的"完成编辑模式"按钮✔，完成空心板主体的创建，如图 9-63 所示。

图 9-63　空心板主体

（5）单击"创建"选项卡"形状"面板"空心形状"下拉列表框中的"空心拉伸"按钮，打开"修改|创建空心拉伸"选项卡和选项栏，单击"圆"按钮和"复制"按钮，绘制如图 9-64 所示的拉伸截面。

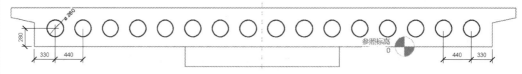

图 9-64　拉伸截面

（6）在"属性"选项板中设置拉伸起点为－4980，拉伸终点为4980，其他采用默认设置。

（7）单击"模式"面板中的"完成编辑模式"按钮✔，创建空心板上的孔，如图 9-65 所示。

图 9-65　创建空心板上的孔

（8）单击"创建"选项卡"形状"面板中的"拉伸"按钮，打开"修改|创建拉伸"选项卡和选项栏。单击"拾取线"按钮，拾取孔边线。单击"创建或删除长度和对齐约束"图标，使其变为，将拾取线与孔边锁定，如图 9-66 所示。

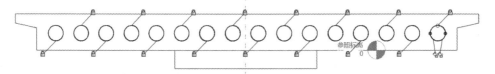

图 9-66　拾取孔边线

（9）在"属性"选项板中设置拉伸起点为4480，拉伸终点为4980，在材质栏中单击图标，打开"材质浏览器"对话框，选择"C40 封端混凝土"，其他采用默认设置，单击"确定"按钮。

（10）单击"模式"面板中的"完成编辑模式"按钮✔，对孔进行封端，如图 9-67 所示。

（11）选取上步创建的封端，单击"修改"选项卡"修改"面板中的"镜像-拾取轴"按钮，拾取中间的竖直参照平面为镜像轴，将右侧封端进行镜像，得到另一侧的封端，如图 9-68 所示。

（12）单击快速访问工具栏中的"保存"按钮，打开"另存为"对话框，输入名称为"空心板"，单击"保存"按钮，保存族文件。

图 9-67 对孔进行封端

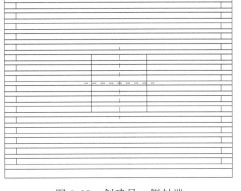

图 9-68 创建另一侧封端

（13）单击"修改"选项卡"族编辑器"面板中的"载入到项目并关闭"按钮，将空心板载入到项目文件中，并关闭族文件。

（14）单击"建筑"选项卡"构建"面板中的"放置构件"按钮，再单击"修改|放置构件"选项卡"放置"面板中的"放置在面上"按钮，将空心板放置在支座上表面上，如图 9-69 所示。

（15）单击"修改"选项卡"修改"面板中的"对齐"按钮，选取中轴线，然后选取空心板的中心（左/右）参照平面，添加对齐；单击"修改"选项卡"测量"面板中的"对齐尺寸标注"按钮，标注轴线与空心板右侧边线尺寸，并修改尺寸值为 20，调整空心板位置，如图 9-70 所示。

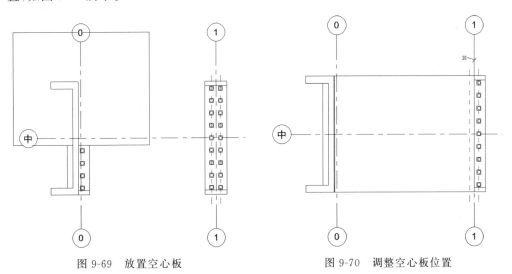

图 9-69 放置空心板

图 9-70 调整空心板位置

（16）选取上步放置的空心板，单击"修改"选项卡"修改"面板中的"镜像-拾取轴"按钮，拾取轴线 1 为镜像轴，将空心板进行镜像；采用相同的方法，布置所有的空心板，如图 9-71 所示。

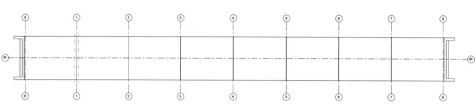

图 9-71　布置所有空心板

9.2.10　绘制桥面铺装

（1）单击"建筑"选项卡"构建"面板"构件" 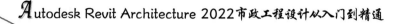 下拉列表框中的"内建模型"按钮 ，打开"族类别和族参数"对话框，选择"常规模型"族类别，其他采用默认设置，如图 9-72 所示。

（2）单击"确定"按钮，打开"名称"对话框，输入名称为"桥面铺装"，如图 9-73 所示。单击"确定"按钮，进入桥面铺装模型创建界面。

图 9-72　"族类别和族参数"对话框

图 9-73　"名称"对话框

（3）单击"创建"选项卡"形状"面板中的"放样"按钮 ，打开"修改|放样"选项卡。单击"放样"面板中的"绘制路径"按钮 ，打开"修改|放样＞绘制路径"选项卡。单击"绘制"面板中的"拾取线"按钮 ，拾取任意空心板的边线为放样路径，调整长度，如图 9-74 所示。单击"模式"面板中的"完成编辑模式"按钮 ，完成路径绘制。

（4）单击"放样"面板中的"编辑轮廓"按钮 ，打开 "转到视图"对话框，选择"立面：东"，单击"打开视图"按钮，将视图切换至东立面图。

（5）单击"绘制"面板中的"线"按钮 ，绘制如图 9-75 所示的轮廓。单击"模式"面板中的"完成编辑模式"按钮 ，完成桥面铺装的创建，如图 9-76 所示。

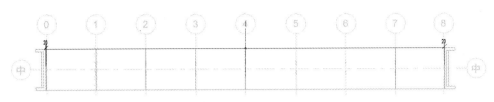

图 9-74　绘制路径

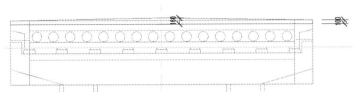

图 9-75　绘制轮廓

图 9-76　创建桥面铺装

（6）在"属性"选项板的"材质"栏中单击 按钮，打开"材质浏览器"对话框，选择"C40 钢筋混凝土"材质，将其复制并重命名为"C40 防水混凝土"，单击"确定"按钮。单击"完成模型"按钮 ，完成桥面铺装的创建，返回项目文件中。

（7）单击快速访问工具栏中的"保存"按钮 ，打开"另存为"对话框，输入名称为"桥梁"，单击"保存"按钮，保存族文件。

市政管线综合设计

　　管线综合设计是指道路横断面范围内各专业工程的布置位置和竖向高程相协调的工作。

　　合理的管线综合可以减少道路的二次开挖,维护人们的正常生活秩序,避免人力物力的浪费。

Note

10.1　市政管道工程基础

市政管道工程是市政工程的重要组成部分,是城市重要的基础工程设施。它犹如人体内的"血管"和"神经",日夜担负着传送信息和输送能量的任务,是城市赖以生存和发展的物质基础,是城市的生命线。

市政管道工程包括给水管道、排水管道、燃气管道、热力管道、电力电缆和电信电缆等。

(1) 给水管道:主要为城市输送供应生活用水、生产用水、消防用水和市政绿化及喷洒用水,包括输水管道和配水管网两部分。

(2) 排水管道:主要功能是及时收集城市生活污水、工业废水和雨水,并将生活污水和工业废水输送到污水处理厂进行处理后排放,雨水就近排放,以保证城市的环境卫生和人民生命财产的安全。

(3) 燃气管道:主要功能是将燃气分配站中的燃气输送分配到各用户,供用户使用。

(4) 热力管道:将热源中产生的热水或蒸汽输送分配到各用户,供给用户取暖使用。有热水管道和蒸汽管道。

(5) 电力电缆:为城市输送电能。按功能可分为动力电缆、照明电缆、电车电缆等;按电压的高低可分为低压电缆、高压电缆和超高压电缆。

(6) 电信电缆:主要为城市传送信息,包括市话电缆、长话电缆、光纤电缆、广播电缆、电视电缆、军队及铁路专用通用电缆等。

10.1.1　给水管道工程

给水管道工程的主要任务是将符合用户要求的水(成品水)输送和分配给各用户,一般通过泵站、输水管道、配水管网和调节构筑物等设施共同工作来完成。

1. 布置原则

给水管网的主要作用是保证供给用户所需的水量、保证配水管网有适宜的水压、保证供水水质并不间断供水。因此,给水管网布置时应遵守以下原则:

(1) 根据城市总体规划,结合当地实际情况进行布置,并进行多方案的技术经济比较,择优定案;

(2) 管线应均匀地分布在整个给水区域内,保证用户有足够的水量和水压,水质在输送的过程中不遭受污染;

(3) 力求管线短捷,尽量不穿或少穿障碍物,以节约投资;

(4) 保证供水安全可靠,事故时应尽量不间断供水或尽可能缩小断水范围;

(5) 尽量减少拆迁,少占农田或不占良田;

(6) 便于管道的施工、运行和维护管理;

(7) 要远近期结合,考虑分期建设的可能性,既要满足近期建设需要,又要考虑远期发展,留有充分的发展余地。

2．给水管材

给水管道为压力流,给水管材应满足下列要求:

(1) 要有足够的强度和刚度,以承受在运输、施工和正常输水过程中所产生的各种荷载;

(2) 要有足够的密闭性,以保证经济有效的供水;

(3) 管道内壁应整齐光滑,以减小水头损失;

(4) 管道接口应施工简便,且牢固可靠;

(5) 应寿命长、价格低廉,且有较强的抗腐蚀能力。

在市政给水管道工程中,常用的给水管材主要有以下几种。

1）铸铁管

铸铁管主要用作埋地给水管道,与钢管相比具有制造较易、价格较低、耐腐蚀性较强等优点,其工作压力一般不超过 0.6MPa;但铸铁管质脆、不耐振动和弯折、重量大。

我国生产的铸铁管有承插式和法兰盘式两种。承插式铸铁管分砂型离心铸铁管、连续铸铁管和球墨铸铁管三种。

法兰盘式铸铁管不适于用作市政埋地给水管道,一般常用作建筑物、构筑物内部的明装管道或地沟内的管道。

2）钢管

钢管具有自重轻、强度高、抗应变性能比铸铁管及钢筋混凝土压力管好、接口操作方便、承受管内水压力较高、管内水流水力条件好等优点;但钢管的耐腐蚀性能差,使用前应进行防腐处理。

钢管有普通无缝钢管和带有纵向焊缝或螺旋形焊缝的焊接钢管。大直径钢管通常是在加工厂用钢板卷圆焊接,称为卷焊钢管。

3）钢筋混凝土压力管

钢筋混凝土压力管按照生产工艺分为预应力钢筋混凝土管和自应力钢筋混凝土管两种,适宜作长距离输水管道,其缺点是质脆、体笨,运输与安装不便;管道转向、分支与变径目前还须采用金属配件。

4）预应力钢筒混凝土管（PCCP 管）

预应力钢筒混凝土管是由钢板、钢丝和混凝土构成的复合管材,分为两种形式:

一种是内衬式预应力钢筒混凝土管（PCCP-L 管）,是在钢筒内衬以混凝土,钢筒外缠绕预应力钢丝,再敷设砂浆保护层而成;

另一种是埋置式预应力钢筒混凝土管（PCCP-E 管）,是将钢筒埋置在混凝土里面,然后在混凝土管芯上缠绕预应力钢丝,再敷设砂浆保护层而成。

5）塑料管

目前国内用作给水管道的塑料管有热塑性塑料管和热固性塑料管两种。

热塑性塑料管有硬聚氯乙烯管（UPVC 管）、聚乙烯管（PE 管）、聚丙烯管（PP 管）、苯乙烯管（ABS 工程塑料管）、高密度聚乙烯管（HDPE 管）等。

热固性塑料管主要是玻璃纤维增强树脂管（GRP 管）,它是一种新型的优质管材,重量轻,在同等条件下约为钢管重量的一半,施工运输方便,耐腐蚀性强,寿命长,维护费用低,一般用于强腐蚀性土壤处。

给水管材的选择应根据管径、内压、外部荷载和管道敷设地区的地形、地质,以及管材的供应等条件,按照安全、耐久、减少漏损、施工和维护方便、经济合理以及防止二次污染的原则,通过技术经济、安全等综合分析后确定。通常情况下,球磨铸铁管、钢管应用于市政配水管道与输水管道;非车行道下小管径配水管道可采用塑料管;应力钢筒混凝土管、钢筋混凝土管也常用作输水管。

采用金属管时应考虑防腐,包括:内防腐(水泥砂浆衬里);外防腐(环氧煤沥青、胶粘带、PE涂层、PP涂层);防止电化学腐蚀(阴极保护)。

3. 给水管配件

给水管配件又称元件或零件。市政给水铸铁管通常采用承插连接,在管道的转弯、分支、变径及连接其他附属设备处必须采用各种配件,才能使管道及设备正确地衔接,才能正确地设计管道节点的结构,保证正确施工。管道配件的种类非常多,如在管道分支处用的三通(又称丁字管)或四通,转弯处用的各种角度的弯管(又称弯头),变径处用的变径管(又称异径管、大小头),改变接口形式采用的各种短管等。

4. 给水管附件

给水管网中除了给水管道及配件外,还需设置各种附件(又称管网控制设备),如阀门、消火栓、排气阀、泄水阀等,以配合管网完成输配水任务,保证管网正常工作。常见的给水管附件有以下几种。

1)阀门

阀门是调节管道内的流量和水压,以及在发生事故时用以隔断事故管段的设备。常用阀门有闸阀和蝶阀两种。闸阀靠阀门腔内闸板的升降来控制水流通断和调节流量大小,阀门内的闸板有楔式和平行式两种;蝶阀是将闸板安装在中轴上,靠中轴的转动带动闸板转动来控制水流。

2)止回阀

止回阀又称单向阀或逆止阀,主要用来控制水流只朝一个方向流动,限制水流向相反方向流动,防止突然停电或发生其他事故时水倒流。止回阀的闸板上方根部安装在一个铰轴上,闸板可绕铰轴转动,水流正向流动时顶推开闸板过水,反向流动时闸板靠重力和水流作用自动关闭断水,一般有旋启式止回阀和缓闭式止回阀等。

3)排气阀

管道在长距离输水时经常会积存空气,这既减小了管道的过水断面积,又增大了水流阻力,同时还会产生气蚀作用,因此应及时地将管道中的气体排除掉。排气阀就是用来排除管道中气体的设备,一般安装在管线的隆起部位,平时用以排除管内积存的空气,而在管道检修、放空时使空气进入,保持排水通畅;同时在产生水锤时可使空气自动进入,避免产生负压。

排气阀应垂直安装在管线上,可单独放置在阀门井内,也可与其他管件合用一个阀门井。

4)泄水阀

泄水阀是在管道检修时用来排空管道积水的设备。一般在管线下凹部位安装排水管,在排水管靠近给水管的部位安装泄水阀。泄水阀平时关闭,需排水放空时才开启,用以排除给水管中的沉淀物及放空给水管中的存水。泄水阀的口径应与排水管的管径一致,而排水管的管径需根据放空时间经计算确定。泄水阀通常置于泄水阀井中,泄水阀一般采用闸阀,也可采用快速排污阀。

5. 给水管网附属构筑物

1) 阀门井

给水管网中的各种附件一般都安装在阀门井中,使其有良好的操作和养护环境。阀门井的形状有圆形和矩形两种。阀门井的大小取决于管道的管径、覆土厚度及附件的种类、规格和数量。为便于操作、安装、拆卸与检修,井底到管道承口或法兰盘底的距离应不小于0.1m,法兰盘与井壁的距离应大于0.15m,从承口外缘到井壁的距离应大于0.3m,以便于接口施工。

阀门井一般用砖、石砌筑,也可用钢筋混凝土现场浇筑。

2) 泄水阀井

泄水阀一般放置在阀门井中构成泄水阀井,当由于地形因素排水管不能直接将水排走时,还应建造一个与阀门井相连的湿井。当需要泄水时,由排水管将水排入湿井,再用水泵将湿井中的水排走。

10.1.2 排水管道工程

排水管道系统的作用是收集、输送污(废)水,它由管渠检查井、泵站等设施组成。在分流制排水系统中包括污水管道系统和雨水管道系统;在合流制排水系统中只有合流制管道系统。

污水管道系统是收集、输送综合生活污水和工业废水的管道及其附属构筑物;雨水管道系统是收集、输送、排放雨水的管道及其附属构筑物;合流制管道系统是收集、输送综合生活污水、工业废水和雨水的管道及其附属构筑物。污水处理系统的作用是对污水进行处理和利用,包括各种处理构筑物。

1. 布置原则

在城市中,市政排水管道系统的平面布置随城市地形、城市规划、污水厂位置、河流位置及水流情况、污水种类和污染程度等因素而定。

排水管道系统布置应遵循的原则是:尽可能在管线较短和埋深较小的情况下,让最大区域的污水能自流排出。

管道布置时一般按主干管、干管、支管的顺序进行。其方法是首先确定污水厂或出水口的位置,然后依次确定主干管、干管和支管的位置。

污水厂一般布置在城市夏季主导风向的下风向、城市水体的下游,并与城市或农村居民点至少有500m以上的卫生防护距离。污水主干管一般布置在排水流域内较低的地带,沿集水线敷设,以便干管的污水能自流接入。污水干管一般沿城市的主要道路布置,通常敷设在污水量较大、地下管线较少一侧的道路下。污水支管一般布置在城市的次要道路下,当小区污水通过小区主干管集中排出时,应敷设在小区较低处的道路下;当小区面积较大且地形平坦时,应敷设在小区四周的道路下。

雨水管道应尽量利用自然地形坡度,以最短的距离靠重力流将雨水排入附近水体中。当地形坡度大时,雨水干管宜布置在地形低处的主要道路下;当地形平坦时,雨水干管宜布置在排水流域中间的主要道路下。

雨水支管一般沿城市的次要道路敷设。

排水管道应尽量布置在人行道、绿化带或慢车道下。当道路红线宽度大于50m时,应双侧布置,这样可减少过街管道,便于施工和养护管理。为了保证排水管道在敷设和检修时互不影响,管道损坏时不影响附近建(构)筑物、不污染生活饮用水,排水管道与其他管线和建(构)筑物间应有一定的水平距离和垂直距离。

2．排水管材

对排水管材的要求如下:

(1) 必须具有足够的强度,以承受外部荷载和内部水压,并保证在运输和施工过程中不致破裂;

(2) 应具有抵抗污水中杂质的冲刷磨损和抗腐蚀的能力;

(3) 必须密闭不透水,以防止污水渗出和地下水渗入;

(4) 内壁应平整光滑,以尽量减小水流阻力;

(5) 应就地取材,以降低施工费用。

市政管道工程中常用的排水管材有以下几种。

1) 混凝土管和钢筋混凝土管

混凝土管和钢筋混凝土管适用于排除雨水和污水,分混凝土管、轻型钢筋混凝土管和重型钢筋混凝土管三种。

混凝土管的管径一般小于450mm,长度多为1m,一般在工厂预制,也可现场浇制。当管道埋深较大或敷设在土质不良地段,以及穿越铁路、城市道路、河流、谷地时,通常采用钢筋混凝土管。

2) 陶土管

陶土管由塑性黏土制成,为了防止在焙烧过程中产生裂缝,通常加入一定比例的耐火黏土和石英砂,经过研细、调和、制坯、烘干、焙烧等过程制成。陶土管一般为圆形断面,有承插口和平口两种形式。

普通陶土管的最大公称直径为300mm,有效长度为800mm,适用于小区室外排水管道。耐酸陶土管的最大公称直径为800mm,一般在400mm以内,管节长度有300、500、700、1000mm等几种,适用于排除酸性工业废水。

带釉的陶土管管壁光滑,水流阻力小,密闭性好,耐磨损,抗腐蚀。陶土管质脆易碎,不宜远运;抗弯、抗压、抗拉强度低;不宜敷设在松软土中或埋深较大的地段。此外,管节短、接头多、施工麻烦。

3) 金属管

金属管质地坚硬,强度高,抗渗性能好,管壁光滑,水流阻力小,管节长,接口少,施工、运输方便。但价格昂贵,抗腐蚀性差,因此在市政排水管道工程中很少采用。只有在地震烈度大于8度或地下水位高、流沙严重的地区,或承受高内压、高外压及对渗漏要求特别高的地段才采用金属管。

常用的金属管有铸铁管和钢管。排水铸铁管耐腐蚀性好,经久耐用;但质地较脆,不耐振动和弯折,自重较大。钢管耐高压、耐振动,重量比铸铁管轻;但抗腐蚀性差。

Note

3．排水渠道

在很多城市,除采用上述排水管道外,还采用排水渠道。排水渠道一般有砖砌、石砌、钢筋混凝土渠道,断面形式有圆形、矩形、半椭圆形等。

根据管道受压、埋设地点及土质条件,压力管段一般采用金属管、玻璃钢夹砂管、钢筋混凝土管或预应力钢筋混凝土管。在地震区、施工条件较差的地区以及穿越铁路、城市道路等地段,可采用金属管。

一般情况下,市政排水管道经常采用混凝土管、钢筋混凝土管。

4．排水管网附属构筑物

1）检查井

在排水管渠系统中,为便于管渠的衔接以及对管渠进行定期检查和清通,必须设置检查井。检查井通常设在管渠交汇、转弯、管渠尺寸或坡度改变、跌水等处,以及相隔一定距离的直线管渠段上。

检查井工作室是养护人员下井进行临时操作的地方,不能过分狭小,其直径不能小于1m,其高度在埋深允许时一般采用1.8m。

2）雨水口

雨水口是在雨水管渠或合流管渠上设置的收集地表径流雨水的构筑物。地表径流雨水通过雨水口连接管进入雨水管渠或合流管渠,使道路上的积水不至漫过路缘石,从而保证城市道路在雨天时正常使用,因此雨水口俗称收水井。

雨水口一般设在道路交叉口、路侧边沟的一定距离处以及设有道路缘石的低洼地方,在直线道路上的间距一般为25～50m,在低洼和易积水地段,要适当缩小雨水口间距。当道路纵坡大于0.02时,雨水口间距可大于50m,其形式、数量和布置应根据具体情况和计算确定。

雨水口的构造包括进水箅、井筒和连接管三部分。

3）倒虹管

排水管道遇到河流、洼地或地下构筑物等障碍物时,不能按原有坡度埋设,而是按下凹的折线方式从障碍物下通过,这种管道称为倒虹管。它由进水井、下行管、平行管、上行管和出水井组成。

10.1.3 燃气管道系统

燃气包括天然气、人工燃气和液化石油气。燃气经长距离输气系统输送到燃气分配站(也称作燃气门站),在燃气分配站将燃气压力降至城市燃气供应系统所需的压力后,由城市燃气管网系统输送分配给用户使用。因此,城市燃气管网系统是指自气源厂或城市门站到用户引入管的室外燃气管道。现代化城市燃气输配系统一般由燃气管网、燃气分配站、调压站、储配站、监控与调度中心、维护管理中心组成。

城市燃气管网系统根据所采用的压力级制的不同,可分为一级系统、两级系统、三级系统和多级系统四种。

一级系统仅用低压管网来输送和分配燃气,一般适用于小城镇的燃气供应系统。

两级系统由低压和中压B或低压和中压A两级管网组成。

三级系统由低压、中压和高压三级管网组成。

1．燃气管道的布置

城市燃气管道系统是指自气源厂（或天然气远程干线门站）到储配站,再到调压室调压后输送到用户引入管的室外燃气管道,它由各种不同压力的燃气管道组成。不同压力管道不能相互连接,高中压燃气需由调压站进行压力调节至低压后才能输送至用户使用。

(1) 燃气管道一般采用直埋敷设,中、高压燃气管道尽量避开交通主干道和繁华街道;沿街道敷设时,通常单侧布置,在道路较宽且两侧用气量较大时采用两侧布置。小区内通常在道路下敷设以保证两侧供气。

(2) 燃气管道不准敷设在建筑物的下面,不准与其他管线平行地上下敷设,并禁止在下述场所敷设燃气管道:各种机械设备和成品、半成品堆放场地;高压电缆走廊;动力和照明电缆沟道;易燃、易爆材料和具有腐蚀性液体的场所。

(3) 燃气管道穿越河流或大型渠道时,随桥架设,也可采用倒虹吸管由河底(或渠道)通过,或设置管桥。

(4) 埋设在车行道主干线下时埋深不得小于 1.2m,在车行道支线下时埋深不得小于 1.0m;埋设在非车行道下时埋深不得小于 0.9m;埋设在庭院内时埋深不小于 0.6m;埋设在水田下时埋深不小于 0.8m;输送湿燃气或冷凝液的燃气管道,应埋设在冰冻线以下。

2．燃气管道管材

用于输送燃气的管材种类很多,应根据燃气的性质、系统压力和施工要求来选用,并要满足机械强度、抗腐蚀、抗震及气密性等要求。一般而言,常用的燃气管材主要有以下几种。

(1) 钢管。常用的钢管主要有普通无缝钢管和焊接钢管。焊接钢管中用于输送燃气的常用管道是直焊缝钢管,常用管径为 DN6～DN150。对于大口径管道,可采用直缝卷焊管(DN200～DN1800)和螺旋焊接管(DN200～DN700),其管长为 3.8～18m。

钢管具有承载力大、可塑性好、管壁薄、便于连接等优点,但抗腐蚀性差,须采取可靠的防腐措施。

(2) 铸铁管。用于燃气输配管道的铸铁管一般为铸模浇铸或离心浇筑铸铁管,铸铁管的抗拉强度、抗弯曲和抗冲击能力不如钢管,但其抗腐蚀性比钢管好,在中、低压燃气管道中被广泛采用。

(3) 塑料管。塑料管具有耐腐蚀、质轻、流动阻力小、使用寿命长、施工简便、抗拉强度高等优点,近年来在燃气输配系统中得到了广泛应用,目前应用最多的是中密度聚乙烯和尼龙-11 塑料管。但塑料管的刚性差,施工时必须夯实槽底土壤,才能保证管道的敷设坡度。

此外,铜管和铝管也用于燃气输配管道上,但由于其价格昂贵,使其使用受到了一定程度的限制。

3．附属设备

为保证燃气管网安全运行,并考虑到检修的方便,在管网的适当地点要设置必要的

Note

附属设备。常用的附属设备主要有以下几种。

（1）阀门。阀门的种类很多，在燃气管道上常用的有闸阀、截止阀、球阀、蝶阀和旋塞等。

截止阀依靠阀瓣的升降来达到开闭和节流的目的，使用方便、安全可靠；但阻力较大。

球阀的体积小，流通断面与管径相等，动作灵活，阻力损失小，能满足通过清管球的需要。

截止阀和球阀主要用于液化石油气和天然气管道上，闸阀和有驱动装置的截止阀、球阀只允许装在水平管道上。

旋塞是一种动作灵活的阀门，阀杆转动90°即可达到启闭的目的。常用的旋塞有两种，一种是利用阀芯尾部螺母的作用，使阀芯与阀体紧密接触，不致漏气，这种旋塞只允许用于低压管道，称为无填料旋塞；另一种称为填料旋塞，利用填料来堵塞阀体与阀芯之间的间隙以避免漏气，这种旋塞体积较大但较安全可靠。

（2）补偿器。补偿器是消除管道因胀缩而产生的应力的设备，常用于架空管道和需要进行蒸汽吹扫的管道上。此外，补偿器安装在阀门的下侧，其具有伸缩性能，方便阀门的拆卸与检修。在埋地燃气管道上多用钢制波形补偿器，其补偿量约为10mm。为防止补偿器中存水锈蚀，由套管的注入孔灌入石油沥青，安装时注入孔应在下方。补偿器的安装长度应是螺杆不受力时补偿器的实际长度，否则不但不能发挥补偿作用，反而会使管道或管件受到不应有的应力。

（3）排水器。为排除燃气管道中的冷凝水和石油伴生气管道中的轻质油，在管道敷设时应有一定的坡度，在低处设排水器，将汇集的油或水排出，其间距根据油量或水量而定，通常取500m。

根据燃气管道中压力的不同，排水器有不能自喷和自喷两种。在低压燃气管道上安装不能自喷的低压排水器。

（4）放散管。放散管是一种专门用来排放管道内部空气或燃气的装置。在管道投入运行时，利用放散管排除管道内的空气；在检修管道或设备时，利用放散管排除管道内的燃气，防止在管道内形成爆炸性的混合气体。放散管应安装在阀门井中，在环状网中阀门的前后都应安装，在单向供气的管道上则安装在阀门前。

（5）阀门井。为保证管网的运行安全与操作方便，市政燃气管道上的阀门一般都设置在阀门井中。阀门井一般用砖、石砌筑，要坚固耐久并有良好的防水性能，其大小要方便工人检修，井筒不宜过深。

10.1.4　热力管网

根据输送热媒的不同，市政热力管网一般有蒸汽管网和热水管网两种形式。不管是蒸汽管网还是热水管网，根据管道在管网中的作用，均可分为供热主干管、支干管和用户支管三种。

1. 热力管网的布置与敷设

热力管网应在城市规划的指导下进行布置，主干管要尽量布置在热负荷集中区，力求短直，尽可能减少阀门和附件数量。通常情况下应沿道路一侧平行于道路中心线敷设,地上敷设时不应影响城市美观和交通。

同给水管网一样,热力管网内为压力流,其平面布置也有环状管网和枝状管网两种形式。

枝状管网布置简单,管径随距热源距离的增大而逐渐减小;管道用量少,投资少,运行管理方便。但当管网某处发生故障时,故障点以后的用户将被停止供热。由于建筑物具有一定的蓄热能力,迅速消除故障后可使建筑物室温不致大幅度降低。在枝状管网中,为了缩小事故时的影响范围和迅速消除故障,在主干管与支干管的连接处以及支干管与用户支管的连接处均应设阀门。

环状管网仅指主干管布置成环,而支干管和用户支管仍为枝状管网。其主要优点是供热可靠性高;但其投资大,运行管理复杂,要求有较高的自动控制措施。因此,枝状管网是热力管网普遍采用的方式。

(1)城市道路上的热力管道一般平行道路中心线,并尽量敷设在车行道以外的地方,一般情况下,同一管道应沿街道一侧敷设。

(2)管径等于或小于300mm的热力管道,可以穿越建筑物的地下室或自建筑物下专门敷设的通行管沟内穿过。

(3)热力管道可以和自来水管道、电压10kV以下电力电缆、通信电缆、压力排水管道一起敷设在综合管沟内,自来水管道等应加保护套管。

(4)热力管道敷设时,宜采用不通行管沟或直埋敷设;穿越不允许开挖检修地段时,应采用通行管沟。当采用通行管沟有困难时,可采用半通行管沟。通行管沟敷设有蒸汽管道时,每隔100m设一个事故人孔,没有蒸汽管时通常200m设一个人孔。

(5)支管和干管连接,或两条干管的连接,尽量不用直管而采用弯管连接;热力管道必须设置必要的阀门,如分段阀门、分支阀门、放气放水阀门等;为消除管道受热引起的热膨胀,还需要设置一定形式的补偿器。

(6)热力管道与河流、铁路、公路等相交时应尽可能垂直相交。特殊情况下,管道与铁路相交不得小于60°角,与河流或公路相交不得小于45°角。

(7)直埋管道的覆土深度见表10-1。

表 10-1 燃气管道覆土深度

管径/mm		50~125	150~200	250~300	350~400	>450
覆土深度/m	车行道	0.80	1.00	1.00	1.20	1.20
	非车行道	0.60	0.60	0.70	0.80	0.90

(8)燃气管道不得穿入热力网不通行管沟,燃气管道与热力管道交叉时,燃气管道必须加套管。

2.热力管道管材

市政热力管道通常采用无缝钢管和钢板卷焊管。

3.热力管道附件

1)阀门

热力管道上的阀门通常有三种类型,一是起开启或关闭作用的阀门,如截止阀、闸阀;二是起流量调节作用的阀门,如蝶阀;三是起特殊作用的阀门,如单向阀、安全阀、减压阀等。截止阀的严密性较好,但阀体长,介质流动阻力大,通常用于全开、全闭的热力管道,一般不作流量和压力调节用;闸阀只用于全开、全闭的热力管道,不允许作节流用;蝶阀阀体长度小,流动阻力小,调节性能优于截止阀和闸阀,在热力管网上广泛应用,但造价高。

2)补偿器

为了防止市政热力管道升温时由于热伸长或温度应力而引起管道变形或破坏,需要在管道上设置补偿器,以补偿管道的热伸长,从而减小管壁的应力和作用在阀件或支架结构上的作用力。

热力管道补偿器有两种,一种是利用材料的变形来吸收热伸长的补偿器,如自然补偿器、方形补偿器和波纹管补偿器;另一种是利用管道的位移来吸收热伸长的补偿器,如套管补偿器和球形补偿器。

3)管件

市政热力管网常用的管件有弯管、三通、变径管等。弯管的材质不应低于管道的材质,壁厚不得小于管道壁厚;钢管的焊制三通,支管开孔应进行补强,对于承受管子轴向荷载较大的直埋管道,应考虑三通干管的轴向补强;变径管应采用压制或钢板卷制,其质量不应低于管道钢材质量,壁厚不得小于管壁厚度。

4.热力管道附属构筑物

1)地沟

地沟分为通行地沟、半通行地沟和不通行地沟。

2)沟槽

在管道直埋敷设时,保温管底为砂垫层,砂的粒度不大于2.0mm。

保温管套顶至地面的深度 h 一般干管取800~1200mm,接向用户的支管覆土厚度不小于400mm。

3)检查井

地下敷设的供热管网,在管道分支处和装有套筒补偿器、阀门、排水装置等处都应设置检查井,以便进行检查和维修。与市政排水管道一样,热力管道的检查井也有圆形和矩形两种形式。

10.1.5 电力电缆

电力电缆一般由导电线芯、绝缘层及保护层三部分组成。

电缆埋地敷设有直埋敷设和电缆沟敷设两种方式。

电力电缆的布设要求如下。

(1)直埋电缆敷设在壕沟里且周围有软土或沙层保护,上面有保护盖板(水泥或砖)。位于郊区或空旷地带,沿电缆路径的直线间隔约100m、电缆转弯处或接头部位,通常竖立明显的方位标志或标桩。

(2)直埋高压电缆外皮至地面深度不小于0.7m;当位于车行道或耕地下时应适当加深,不小于1.0m。

(3)直埋敷设的电缆与铁路、公路或街道交叉时,要加保护套管。

（4）电缆沟遇分支、转弯、积水井及地形高低悬殊的地点，设置人孔井。直线段人孔井间距离不大于 100m。

（5）电缆在混凝土管块或石棉水泥管中敷设时应设置人孔井，人孔井的设置距离不应大于 50m。

10.1.6　电信电缆

电信线路包括明线和电缆两种。明线线路就是架设在电杆上的金属线对；电缆可以架空也可以埋设在地下，一般大城市的电缆都埋入地下，以免影响市容。

1. 电信管道的敷设要求

电缆管道是埋设在地面下用于穿放通信电缆的管道，一般在城市道路定型、主干电缆多的情况下采用。常用水泥管块，特殊地段（如公路、铁路、水沟、引上线）使用钢管、石棉水泥管或塑料管。

（1）电缆管道一般敷设在人行道或绿化带下；不得已敷设在慢车道下时，应尽量靠近人行道一侧，不宜敷设在快车道下。

（2）直埋电信电缆埋设深度要求：市区一般为 0.7～1.0m，市郊为 1.0～1.2m。管块、管埋电缆人行道下一般为 0.5～0.7m，车行道为 0.7～0.9m。路面至管顶最小埋深见表 10-2。

表 10-2　路面至管顶最小埋深　　　　单位：m

类　　别	人行道	车行道	与电车轨道交叉	与铁道交叉
水泥管、塑料管、石棉水泥管	0.5	0.7	1.0	1.5
钢管	0.2	0.4	0.7	1.2

（3）电信管线埋设深度达不到上述要求时，通常在管顶加设 80mm 厚混凝土包封保护；直埋达不到要求时，一般加保护套管。

2. 人孔的设置

为了便于电缆引上、引入、分支和转弯以及满足施工和维修的需要，应设置电缆管道检查井（也称为人孔），其位置应选择在管线分支点、引上电缆汇接点和市内用户引入点等处以及管线转弯、穿过道路等处，最大间距不超过 120m，有时可小于 100m。井的内部尺寸一般为：宽 0.8～1.8m；长 1.8～2.5m；深 1.1～1.8m。电缆管道的检查井应与其他管线的检查井相互错开，并避开交通繁忙的路口。

10.1.7　管线综合布置原则

市政管道大都铺设在城市道路下，为了合理地进行市政管道的施工和便于日后的养护管理，需要正确确定和合理规划每种管道在城市道路上的平面位置和竖向位置。

（1）采用城市统一的坐标和标高系统。

（2）地下管线一般自建筑向道路中心线由近到远敷设。其一般的顺序为：电信管、缆—电力电缆—热力管线—煤气管线—给水管线—雨水管线—污水管线。

（3）为了便利管线综合和管理工作，对各种管线在市政道路下的位置，大中城市一一般均有基本定位,各城市可以统一规定各类管线在道路上的方位。如规定电力电缆、煤气管线、污水管线布置在道路的东侧或南侧;电信、热力、给水、雨水管线布置在道路的西侧和北侧。在作小区管线综合时,规划设计单位宜遵循当地的上述规定,并结合小区实际,统一合理地解决各类管线的位置。这是小区工程管线综合的关键。

(4)各类地下管线在处理竖向位置时,由地面向下的顺序一般为:电信管、缆—热力电缆—电力管线—煤气管线—给水管线—雨水管线—污水管线。其中,要点是电信管缆应在其他管线之上,而污水管线则应在最下方。

(5)所有管线均应力求短捷,少转变、少交叉,尽量和道路平行或垂直敷设;当管线必须转弯敷设时,其转弯半径应符合有关规定。

(6)当几条管线交叉布置发生矛盾时,一般应遵循以下原则:压力流管道避让重力流管道;小管径管道让大管径管道;技术要求低的管线让技术要求高的管线;新建管线让已建的永久管线。

(7)所有管线提倡直埋,除明沟排(雨)水外,一般不做地下管沟,如电缆沟、暖气沟等。

地下管线的上部覆土深度应符合地下管线最小覆土深度表(见表10-3)的要求。

表10-3 工程管线的最小埋深

序号			1		2		3		4	5	6	7
管线名称			电力管线		电信管线		热力管线		燃气管线	给水管线	雨水管线	污水管线
			直埋	管沟	直埋	管沟	直埋	管沟				
最小覆土深度/m	人行道下		0.50	0.40	0.70	0.40	0.50	0.20	0.60	0.60	0.60	0.60
	车行道下		0.70	0.50	0.80	0.70	0.70	0.20	0.80	0.70	0.70	0.70

注:10kV以上直埋电力电缆管线的覆土深度不应小于1.0m。

(8)各类管线之间及其与其他建筑、设施的最小水平、垂直间距应符合地下管线最小水平净距表(见表10-4)和地下管线交叉最小垂直净距表(见表10-5)的要求。

表10-4 各种地下管线之间最小水平净距　　　　　　　　　　单位:m

管线名称		给水管	排水管	燃气管			热力管		电力电缆		电信电缆	
				低压	中压	高压	直埋	地沟	直埋	缆沟	直埋	管道
给水管		1.0	1.0	0.5	1.0	1.5	1.5	1.5	0.5	0.5	1.0	1.0
排水管		1.0	0.5	1.0	1.2	1.5	1.5	1.5	0.5	0.5	1.0	1.0
燃气管	低压	0.5	1.0				1.0	1.0	0.5	0.5	0.5	1.0
	中压	0.5	1.2	DN≤300mm 为 0.4			1.0	1.5	0.5	0.5	0.5	1.0
	高压	1.0～1.5	1.5～2.0	DN>300mm 为 0.5			1.5～2.0	2.0～4.0	1.0～1.5	1.0～1.5	1.0～1.5	1.0～1.5
热力管	直埋	1.5	1.5	1.0	1.0	1.5～2.0	—	—	2.0	2.0	1.0	1.0
	地沟	1.5	1.5	1.0	1.5	2.0～4.0	—	—	2.0	2.0	1.0	1.0

续表

管线名称		给水管	排水管	燃气管			热力管		电力电缆		电信电缆	
				低压	中压	高压	直埋	地沟	直埋	缆沟	直埋	管道
电力电缆	直埋	0.5	0.5	0.5	0.5	1.0~1.5	2.0	2.0	—	—	1.0	1.0
	地沟	0.5	0.5	0.5	0.5	1.0~1.5	2.0	2.0	—	—	1.0	1.0
电信电缆	直埋	1.0	1.0	0.5	0.5	1.0~1.5	1.0	1.0	0.5	0.5	—	—
	地沟	1.0	1.0	0.5	0.5	1.0~1.5	1.0	1.0	0.5	0.5	—	—

注：① 表中给水管与排水管之间的净距适用于管径小于或等于200mm，当管径大于200mm时应大于或等于3.0m。

② 电压大于或等于10kV的电力电缆与其他任何电力电缆之间的净距应大于或等于0.25m，如加套管，净距可减至0.1m；电压小于10kV的电力电缆之间的净距应大于或等于0.1m。

③ 低压燃气管的压力≤0.005MPa，中压燃气管的压力为0.005~0.3MPa，高压燃气管的压力为0.3~0.8MPa。

表 10-5　各种地下管线之间最小垂直净距　　　　　单位：m

管线名称		给水管线	污、雨水排水管线	热力管线	燃气管线	电信管线		电力管线	
						直埋	管沟	直埋	管沟
给水管线		0.15	—						
污、雨水排水管线		0.40	0.15	—					
热力管线		0.15	0.15	0.15					
燃气管线		0.15	0.15	0.15	0.15				
电信管线	直埋	0.50	0.50	0.15	0.50	0.25	0.25		
	管沟	0.15	0.15	0.15	0.15	0.25	0.25		
电力管线	直埋	0.15	0.50	0.50	0.50	0.50	0.50	0.50	0.50
	管沟	0.15	0.50	0.50	0.50	0.50	0.50	0.50	0.50
明沟沟底（基础底）		0.50	0.50	0.50	0.50	0.50	0.50	0.50	0.50
涵洞基底（基础底）		0.15	0.15	0.15	0.15	0.20	0.25	0.50	0.50
铁路轨底		1.00	1.20	1.20	1.20	1.00	1.00	1.00	1.00

（9）为了方便施工、检修和不影响交通，地下管线尽可能不要布置在交通频繁的机动车道下面，可优先考虑敷设在绿地或人行道下面，尤其是小口径给水管、煤气管、电力及电信管缆。其次，才考虑布置在非机动车道下面。大管径的给水管、雨水管、污水管等较少检修的管道才可布置在机动车道下面。

（10）条件局限时，电信、电力和热力管线可架空敷设。要注意电信架空线一般不宜和电力架空线合杆架设。当不得已采用合杆架设时，其架空线之间的距离应予保证。

（11）为节省占地面积和减少土方量，某些性质相同的管道可在留出安装检修距离后平行或上下共沟敷设，但性质相悖的管道，如电力管线与煤气管线，则严禁近距离同沟敷设。场地设计可能涉及的工程管线包括城市公用设施的各个方面，一般有给水管道、排水管道、燃气管道、供热管道、电力电缆、通信电缆等。其中,给水、燃气、热力管道是有压力的,排水管道是无压力自流的。场地中的管线布局,压力管线均与城市干线网有密切关系,管线要与城市管网相衔接;重力自流的管线与地区的排水方向及城市雨污水干管相关。在进行管线综合布置时,应与周围的城市市政条件及场地的竖向规划设计互相配合,多加校验,才能使管线综合方案切合实际。

1. 需注意的问题

场地中管线的设置在一般情况下采取地下敷设,在具体设计中需要注意以下几点。

(1) 各种管线的敷设不应影响建筑物的安全,并且应防止管线受腐蚀、沉陷、振动、荷载等影响而损坏。

(2) 管线应根据其不同特性和要求综合布置,对安全、卫生、防干扰等有影响的管线不应共沟或靠近敷设。

(3) 地下管线的走向宜沿道路或与主体建筑平行布置,并力求线形顺直、短捷和适当集中,尽量减少转弯,并应使管线之间以及管线与道路之间尽量减少交叉。

(4) 与道路平行的管线不宜设于车道下,不可避免时应尽量将埋深较大、翻修较少的管线布置在车道下。

2. 管线布置的一般原则

1) 地下管线布置原则

(1) 地下管线的合理安排顺序应是从建筑物基础外缘向道路中心。由浅入深地安排下列管道:电信电缆、电力电缆、热力管(沟)、压缩空气管、煤气管、氧气管、乙炔管、给水管、雨水管、污水管。

(2) 地下管线的基本布置次序,从建筑物基础外缘向外,离建筑物由近及远的水平排序宜为:电力管线或电信管线、燃气管、热力管、给水管、雨水管、污水管。

(3) 地下管线一般宜敷设在车行道以外的地段,特殊情况时才可以采取加固措施,再将检修较少的给水管和排水管布置在车行道下。

(4) 饮用水管应避免与排水管及其他含酸碱腐蚀、有毒物料管线共沟敷设。避免将直流电力电缆与其他金属管线靠近敷设。

(5) 尽可能地将性质类似、埋深接近的管线并排列在一起,有条件的可共沟敷设。

(6) 地下管线交叉时,应符合下列条件要求:

① 将煤气、易燃可燃液体管道布置在其他管道上面;

② 给水管应在污水管上面;

③ 电力电缆应在热力管和电信电缆的下边,并在其他管线的上面。

(7) 互相干扰、影响的管道不能共沟。

(8) 地下管线可敷设在绿化带下,但不宜布置在乔木下。

(9) 地下管线重叠时,应将检修量多的、管径小的放在上面,将有污染的放在下面。

2) 地上和架空管线敷设原则

(1) 地上和架空管线应不影响交通运输及人行安全。

(2) 应不影响建筑物的采光和通风。

（3）无干扰的管线，尽可能集中在同一支架上。

3）管线敷设发生矛盾时的处理原则

临时管线让永久性管线；管径小的让管径大的；可弯曲的让不可弯曲的；新设计的让原有的；有压力管道让重力自流的管道；施工量小的让施工量大的。

10.2　创建道路管线综合模型

1. 绘图准备

（1）单击"文件"→"新建"→"项目"命令，打开"新建项目"对话框，在样板文件下拉列表框中选择"建筑样板"，选择"项目"单选按钮，单击"确定"按钮，进入建模环境。

（2）单击"插入"选项卡"导入"面板中的"导入 CAD"按钮 ，打开"导入 CAD 格式"对话框。选择"道路综合管线平面图.dwg"，设置定位为"自动-中心到中心"，放置于"标高 1"，选中"仅当前视图"复选框，设置导入单位为"毫米"，其他采用默认设置，如图 10-1 所示。单击"打开"按钮，导入 CAD 图纸，如图 10-2 所示。

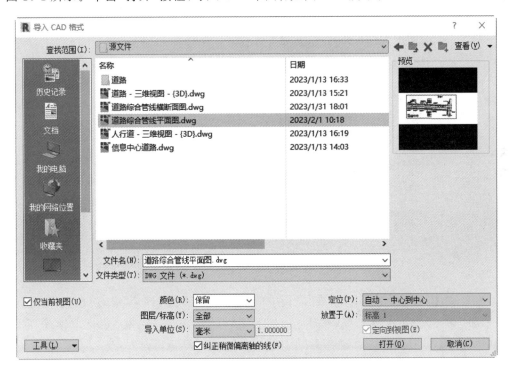

图 10-1　"导入 CAD 格式"对话框

（3）选取图纸，单击"修改|道路综合管线平面图"选项卡"修改"面板中的"锁定"按钮 ，将图纸锁定，防止后面使用图纸时图纸移动。

（4）选取视图中的立面标记，将其移动到图纸外。然后选取视图中的东立面标记，在"属性"选项板中更改视图名称为"北 1"，如图 10-3 所示。根据图纸上标识的方向更改视图中的立面名称，结果如图 10-4 所示，使视图及方向图图纸方向一致。

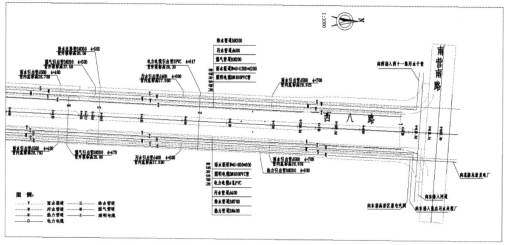

图 10-2　导入图纸

图 10-3　"属性"选项板

图 10-4　更改视图名称

　　（5）单击"建筑"选项卡"基准"面板中的"轴网"按钮，打开"修改|放置 轴网"选项卡和选项栏。单击"拾取线"按钮，拾取 CAD 图纸中道路中心线，选取轴线，取消选中"隐藏编号"复选框，隐藏轴线上的编号，如图 10-5 所示。

图 10-5　绘制轴网

Note

（6）单击"视图"选项卡"图形"面板中的"可见性/图形"按钮，打开"楼层平面：标高 1 的可见性/图形替换"对话框，选择"过滤器"选项卡。

（7）单击"添加"按钮，打开"添加过滤器"对话框。单击"编辑/新建"按钮，打开如图 10-6 所示的"过滤器"对话框，在"过滤器"框中"基于规则的过滤器"节点下选择"内部"，单击"删除"按钮，打开如图 10-7 所示的"删除过滤器"对话框。单击"是"按钮，删除"内部"过滤器。

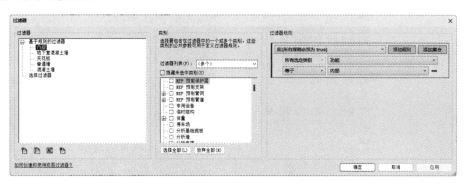

图 10-6　"过滤器"对话框

（8）采用相同的方法，将"基于规则的过滤器"节点下的所有过滤器删除。

（9）在"过滤器"对话框中单击"新建"按钮，打开"过滤器"对话框，输入名称为"污水管道系统"，如图 10-8 所示。

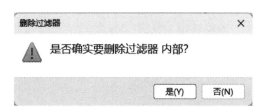

图 10-7　"删除过滤器"对话框

图 10-8　"过滤器名称"对话框

（10）单击"确定"按钮，返回"过滤器"对话框中，在"类别"选项组"过滤器列表"框中选中"管道"和"机械设备"类别，在"过滤器规则"选项组中设置过滤条件为"系统名称""包含""污水"，如图 10-9 所示。连续单击"确定"按钮，在"楼层平面：标高 1 的可见性/图形替换"对话框中添加污水管道系统。

图 10-9　设置过滤条件

（11）单击"投影/表面"列表下"填充图案"单元格中的"替换"按钮，打开"填充样式图形"对话框。在"填充图案"下拉列表框中选择"实体填充"，单击"颜色"选项，打开"颜色"对话框，选择红色，如图 10-10 所示。单击"确定"按钮，返回"填充样式图形"对话框，其他采用默认设置，如图 10-11 所示。连续单击"确定"按钮。

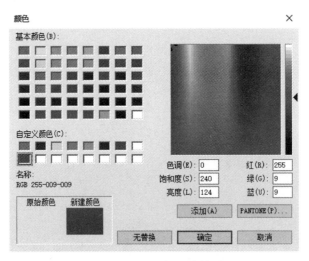

图 10-10　"颜色"对话框

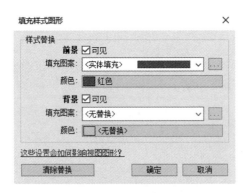

图 10-11　"填充样式图形"对话框

（12）单击"投影/表面"列表下"线"单元格中的"替换"按钮，打开"线图形"对话框。在"填充图案"下拉列表框中选择"无替换"，单击"颜色"选项，打开"颜色"对话框，选择红色。单击"确定"按钮，返回"线图形"对话框，将宽度设置为1，如图 10-12 所示。单击"确定"按钮，返回"楼层平面：标高 1 的可见性/图形替换"对话框。

（13）单击"添加"按钮，打开"添加过滤器"对话框。单击"编辑/新建"按钮，打开"过滤器"对话框。单击"新建"按钮，打开"过滤器"对话框，输入名称为"给水管道系统"。

（14）单击"确定"按钮。返回"过滤器"对话框，在"类别"选项组"过滤器列表"框中选中"管件""管道""管道附件""机械设备"类别，在"过滤器规则"选项组中设置过滤条件为"系统名称""包含""给水"，如图 10-13 所示。单击"确定"按钮，返回"添加过滤器"对话框。选择"燃气管道系统"，单击"确定"按钮，在"楼层平面：标高 1 的可见性/图形替换"对话框中添加给水管道系统。

Note

图 10-12　"线图形"对话框

图 10-13　设置过滤条件

（15）设置"给水管道系统"的线和填充图案颜色为绿色，如图 10-14 所示。

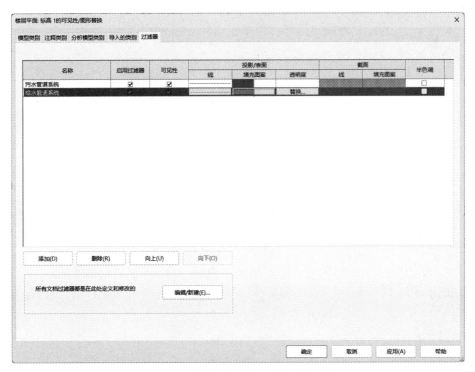

图 10-14　创建"给水管道系统"过滤器

（16）单击"添加"按钮，打开"添加过滤器"对话框。单击"编辑/新建"按钮，打开"过滤器"对话框。单击"新建"按钮 ，打开"过滤器"对话框，输入名称为"燃气管道系统"。

（17）单击"确定"按钮，返回"过滤器"对话框，在"类别"选项组"过滤器列表"框中选中"管件""管道""管道附件""机械设备"类别，在"过滤器规则"选项组中设置过滤条件为"系统名称""包含""燃气"，如图10-15所示。单击"确定"按钮，返回"添加过滤器"对话框，选择"燃气管道系统"，单击"确定"按钮，在"楼层平面：标高1的可见性/图形替换"对话框中添加燃气管道系统。

图10-15 设置过滤条件

（18）单击"投影/表面"列表下"图案填充"单元格中的"替换"按钮，打开"填充样式图形"对话框。在"填充图案"下拉列表框中选择"实体填充"，单击"颜色"选项，打开"颜色"对话框，选择深绿色。单击"确定"按钮，返回"填充样式图形"对话框，其他采用默认设置，如图10-16所示。连续单击"确定"按钮。

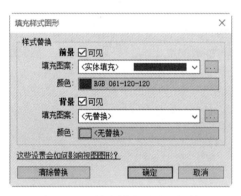

图10-16 "填充样式图形"对话框

（19）单击"投影/表面"列表下"线"单元格中的"替换"按钮，打开"线图形"对话框。在"填充图案"下拉列表框中选择"无替换"，单击"颜色"选项，打开"颜色"对话框，选择RGB(61,120,120)。单击"确定"按钮，返回"线图形"对话框，宽度设置为1，如图10-17所示。连续单击"确定"按钮。

（20）单击"添加"按钮，打开"添加过滤器"对话框。单击"编辑/新建"按钮，打开"过滤器"对话框。单击"新建"按钮 ，打开"过滤器"对话框，输入名称为"照明电缆系统"。

图 10-17　"线图形"对话框

（21）单击"确定"按钮，返回"过滤器"对话框，在"类别"选项组"过滤器列表"框中选中"线管"和"线管配件"类别，在"过滤器规则"选项组中设置过滤条件为"类型名称""包含""照明"。单击"确定"按钮，返回"添加过滤器"对话框，选择"照明电缆系统"。单击"确定"按钮，在"楼层平面：标高 1 的可见性/图形替换"对话框中添加照明电缆系统。

（22）分别设置填充图案和线的颜色为黑色。

（23）单击"添加"按钮，打开"添加过滤器"对话框。单击"编辑/新建"按钮，打开"过滤器"对话框。单击"新建"按钮，打开"过滤器"对话框，输入名称为"热力管道系统"。

（24）单击"确定"按钮，返回"过滤器"对话框，在"类别"选项组"过滤器列表"框中选中"管道""管件""管道附件""管道隔热层"类别，在"过滤器规则"选项组中设置过滤条件为"系统名称""包含""热力"，如图 10-18 所示。单击"确定"按钮，返回"添加过滤器"对话框，选择"热力管道系统"。单击"确定"按钮，在"楼层平面：标高 1 的可见性/图形替换"对话框中添加热力管道系统。

图 10-18　设置过滤条件

（25）单击"投影/表面"列表下"图案填充"单元格中的"替换"按钮，打开"填充样式图形"对话框。在"填充图案"下拉列表框中选择"实体填充"，单击"颜色"选项，打开"颜色"对话框，选择紫色。单击"确定"按钮，返回"填充样式图形"对话框，其他采用默认设置，如图 10-19 所示。连续单击"确定"按钮。

（26）单击"投影/表面"列表下"线"单元格中的"替换"按钮，打开"线图形"对话框。在"填充图案"下拉列表框中选择"无替换"，单击"颜色"选项，打开"颜色"对话框，选择

图 10-19 "填充样式图形"对话框

紫色。单击"确定"按钮，返回"线图形"对话框，宽度设置为1，如图 10-20 所示。单击"确定"按钮，返回"楼层平面：标高 1 的可见性/图形替换"对话框。

图 10-20 "线图形"对话框

（27）单击"添加"按钮，打开"添加过滤器"对话框。单击"编辑/新建"按钮，打开"过滤器"对话框。单击"新建"按钮 ，打开"过滤器"对话框，输入名称为"雨水系统"。

（28）单击"确定"按钮，返回"过滤器"对话框，在"类别"选项组"过滤器列表"框中选中"风管"和"机械设备"类别，在"过滤器规则"选项组中设置过滤条件为"系统名称""包含""雨水"，如图 10-21 所示。单击"确定"按钮，返回"添加过滤器"对话框，选择"雨水系统"。单击"确定"按钮，在"楼层平面：标高 1 的可见性/图形替换"对话框中添加雨水系统。

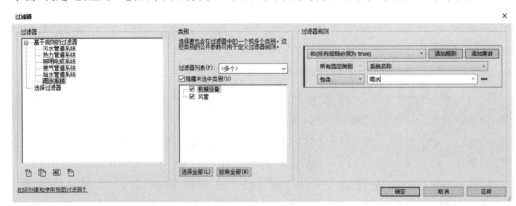

图 10-21 设置过滤条件

（29）单击"投影/表面"列表下"图案填充"单元格中的"替换"按钮，打开"填充样式图形"对话框。在"填充图案"下拉列表框中选择"实体填充"，单击"颜色"选项，打开"颜色"对话框，选择黄色。单击"确定"按钮，返回"填充样式图形"对话框，其他采用默认设置，如图 10-22 所示。连续单击"确定"按钮。

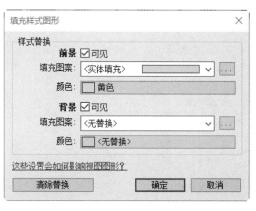

图 10-22　"填充样式图形"对话框

（30）单击"投影/表面"列表下"线"单元格中的"替换"按钮，打开"线图形"对话框。在"填充图案"下拉列表框中选择"＜无替换＞"，单击"颜色"选项，打开"颜色"对话框，选择黄色。单击"确定"按钮，返回"线图形"对话框，宽度设置为1，如图 10-23 所示。单击"确定"按钮，返回"楼层平面：标高 1 的可见性/图形替换"对话框，单击"确定"按钮。

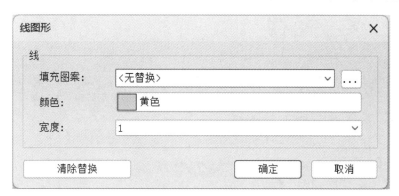

图 10-23　"线图形"对话框

2．绘制污水管网

（1）在项目浏览器的"族"→"管道系统"→"管道系统"的"卫生设备"上右击，弹出如图 10-24 所示的快捷菜单，选择"复制"命令，系统自动生成"卫生设备 2"；在其上右击，在弹出的快捷菜单中选择"重命名"命令，更改名称为"污水管道系统"，如图 10-25 所示。

（2）单击"系统"选项卡"卫浴和管道"面板中的"管道"按钮，在"属性"选项板中单击"编辑类型"按钮，打开"编辑类型"对话框。单击"复制"按钮，打开"名称"对话框，输入名称为"污水管道"。单击"确定"按钮，返回"类型属性"对话框。

10-2

图 10-24　快捷菜单

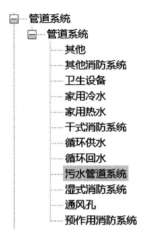

图 10-25　更改名称

（3）单击"布管系统配置"栏中的"编辑"按钮，打开如图 10-26 所示的"布管系统配置"对话框。单击"管段和尺寸"按钮，打开如图 10-27 所示的"机械设置"对话框，在"管段"下拉列表框中选择"塑料-Schedule80"类型。单击"新建尺寸"按钮，打开"添加管道尺寸"对话框，输入公称直径为 400，内径为 388.95，外径为 426，如图 10-28 所示。

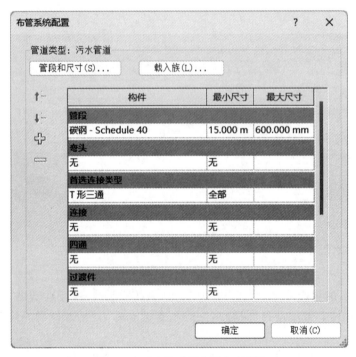

图 10-26　"布管系统配置"对话框

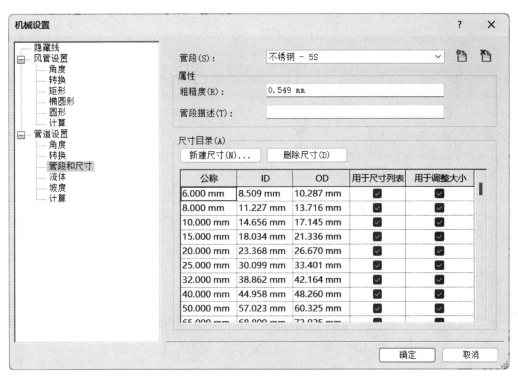

图 10-27 "机械设置"对话框

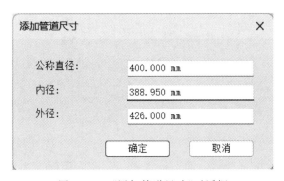

图 10-28 "添加管道尺寸"对话框

（4）单击"确定"按钮，返回"机械设置"对话框，在左侧框中单击"坡度"选项，打开如图 10-29 所示的"坡度"选项卡。单击"新建坡度"按钮，打开"新建坡度"对话框，输入坡度值为 0.3%，如图 10-30 所示。连续单击"确定"按钮，完成"污水管道"类型的创建。

（5）在"修改|放置 管道"选项卡中设置直径为 400mm，然后单击"向上坡度"按钮，在坡度值下拉列表框中选择"0.3000%"，在"属性"选项板中设置参照标高为标高1，底部高程为 27890，系统类型为"污水管道系统"，如图 10-31 所示。

（6）根据 CAD 图纸捕捉东侧污水引出管的端点，绘制污水引出管直至南北方向的污水管处，如图 10-32 所示。

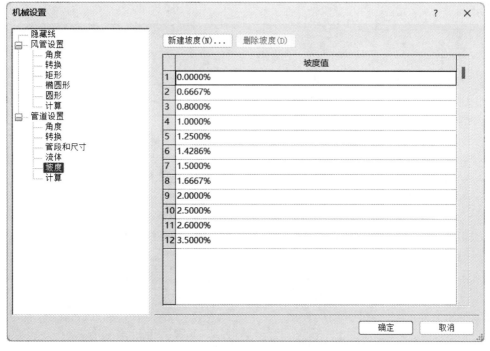

图 10-29 "坡度"选项卡

图 10-30 "新建坡度"对话框

图 10-31 设置参数

(7) 根据上步绘制的污水引出管端点中间高程和 CAD 图纸(选取上步绘制的管道,在端点处显示管道的端点中间高程为 28093.2),从污水管的交点处由北向南绘制污水管,如图 10-33 所示。

图 10-32 绘制东侧污水引出管　　　　图 10-33 绘制从北向南的污水管

（8）在"修改|放置 管道"选项卡中单击"向下坡度"按钮，根据污水引出管端点中间高程和 CAD 图纸，从污水管的交点处由南向北绘制污水管直至污水管拐弯处，如图 10-34 所示。

（9）根据污水引出管端点中间高程和 CAD 图纸，从污水管的拐弯处绘制向东排入张店污水处理厂的污水管，如图 10-35 所示。

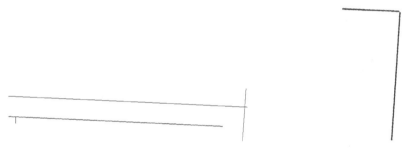

图 10-34 绘制从南向北污水管　　　　图 10-35 绘制向东排入张店污水
　　　　　　　　　　　　　　　　　　　　　　　　　处理厂的污水管

（10）采用相同的方法，根据 CAD 图纸绘制西侧的污水引出管和污水管，注意在管道的交点处断开，如图 10-36 所示。

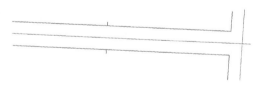

图 10-36 绘制西侧污水引出管和污水管

（11）单击"系统"选项卡"机械"面板中的"机械设备"按钮 ⌸，打开如图 10-37 所示的"修改|放置 机械设备"选项卡。单击"载入族"按钮 ⬇，打开"载入族"对话框，选择"检查井"族文件，单击"打开"按钮，载入"检查井"族文件。

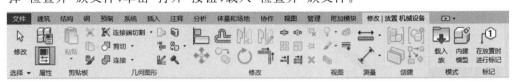

图 10-37 "修改|放置 机械设备"选项卡

（12）在"属性"选项板中单击"编辑类型"按钮 ⊞，打开"类型属性"对话框。单击"复制"按钮，打开"名称"对话框，输入名称为"污水检查井"。单击"确定"按钮，返回"类型属性"对话框，设置 d2 为 1000，D3_2 为 1500，其他采用默认设置，如图 10-38 所示。单击"确定"按钮，完成"污水检查井"类型的创建。

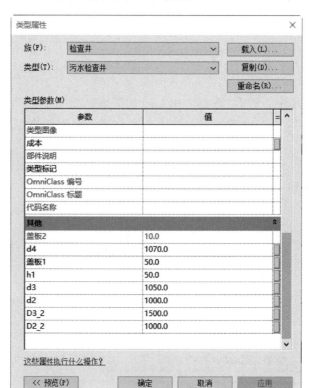

图 10-38　"类型属性"对话框

（13）在"属性"选项板中更改相对标高的偏移为 29000，输入系统名称为"污水管道系统"，将污水检查井放置在东、西两侧污水引出管和污水管的交点处，如图 10-39 所示。

（14）根据污水管的端点中间高程确定污水井的相对标高的偏移，在污水管的拐弯处放置污水检查井，如图 10-40 所示。

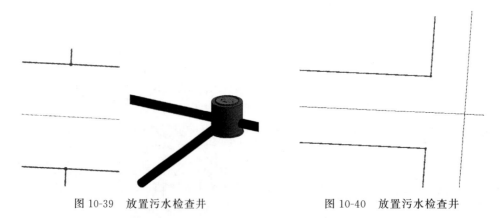

图 10-39　放置污水检查井　　　　　图 10-40　放置污水检查井

Note

3. 绘制给水管网

（1）在项目浏览器的"族"→"管道系统"→"管道系统"的"家用冷水"上右击,在弹出的快捷菜单中选择"复制"命令,系统自动生成"家用冷水 2";在其上右击,在弹出的快捷菜单中选择"重命名"命令,更改名称为"给水管道系统"。

（2）单击"系统"选项卡"卫浴和管道"面板中的"管道"按钮 ,在"属性"选项板中单击"编辑类型"按钮 ,打开"编辑类型"对话框。单击"复制"按钮,打开"名称"对话框,输入名称为"给水管道"。单击"确定"按钮,返回"类型属性"对话框。

（3）单击"布管系统配置"栏中的"编辑"按钮,打开"布管系统配置"对话框。单击"载入族"按钮,打开"载入族"对话框,选择 MEP→"水管管件"→"常规"文件夹中的"弯头-常规.rfa""T 形三通-常规.rfa"和"四通-常规.rfa"。单击"打开"按钮,返回"布管系统配置"对话框,在"管段"下拉列表框中选择"铸铁-30"类型,在"弯头"下拉列表框中选择"弯头-常规:标准"类型,在"四通"下拉列表框中选择"四通-常规:标准"类型,在"连接"下拉列表框中选择"T 形三通-常规:标准"类型,设置最小尺寸都为"全部",如图 10-41 所示。然后连续单击"确定"按钮,完成"给水管道"类型的创建。

（4）在"修改|放置 管道"选项卡中单击"禁用坡度"按钮,在"属性"选项板中设置参照标高为"标高 1",顶部高程为 26560,系统类型为"给水管道系统",直径为 300mm,如图 10-42 所示。

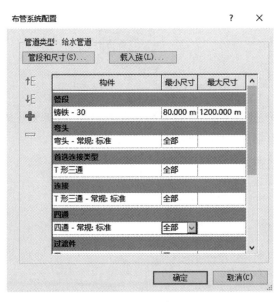

图 10-41　设置参数 1

图 10-42　设置参数 2

（5）根据 CAD 图纸绘制东西方向给水过路管,如图 10-43 所示。

（6）根据 CAD 图纸捕捉给水过路管的中线,在东侧绘制向北的给水管道,系统自动在连接处使用三通连接,如图 10-44 所示。

（7）选择上步绘制的三通,单击三通处的"四通"图标 ,使三通变成四通,如图 10-45 所示。

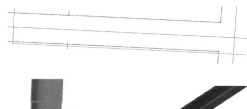

图 10-43　绘制给水过路管　　　　图 10-44　绘制给水管道

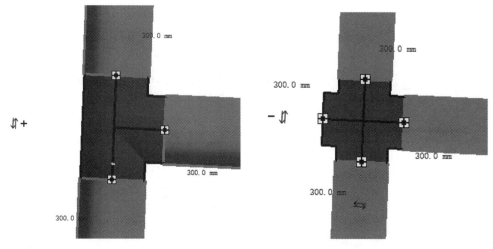

图 10-45　　三通转换为四通

（8）单击"系统"选项卡"卫浴和管道"面板中的"管道"按钮，捕捉上步创建的四通南侧端点，根据 CAD 图纸绘制向南的给水管道，如图 10-46 所示。

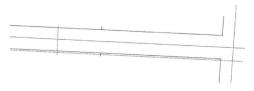

图 10-46　绘制向南的给水管道

（9）采用相同的方法绘制西侧南北走向的给水管道，如图 10-47 所示。

图 10-47　绘制西侧给水管道

（10）单击"系统"选项卡"卫浴和管道"面板中的"管路附件"按钮，打开如图 10-48 所示的提示对话框。单击"是"按钮，打开"载入族"对话框，选择 MEP→"阀门"→"闸阀"文件夹中的"闸阀-Z40 型-明杆弹性闸板-法兰式.rfa"。单击"打开"按钮,打开"指定类型"对话框,选择"Z40X-10-300mm"类型,如图 10-49 所示。单击"确定"按钮,将闸阀载入当前项目中。

图 10-48 提示对话框

图 10-49 "指定类型"对话框

（11）将光标移到要放置闸阀的位置,然后单击管道的中心线放置闸阀,闸阀会自动调整其高程,直到与管道匹配为止,如图 10-50 所示。

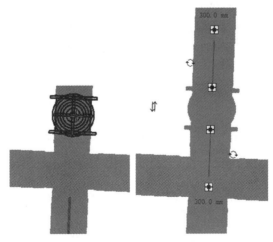

图 10-50 放置闸阀

（12）重复步骤（11）,在其他给水管道上放置闸阀。

（13）单击"系统"选项卡"机械"面板中的"机械设备"按钮 ,在"属性"选项板中单击"编辑类型"按钮 ,打开"类型属性"对话框。单击"复制"按钮,打开"名称"对话框,输入名称为"给水检查井"。单击"确定"按钮,返回"类型属性"对话框,更改 d2 为

10-4

2000，D3_22 为 2500。单击"确定"按钮，完成"给水检查井"类型的创建。

（14）在"属性"选项板中更改相对标高的偏移为27400，输入系统名称为"给水管道系统"，将给水检查井放置在给水过路管和给水管的交点处，如图 10-51 所示。

4．绘制燃气管网

（1）在项目浏览器的"族"→"管道系统"→"管道系统"的"家用热水"上右击，在弹出的快捷菜单中选择"复制"命令，系统自动生成"家用热水"；在其上右击，在弹出的快捷菜单中选择"重命名"命令，更改名称为"燃气管道系统"。

（2）单击"系统"选项卡"卫浴和管道"面板中的"管道"按钮 ，在"属性"选项板中单击"编辑类型"按钮 ，打开"编辑类型"对话框。单击"复制"按钮，打开"名称"对话框，输入名称为"燃气管道"。单击"确定"按钮，返回"类型属性"对话框。

图 10-51 放置给水检查井

（3）单击"布管系统配置"栏中的"编辑"按钮，打开"布管系统配置"对话框，在"管段"下拉列表框中选择"不锈钢-5S"类型，如图 10-52 所示。连续单击"确定"按钮，完成"燃气管道"类型的创建。

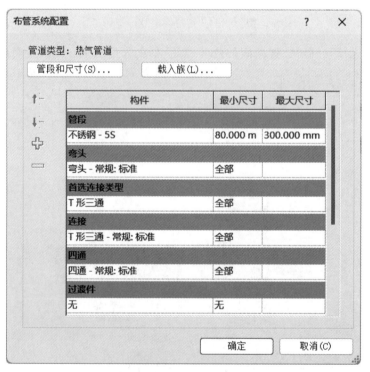

图 10-52 设置参数

（4）在"修改|放置 管道"选项卡中单击"向上坡度"按钮，在"属性"选项板中设置参照标高为"标高 1"，顶部标高为 27590，系统类型为"燃气管道系统"，直径为 200mm。

（5）根据 CAD 图纸从西向东绘制西侧的燃气引出管道，然后再向南绘制燃气管，系统自动在拐弯处采用弯头连接，如图 10-53 所示。

图 10-53　绘制西侧燃气管道

（6）选择上步创建的弯头，单击弯头处的"三通"图标 ✚，使弯头变成三通，如图 10-54 所示。

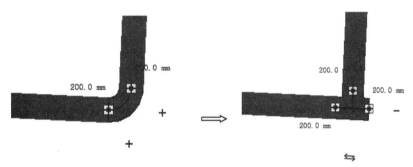

图 10-54　弯头转换为三通

（7）单击"系统"选项卡"卫浴和管道"面板中的"管道"按钮 ，输入中间高程为 27513.2（选取三通左侧的管道，显示端点中间高程），单击"向下坡度"按钮，捕捉三通右侧端点，根据 CAD 图纸绘制南北走向的燃气管，如图 10-55 所示。

图 10-55　绘制南北走向的燃气管

（8）在"修改|放置　管道"选项卡中单击"向上坡度"按钮，在"属性"选项板中设置参照标高为"标高 1"，顶部标高为 26660，根据 CAD 图纸从东向西绘制燃气引出管道直至西侧的燃气管中线上，系统自动生成立管与西侧的燃气管连接，如图 10-56 所示。

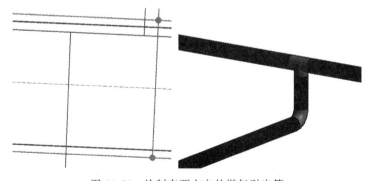

图 10-56　绘制东西方向的燃气引出管

（9）单击"系统"选项卡"机械"面板中的"机械设备"按钮 ，在"属性"选项板中单击"编辑类型"按钮 ，打开"类型属性"对话框，选择"污水检查井"类型，单击"复制"按钮，打开"名称"对话框，输入名称为"燃气检查井"，其他采用默认设置。单击"确定"按钮,完成"燃气检查井"类型的创建。

（10）在"属性"选项板中更改相对标高的偏移为28000,输入系统名称为"燃气管道系统",将燃气检查井放置在燃气交点处,如图10-57所示。

图10-57　放置燃气检查井

5. 绘制热力管网

（1）在项目浏览器的"族"→"管道系统"→"管道系统"的"家用热水"上右击,在弹出的快捷菜单中选择"复制"命令,系统自动生成"家用热水";在其上右击,在弹出的快捷菜单中选择"重命名"命令,更改名称为"热力管道系统"。

（2）单击"系统"选项卡"卫浴和管道"面板中的"管道"按钮 ,在"属性"选项板中单击"编辑类型"按钮 ,打开"编辑类型"对话框。单击"复制"按钮,打开"名称"对话框,输入名称为"热力管道"。单击"确定"按钮,返回"类型属性"对话框。

（3）单击"布管系统配置"栏中的"编辑"按钮,打开"布管系统配置"对话框。单击"管段和尺寸"按钮,打开"机械设置"对话框。单击"新建尺寸"按钮,打开"添加管道尺寸"对话框,输入公称直径为400,内径为416,外径为426,如图10-58所示。单击"确定"按钮,返回"布管系统配置"对话框,在"最大尺寸"下拉列表框中选择"400mm"。然后连续单击"确定"按钮,完成"热力管道"类型的创建。

（4）单击"禁用坡度"按钮,在"属性"选项板中设置参照标高为"标高1",顶部标高为28000,系统类型为"热力管道系统",直径为400mm。

（5）根据CAD图纸绘制南北走向的热力管道,如图10-59所示。

图10-58　"添加管道尺寸"对话框

图10-59　绘制南北走向的热力管道

（6）根据CAD图纸捕捉南北走向的热力管道绘制东西走向的热力管道接高新区原有汽网管道,系统自动在连接处使用三通连接,如图10-60所示。

（7）根据CAD图纸捕捉南北走向的热力管道绘制东西走向的热力引出管道,系统自动在连接处使用三通连接,如图10-61所示。

（8）选取上步绘制的所有热力管道以及热力管道上的管件,打开如图10-62所示的"修改|选择多个"选项卡,单击"添加隔热层"按钮 ,打开如图10-63所示的"添加管道隔热层"对话框。单击"编辑类型"按钮 ,打开"编辑类型"对话框。单击"复制"按钮,打开"名称"对话框,输入名称为"热力管道保温层",单击"确定"按钮,返回"编辑类型"对话框。

（9）在"材质"栏中单击 按钮,打开"材质浏览器"对话框,选择"隔热层/保温层-空心填充"材质,如图10-64所示。连续单击"确定"按钮,返回"添加管道隔热层"对话框,设置厚度为50mm。单击"确定"按钮,完成热力管道保温层的添加。

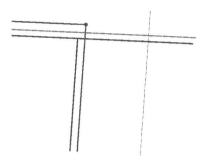

图 10-60 绘制东西走向的热力管道

图 10-61 绘制东西走向的热力引出管道

图 10-62 "修改|选择多个"选项卡

图 10-63 "添加管道隔热层"对话框

图 10-64 "材质浏览器"对话框

6．绘制照明电缆

（1）在项目浏览器的"族"→"线管"→"带配件的线管"的"导管"上右击，在弹出的快捷菜单中选择"复制"命令，系统自动生成"导管2"；在其上右击，在弹出的快捷菜单中选择"重命名"命令，更改名称为"照明电缆系统"。

（2）单击"系统"选项卡"电气"面板中的"线管"按钮，在"属性"选项板中单击"编辑类型"按钮，打开"编辑类型"对话框。单击"复制"按钮，打开"名称"对话框，输入名称为"照明电缆"。单击"确定"按钮，返回"类型属性"对话框。

（3）在"属性"选项板中设置参照标高为"标高1"，中间高程为27000，设备类型为"照明电缆系统"，直径为103mm。

（4）根据CAD图纸绘制照明电缆，如图10-65所示。

图10-65　绘制照明电缆

7．绘制雨水管网

（1）在项目浏览器的"族"→"风管系统"→"风管系统"的"排风"上右击，弹出如图10-66所示的快捷菜单，选择"复制"命令，系统自动生成"排风2"；在其上右击，在弹出的快捷菜单中选择"重命名"命令，更改名称为"雨水系统"，如图10-67所示。

图10-66　快捷菜单　　　　　　　　　图10-67　更改名称

（2）单击"系统"选项卡"暖通空调"面板中的"风管"按钮，在"修改|放置　风管"选项卡中设置宽度和高度为800mm，在"属性"选项板中选择"矩形风管"类型，如图10-68所示，设置参照标高为标高1，底部高程为28600，系统类型为"雨水系统"。

（3）在"属性"选项板中单击"编辑类型"按钮，打开"编辑类型"对话框。单击"复制"按钮，打开"名称"对话框，输入名称为"雨水管渠"，连续单击"确定"按钮。

（4）根据CAD图纸绘制两侧的南北方向的雨水渠道，在交汇处断开，如图10-69所示。

图 10-68　设置参数

图 10-69　绘制南北方向的雨水渠道

（5）在"属性"选项板中选择"圆形风管"类型，单击"编辑类型"按钮 ，打开"编辑类型"对话框。单击"复制"按钮，打开"名称"对话框，输入名称为"雨水管渠"，连续单击"确定"按钮。

（6）在"属性"选项板中设置直径为 500，系统类型为"雨水系统"，底部高程为 28769，根据 CAD 图纸绘制西南处的雨水引出管，在交汇处断开，如图 10-70 所示。

（7）在"属性"选项板中设置直径为 500，底部高程为 28625，根据 CAD 图纸绘制西北处的雨水引出管，在交汇处断开，如图 10-71 所示。

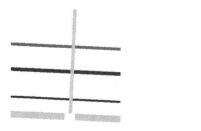

图 10-70　绘制西南处的雨水引出管

图 10-71　绘制西北处的雨水引出管

（8）在"属性"选项板中设置直径为500，底部高程为28793，根据CAD图纸绘制东南侧的雨水引出管，在交汇处断开，如图10-72所示。

（9）在"属性"选项板中设置直径为500，底部高程为28601，根据CAD图纸绘制东北侧的雨水引出管，在交汇处断开，如图10-73所示。

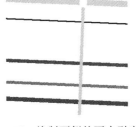
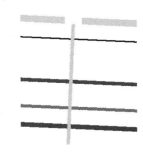

图10-72　绘制西侧的雨水引出管　　　　图10-73　绘制东北侧的雨水引出管

（10）单击"系统"选项卡"机械"面板中的"机械设备"按钮 🔲，打开"修改|放置　机械设备"选项卡。单击"载入族"按钮 📥，打开"载入族"对话框，选择"雨水检查井"族文件。单击"打开"按钮，载入"雨水检查井"族文件。

（11）在"属性"选项板中单击"编辑类型"按钮 🔡，打开"类型属性"对话框，设置井直径为800，宽和长为2200，其他采用默认设置，如图10-74所示，单击"确定"按钮。

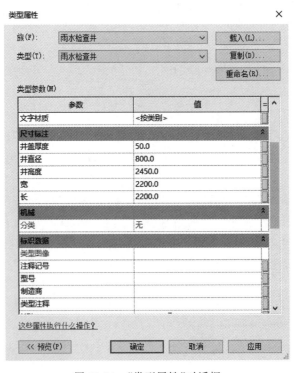

图10-74　"类型属性"对话框

（12）在"属性"选项板中更改相对标高的偏移为28500，输入系统名称为"雨水系统"，将雨水检查井放置在西侧雨水引出管和雨水管渠的交点处，如图10-75所示。

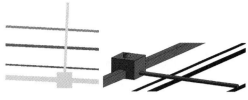

图 10-75　放置雨水检查井(一)

（13）采用相同的方法，在雨水管渠的拐弯处、交点处放置雨水检查井，如图 10-76 所示。

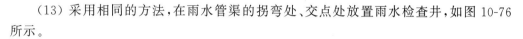

图 10-76　放置雨水检查井(二)

8．管线综合检查

（1）单击"协作"选项卡"坐标"面板"碰撞检查"  下拉列表框中的"运行碰撞检查"按钮 ，打开"碰撞检查"对话框。在"类别来自"下拉列表框中选择"当前项目"，在列表中选择"管道""线管""风管"，如图 10-77 所示。单击"确定"按钮，执行碰撞检查操作。

10-8

图 10-77　选择类别

提示：

通过该对话框可以检查如下图元类别：

① "当前选择"与"链接模型(包括嵌套链接模型)"之间的碰撞检查；

② "当前项目"与"链接模型(包括嵌套链接模型)"之间的碰撞检查；

不能进行两个"链接模型"之间的碰撞检查。

须说明以下几点。

① 碰撞检查的处理时间可能会有很大不同。在大模型中,对所有类别进行相互检查费时较长,建议不要进行此类操作。要缩减处理时间,应选择有限的图元集或有限数量的类别。

② 要对所有可用类别运行检查,应在"碰撞检查"对话框中单击"全选"按钮,然后选择其中一个类别旁边的复选框。

③ 单击"全部不选"按钮,将清除所有类别的选择。

④ 单击"反选"按钮,将在当前选定类别与未选定类别之间切换选择。

(2) 打开"冲突报告"对话框,显示所有有冲突的类型,如图 10-78 所示。

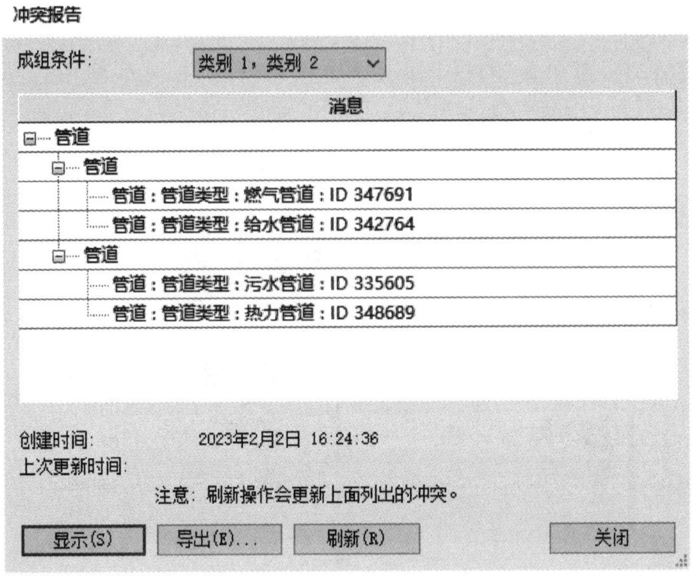

图 10-78 "冲突报告"对话框

(3) 在对话框的"管道"节点下选取一个管道,视图中将高亮显示冲突的组件,如图 10-79 所示。

(4) 从图中可以看出燃气管道与给水管道有干涉。选取此处的燃气管道,发现燃气管道的顶部高程不对,删除此处的燃气管道,重新绘制。然后单击"冲突报告"对话框中的"刷新"按钮,已经解决的冲突将不会在对话框中显示,并在对话框上显示更新时间,如图 10-80 所示。

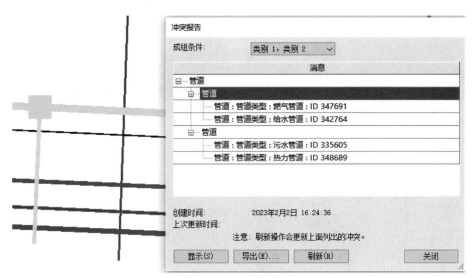

图 10-79　选取组件

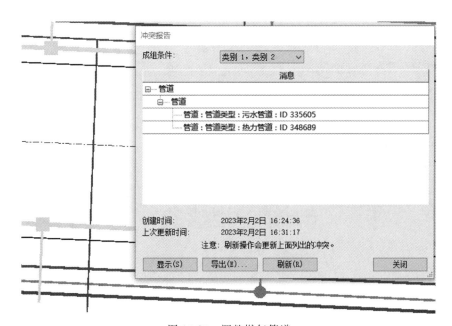

图 10-80　调整燃气管道

（5）在对话框的"管道"节点下继续选取管道,视图中将高亮显示冲突的组件,如图 10-81 所示。

（6）从图中可以看出污水管道和热力管道之间有干涉。选取热力管道,更改顶部高程为 28800。单击"冲突报告"对话框中的"刷新"按钮,已经解决的冲突将不会在对话框中显示,并在对话框上显示更新时间,如图 10-82 所示,单击"关闭"按钮,关闭对话框。

（7）单击快速访问工具栏中的"保存"按钮 ,打开"另存为"对话框,输入名称为"道路管线综合",单击"保存"按钮,保存族文件。

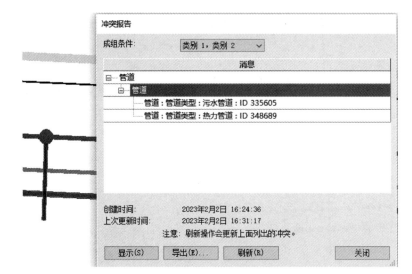

图 10-81 选取组件

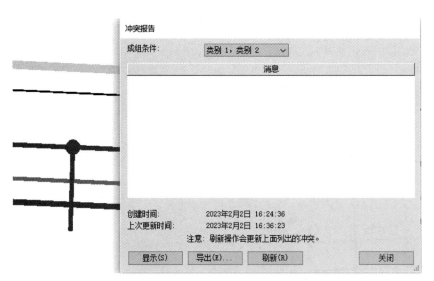

图 10-82 调整管道高程

第11章

出图

Revit 可以使用"真实"视觉样式构建模型的实时渲染视图,也可以使用"渲染"工具创建模型的照片级真实感图像。

施工图设计是市政工程设计的最后阶段,它的主要目标是满足施工要求,即在初步设计或技术设计的基础上,综合各工种,相互交底,深入了解材料供应、施工技术、设备等条件,将满足工程施工的各项具体要求反映在图纸上。

11.1　漫　　游

漫游是指沿着定义的路径移动的相机,此路径由帧和关键帧组成。关键帧是指可在其中修改相机方向和位置的可修改帧。默认情况下,漫游创建为一系列透视图,但也可以创建为正交三维视图。可以在平面图中创建漫游,也可以在其他视图(包括三维视图、立面图及剖视图)中创建漫游。

11.1.1　创建漫游

具体操作步骤如下。

(1)打开桥梁文件,将视图切换到地面楼层平面图。

(2)单击"视图"选项卡"创建"面板"三维视图" 下拉列表框中的"漫游"按钮 ,打开"修改|漫游"选项卡和选项栏,如图11-1所示。

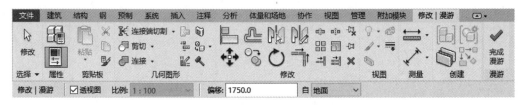

图11-1　"修改|漫游"选项卡和选项栏

(3)在选项栏中取消选中"透视图"复选框,设置偏移距离为1500。

(4)在当前视图的桥梁外围适当位置单击作为漫游路径的开始位置,然后连续单击,逐个放置关键帧,如图11-2所示。

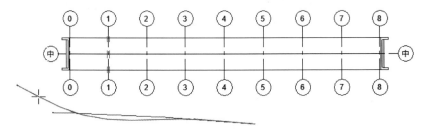

图11-2　绘制路径

(5)继续放置关键帧,使路径围绕桥梁一周,完成绘制,如图11-3所示。

(6)单击"漫游"面板中的"完成漫游"按钮 ✔,结束路径的绘制。

(7)在"项目浏览器"中新增漫游视图"漫游1",双击"漫游1"打开漫游视图,如图11-4所示。

(8)单击"文件"→"另存为"→"项目"命令,打开"另存为"对话框,指定保存位置并输入文件名,单击"保存"按钮。

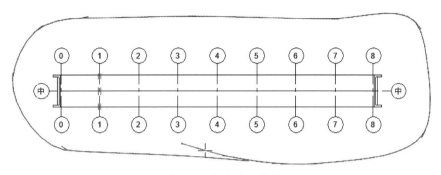

图 11-3　完成路径绘制

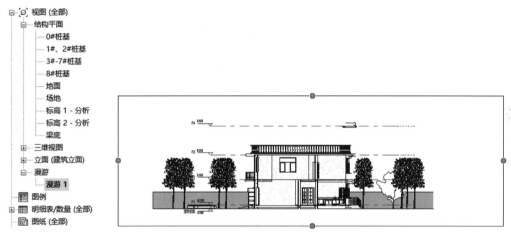

图 11-4　漫游视图

11.1.2　编辑漫游

具体操作步骤如下。

（1）打开上一节绘制的桥梁文件。在项目浏览器中双击"漫游1"视图将其打开,选取视图,然后再将视图切换到地面楼层平面图。

（2）单击"修改|相机"选项卡"漫游"面板中的"编辑漫游"按钮 ,打开"编辑漫游"选项卡和选项栏,如图11-5所示。

图 11-5　"编辑漫游"选项卡和选项栏

（3）此时漫游路径上会显示关键帧,如图11-6所示。

（4）在选项栏中设置控制为"路径",路径上的关键帧变为控制点,拖动控制点,可以调整路径形状,如图11-7所示。

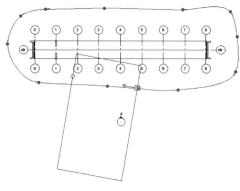

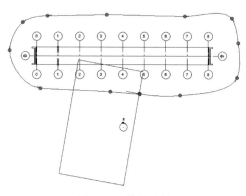

图 11-6　显示关键帧　　　　　　　　图 11-7　编辑路径

（5）在选项栏中设置控制为"添加关键帧"，然后在路径上单击，添加关键帧，如图 11-8 所示。

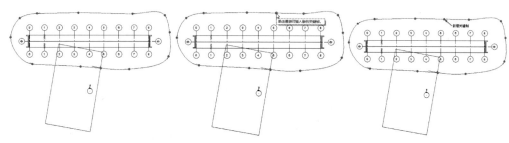

图 11-8　添加关键帧

（6）在选项栏中设置控制为"删除关键帧"，然后在路径上单击要删除的关键帧，将其删除，如图 11-9 所示。

（7）单击选项栏中"共"后面的"300"字样，打开"漫游帧"对话框，如图 11-10 所示。更改"总帧数"为 280，选中"指示器"复选框，输入帧增量为 10，单击"确定"按钮。

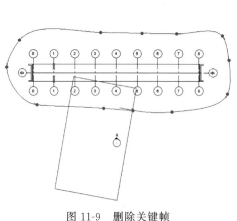

图 11-9　删除关键帧

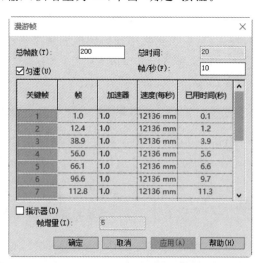

图 11-10　"漫游帧"对话框

（8）选项栏中的 200 帧是整个漫游完成的帧数，如果要播放漫游，则在选项栏的"帧"文本框中输入"1"并按 Enter 键，表示从第一帧开始播放。

（9）在选项栏中设置"控制"为"活动相机"，然后拖曳相机，控制相机角度，如图 11-11 所示。单击"下一关键帧"按钮 ，调整关键帧上的相机角度。采用相同的方法，调整其他关键帧的相机角度。

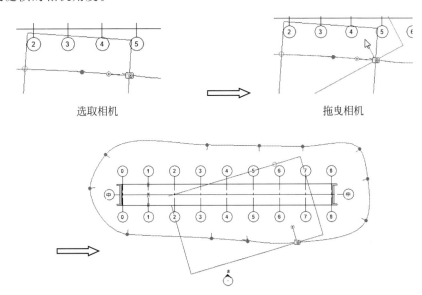

选取相机　　　　　　　　　拖曳相机

调整其他关键帧上的相机角度

图 11-11　调整相机角度

（10）在选项栏的"帧"文本框中输入"1"，单击"漫游"面板中的"播放"按钮 ，开始播放漫游。若中途要想停止播放，可以按 Esc 键。

（11）选择"文件"下拉菜单中的"另存为"→"项目"命令，打开"另存为"对话框，指定保存位置并输入文件名，单击"保存"按钮。

11.1.3　导出漫游文件

可以将漫游导出为 AVI 或图像文件。

将漫游导出为图像文件时，漫游的每个帧都会保存为单个文件。可以导出所有帧或一定范围的帧。

具体操作步骤如下。

（1）打开上一节创建的文件。选择"文件"→"导出"→"图像和动画"→"漫游"命令，打开"长度/格式"对话框，如图 11-12 所示。

"长度/格式"对话框中的选项说明如下。

➤ 全部帧：导出整个动画。

➤ 帧范围：选择此单选按钮，指定该范围内的起点帧和终点帧。

➤ 帧/秒：设置导出后漫游的速度为每秒多少帧，默认为 15 帧/秒，播放速度比较快。建议设置为 3～4 帧/秒，速度比较合适。

➤ 视觉样式：设置导出后漫游中图像的视觉样式，包括"线框""隐藏线""着色""带

图 11-12 "长度/格式"对话框

边框着色""一致的颜色""真实""带边框的真实感""渲染"。

➢ 尺寸标注：指定帧在导出文件中的大小，如果输入一个尺寸标注的值，软件会计算并显示另一个尺寸标注的值以保持帧的比例不变。

➢ 缩放为实际尺寸的：输入缩放百分比，软件会计算并显示相应的尺寸标注。

➢ 包含时间和日期戳：选中此复选框，在导出的漫游动画或图片上会显示时间和日期。

（2）在对话框中选择"全部帧"单选按钮，设置"帧/秒"为10，"视觉样式"为"真实"，其他采用默认设置。

（3）单击"确定"按钮，打开"导出漫游"对话框，设置保存路径、文件名称和文件类型，如图 11-13 所示。单击"选项"按钮，打开"长度/格式"对话框，调整漫游文件输出参数。

图 11-13 "导出漫游"对话框

（4）单击"保存"按钮，打开"视频压缩"对话框，默认"压缩程序"为"全帧（非压缩的）"，其产生的文件非常大，这里选择"Microsoft Video 1"压缩程序，如图 11-14 所示。单击"确定"按钮，将漫游文件导出为 AVI 文件。

图 11-14　"视频压缩"对话框

（5）选择"文件"下拉菜单中的"另存为"→"项目"命令，打开"另存为"对话框，指定保存位置并输入文件名，单击"保存"按钮。

11.2　渲　　染

渲染可为模型创建照片级真实感图像。

11.2.1　创建渲染

（1）将视图切换至三维视图。单击"视图"选项卡"演示视图"面板中的"渲染"按钮 ，打开"渲染"对话框，将"质量"设置为"最佳"，设置"分辨率"为"屏幕"，照明方案为"室外：仅日光"，背景样式为"天空：少云"，如图 11-15 所示。单击"日光设置"栏右侧的 按钮，打开"日光设置"对话框，选择"静止"单选按钮，如图 11-16 所示，其他采用默认设置。单击"确定"按钮，返回"渲染"对话框。

"渲染"对话框中的选项说明如下。

➤ 区域：选中此复选框，在三维视图中，Revit 会显示渲染区域边界。选择渲染区域，并使用蓝色夹具来调整其尺寸。对于正交视图，也可以拖曳渲染区域以在视图中移动其位置。

➤ 质量：为渲染图像指定所需的质量，包括"绘图""中等""高""最佳""自定义"五种。

• 绘图：尽快渲染，生成预览图像。可模拟照明和材质，阴影缺少细节。渲染速度最快。

• 中等：快速渲染，生成预览图像，获得模型的总体印象。可模拟粗糙和半粗糙材质。该设

图 11-15　"渲染"对话框

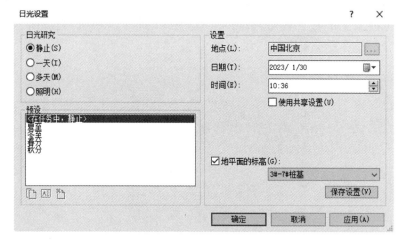

图 11-16 "日光设置"对话框

置最适用于没有复杂照明或材质的室外场景。渲染速度中等。

- 高：中等质量，渲染所需时间较长。可使照明和材质更准确，尤其对于镜面（金属类型）材质。可对软性阴影和反射进行高质量渲染。该设置最适用于有简单照明的室内和室外场景，渲染速度慢。

- 最佳：以较高的照明和材质精确度进行渲染。以高质量水平渲染半粗糙材质的软性阴影和柔和反射。此渲染质量对复杂的照明环境尤为有效。生成所需的时间最长，渲染速度最慢。

- 自定义：使用"渲染质量设置"对话框中指定的设置。渲染速度取决于自定义设置。

➢ 输出设置-分辨率：选择"屏幕"单选按钮，可为屏幕显示生成渲染图像；选择"打印机"单选按钮，可生成供打印的渲染图像。

➢ 照明：在"方案"下拉列表框中选择照明方案。如果选择了日光方案，可以在"日光设置"文本框中调整日光的照明设置。如果选择使用人造灯光的照明方案，则单击"人造灯光"按钮，打开"人造灯光"对话框，设置渲染图像中的人造灯光。

➢ 背景：可以为渲染图像指定背景，背景可以是单色、天空和云或者自定义图像。应注意，创建包含自然光的内部视图时，天空和云背景可能会影响渲染图像中灯光的质量。

➢ 调整曝光：单击此按钮，打开"曝光控制"对话框，可将真实世界的亮度值转换为真实的图像。曝光控制可模仿人眼对与颜色、饱和度、对比度和眩光有关的亮度值的反应。

（2）单击"渲染"按钮，打开如图 11-17 所示的"渲染进度"对话框，显示渲染进度。选中"当渲染完成时关闭对话框"复选框，则渲染完成后自动关闭对话框。渲染结果如图 11-18 所示。

（3）单击"渲染"对话框中的"调整曝光"按钮，打开"曝光控制"对话框，拖动各个选项的滑块以调整数值，也可以直接输入数值，如图 11-19 所示。单击"应用"按钮，结果如图 11-20 所示。然后单击"确定"按钮，关闭"曝光控制"对话框。

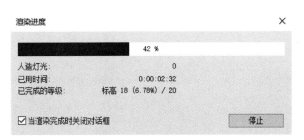

图 11-17　"渲染进度"对话框

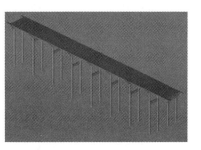

图 11-18　渲染图形

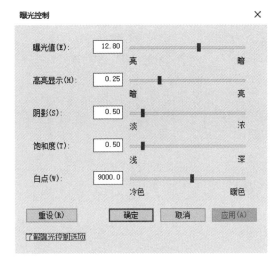

图 11-19　"曝光控制"对话框

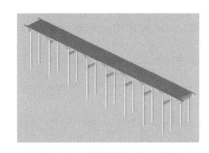

图 11-20　调整曝光后的图形

"曝光控制"对话框中的选项说明如下。

➤ 曝光值：渲染图像的总体亮度。此设置类似于具有自动曝光功能的摄影机中的曝光补偿设置。可输入一个介于−6(较亮)和16(较暗)之间的值。

➤ 高亮显示：图像最亮区域的灯光级别。可输入一个介于0(较暗的高亮显示)和1(较亮的高亮显示)之间的值,默认值为0.25。

➤ 阴影：图像最暗区域的灯光级别。可输入一个介于0.1(较亮的阴影)和1(较暗的阴影)之间的值,默认值为0.2。

➤ 饱和度：渲染图像中颜色的亮度。可输入一个介于0(灰色/黑色/白色)和5(更鲜艳的色彩)之间的值,默认值为1。

➤ 白点：在渲染图像中显示为白色的光源色温。此设置类似于数码相机上的"白平衡"设置。如果渲染图像看上去橙色太浓,则减小"白点"值。如果渲染图像看上去太蓝,则增大"白点"值。

(4)单击"渲染"对话框中的"保存到项目中"按钮,打开"保存到项目中"对话框,输入名称为"桥梁",如图11-21所示。

(5)单击"确定"按钮,将渲染完的图像保存在项目中,如图11-22所示。

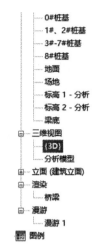

图 11-22 项目浏览器

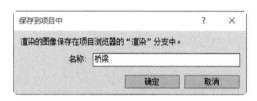

图 11-21 "保存到项目中"对话框

　　（6）单击"渲染"对话框中的"导出"按钮，打开"保存图像"对话框，指定文件名、保存路径和文件类型，如图 11-23 所示。单击"保存"按钮，保存图像文件，返回"渲染"对话框，关闭对话框。

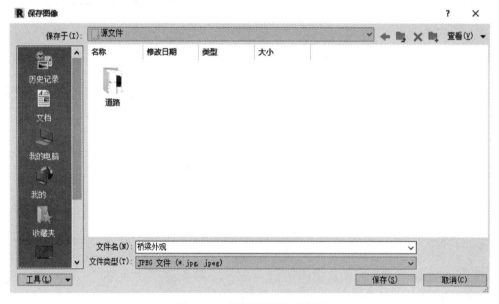

图 11-23 "保存图像"对话框

11.2.2　导出图像文件

　　（1）双击项目中的"渲染"→"桥梁"，打开渲染图像。

　　（2）选择"文件"→"导出"→"图像和动画"→"图像"命令，打开"导出图像"对话框，如图 11-24 所示。

　　"导出图像"对话框中的选项说明如下。

　　➢ 修改：根据需要修改图像的默认路径和文件名。

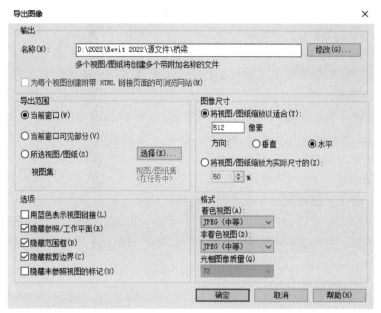

图 11-24 "导出图像"对话框

> 导出范围：指定要导出的图像。

- 当前窗口：选择此单选按钮，将导出绘图区域的所有内容，包括当前查看区域以外的部分。
- 当前窗口可见部分：选择此单选按钮，将导出绘图区域中当前可见的任何部分。
- 所选视图/图纸：选择此单选按钮，将导出指定的图纸和视图。单击"选择"按钮，打开如图 11-25 所示的"视图/图纸集"对话框，选择所需的图纸和视图，单击"确定"按钮。

图 11-25 "视图/图纸集"对话框

➤ 图像尺寸：指定图像显示属性。

- 将视图/图纸缩放以适合：须指定图像的输出尺寸和方向。Revit 将在水平或垂直方向将图像缩放到指定数目的像素。
- 将视图/图纸缩放为实际尺寸的：输入百分比，Revit 将按指定的缩放设置输出图像。

➤ 选项：选择所需的输出选项。默认情况下，导出的图像中的链接以黑色显示。选中"用蓝色表示视图链接"复选框，将显示蓝色链接。选中"隐藏参照/工作平面""隐藏范围框""隐藏裁剪边界"和"隐藏未参照视图的标记"复选框，可在导出的视图中隐藏不必要的图形部分。

➤ 格式：选择着色视图和非着色视图的输出格式。

（3）单击"修改"按钮，打开"指定文件"对话框，可设置图像的保存路径和文件名，如图 11-26 所示。单击"保存"按钮，返回"导出图像"对话框。

图 11-26 "指定文件"对话框

（4）在"图像尺寸"选项组中设置"方向"为"水平"，在"格式"选项组中设置"着色视图"和"非着色视图"为"JPEG（无失真）"，其他采用默认设置，单击"确定"按钮，导出图像。

11.3 创建视图

11.3.1 创建平面图

可以将其他视图添加到项目或复制现有视图。

11-1

方法一：

（1）单击"视图"选项卡"创建"面板"平面图" 下拉列表框中的"楼层平面"按钮 ，打开如图11-27所示的"新建楼层平面"对话框。

（2）在"类型"下拉列表框中选择视图类型，或者单击"编辑类型"按钮修改现有视图类型或创建新的视图类型。

（3）在列表框中选择一个或多个要创建平面图的标高。

（4）如果要为已具有平面图的标高创建平面图，则取消选中"不复制现有视图"复选框。如果复制了平面图，则复制的视图显示在项目浏览器中时将带有以下符号：标高 1(1)，其中圆括号中的值随副本数目的增加而增加。

（5）在项目浏览器中选择复制的视图后右击，在弹出的快捷菜单中选择"重命名"命令，如图11-28所示，输入新的视图名称即可。

图11-27 "新建楼层平面"对话框

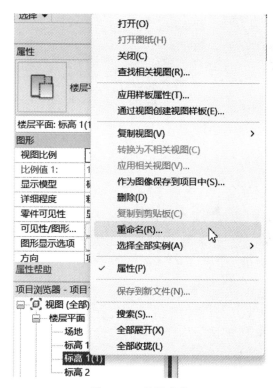

图11-28 快捷菜单

方法二：

（1）在项目浏览器中选择要复制的视图后右击，在弹出的快捷菜单中选择"复制视图"→"带细节复制"命令，如图11-29所示，复制视图。

（2）在项目浏览器中选择复制的视图后右击，在弹出的快捷菜单中选择"重命名"命令，输入新的视图名称即可。

图 11-29　快捷菜单

11.3.2　创建立面图

立面图是默认样板的一部分。当使用默认样板创建项目时，项目将包含东、西、南、北 4 个立面图。在立面图中绘制标高线，将针对绘制的每条标高线创建一个对应的平面图。

（1）打开平面图。

（2）单击"视图"选项卡"创建"面板"立面"▲下拉列表框中的"立面"按钮▲，系统会显示一个带有立面符号的光标，如图 11-30 所示。

图 11-30　带有立面符号的光标

（3）在"属性"选项板中选择视图类型，或者单击"编辑类型"按钮▦，打开如图 11-31 所示的"类型属性"对话框，修改现有视图类型或创建新的视图类型。

（4）将光标放置在模型或图元附近并单击以放置立面符号。移动光标时，可以通过按 Tab 键来改变箭头的位置。

（5）要设置不同的内部立面图，可高亮显示立面符号的方形造型并单击。立面符号会随用于创建视图的复选框选项一起显示，如图 11-32 所示。选中复选框表示要创建立面图的位置。单击远离立面符号的位置以隐藏复选框。

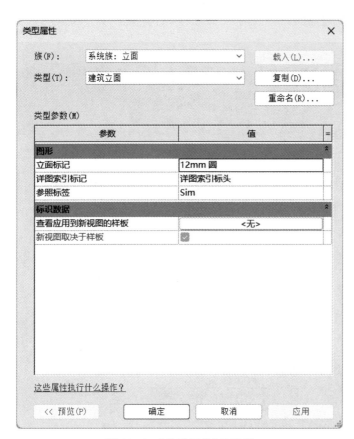

图 11-31　"类型属性"对话框

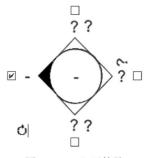

图 11-32　立面符号

🔒 提示：

旋转控制可用于在平面图中与斜接图元对齐。

（6）单击箭头可以查看剪裁平面，如图 11-33 所示。可以通过拖曳蓝色控件来调整立面的宽度，还可以拖动裁剪平面来调整立面的位置。

（7）在项目浏览器中生成新的立面图。立面图由字母和数字指定，例如，立面"1：a"，如图 11-34 所示，双击该立面图名称将打开该视图。

图 11-33　显示裁剪平面

图 11-34　创建立面图

11.3.3　创建剖视图

（1）打开一个平面、剖面、立面或详图视图。

11-3

（2）单击"视图"选项卡"创建"面板中的"剖面"按钮 ，打开如图 11-35 所示的"修改|剖面"选项卡和选项栏。

图 11-35 "修改|剖面"选项卡和选项栏

（3）在"属性"选项板中选择视图类型，单击"编辑类型"按钮 ，打开如图 11-36 所示的"类型属性"对话框，修改现有视图类型或创建新的视图类型。

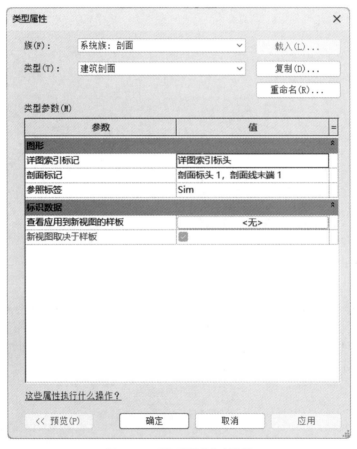

图 11-36 "类型属性"对话框

（4）在适当位置单击确定剖面的起点，并拖曳光标穿过模型或族，当到达剖面的终点时单击，生成剖视图，这时将出现剖面线和裁剪区域，如图 11-37 所示。

☎注意：可以通过单击剖面标头上方的循环图标 来循环显示剖面标头和剖面尾线。

（5）可通过拖曳蓝色控制柄来调整裁剪区域的大小，剖视图的深度将相应地发生变化。

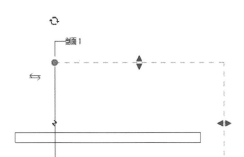

图 11-37　剖面线和裁剪区域

（6）要打开剖视图，可双击剖面标头或从项目浏览器的"剖面"选项组中选择剖视图。

📖 提示：

（1）在族编辑器中也可创建剖视图。

（2）剖视图不能用于内建族。

（3）如果显示的剖面符号没有标头，则需要载入剖面标头。

11.4　视图中的常用标注

11.4.1　高程点标注

（1）单击"注释"选项卡"尺寸标注"面板中的"高程点"按钮 ✛（快捷键：EL），打开如图 11-38 所示的"修改|放置尺寸标注"选项卡和选项栏。

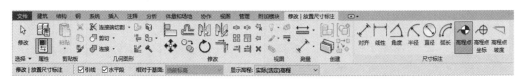

图 11-38　"修改|放置尺寸标注"选项卡和选项栏

（2）在"属性"选项板中选择高程点类型，如图 11-39 所示。

（3）单击"编辑类型"按钮 ，打开如图 11-40 所示的"类型属性"对话框，可以通过该对话框设置相应的参数。

"类型属性"对话框中的主要选项说明如下。

➢ 随构件旋转：选中此复选框，高程点随构件旋转。

➢ 引线箭头：在该下拉列表框中选择引线端点样式。

➢ 符号：在该下拉列表框中选择高程点的符号标头外观。

图 11-39　选择高程点类型　　　　　　　　图 11-40　"类型属性"对话框

> 文字距引线的偏移：指定文字与引线之间的偏移值，如图 11-41 所示。
> 文字与符号的偏移：指定文字与符号之间的偏移值。正值将文字向引线的方向移动，负值将文字向远离引线的方向移动，如图 11-42 所示。

（4）选取管道进行高程标注，如图 11-43 所示，其中，标注管道两侧高程时，系统默认显示的是管道中心高程；标注管道中心高程时，系统默认显示的是管道顶部外侧高程。

图 11-41　文字距引线的　　　　图 11-42　文字与符号的　　　　图 11-43　标注高程
　　　　　　偏移示意图　　　　　　　　　　偏移示意图

11.4.2　坡度标注

（1）单击"注释"选项卡"尺寸标注"面板中的"高程点 坡度"按钮 ，打开如图 11-44 所示的"修改|放置尺寸标注"选项卡和选项栏。

（2）选取管道，放置坡度标注，如图 11-45 所示。

（3）从图 11-45 中可以看出，管道的坡度标注不符合要求。在"属性"选项板中单击"编辑类型"按钮 ，打开如图 11-46 所示的"类型属性"对话框。单击"单位格式"栏

图11-44　"修改|放置尺寸标注"选项卡和选项栏

中的 1235 / 1000 按钮,打开"格式"对话框,设置"单位"为"百分比","舍入"为"3个小数位","单位符号"为"％",其他采用默认设置,如图11-47所示。单击"确定"按钮,坡度标注如图11-48所示。

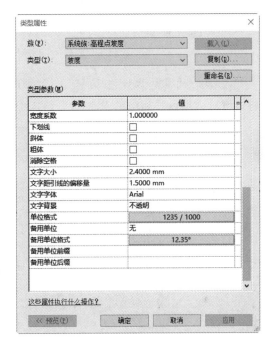

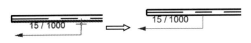

图11-45　坡度标注

图11-46　"类型属性"对话框

(4)在选项栏中输入相对参照的偏移为7mm,单击"修改高程点坡度方向"图标，修改坡度标注的位置,如图11-49所示。

图11-47　"格式"对话框

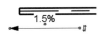

图11-48　坡度标注

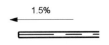

图11-49　修改坡度标注

11.5 高程点坐标标注

（1）单击"注释"选项卡"尺寸标注"面板中的"高程点 坐标"按钮 ，打开如图11-50所示的"修改|放置尺寸标注"选项卡和选项栏。

图11-50 "修改|放置尺寸标注"选项卡和选项栏

（2）单击"编辑类型"按钮 ，打开如图11-51所示的"类型属性"对话框，用户可以通过该对话框设置相应的参数。

图11-51 "类型属性"对话框

（3）选取图元，单击引线位置，拖动鼠标到适当位置单击放置坐标，如图11-52所示。

（4）如果在选项栏中取消选中"引线"复选框，则只需在图元上单击即可放置坐标，如图 11-53 所示。

图 11-52 高程点坐标标注   图 11-53 不带引线的坐标标注

11-4

11.6 创建图纸

在 Revit 中，可以为施工图文档集中的每个图纸创建一个图纸视图，然后在每个图纸视图上放置多个图形或明细表。

（1）单击"视图"选项卡"图纸组合"面板中的"图纸"按钮，打开如图 11-54 所示的"新建图纸"对话框，在列表中选择一个标题栏，单击"确定"按钮，新建图纸。

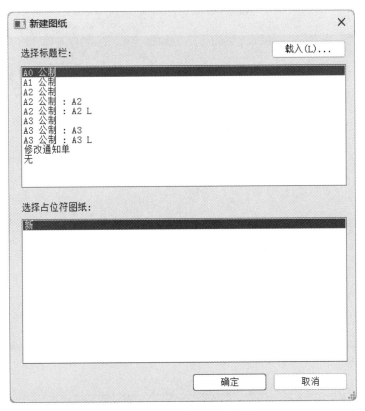

图 11-54 "新建图纸"对话框

（2）单击"载入"按钮，打开"载入族"对话框，如图 11-55 所示。在"标题栏"文件夹中选择所需的标题栏，单击"打开"按钮，载入标题栏，显示在"新建图纸"对话框列表中。

图 11-55　"载入族"对话框

（3）单击"确定"按钮，将所选的标题栏添加到当前项目中，如图 11-56 所示。

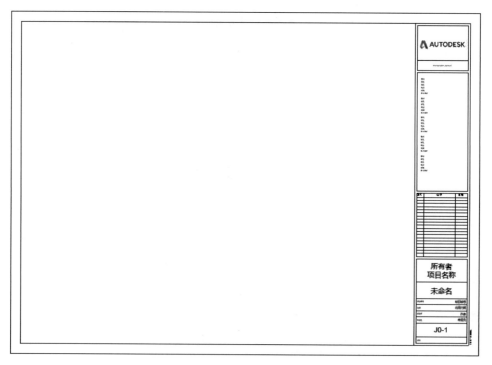

图 11-56　添加标题栏

11.7　将视图添加到图纸

可以在图纸中添加建筑的一个或多个视图,包括楼层平面、场地平面、天花板平面、立面、三维视图、剖面、详图视图、绘图视图和渲染视图。每个视图仅可以放置到一个图纸上。

(1) 单击"视图"选项卡"图纸组合"面板中的"视图"按钮 ,打开如图 11-57 所示的"视图"对话框,在列表中选择所需视图,然后单击"在图纸中添加视图"按钮。

(2) 在绘图区域的图纸上移动光标时,所选视图的视口会随其一起移动。单击以将视口放置在所需的位置上,如图 11-58 所示。

图 11-57　"视图"对话框

图 11-58　视口

(3) 如果需要的话,重复步骤(1)和步骤(2)以在图纸中添加更多视图。

11.8　综合实例——创建桥梁工程视图

11.8.1　创建平面图

(1) 单击快速访问工具栏中的"打开"按钮,打开"打开"对话框,选择前面绘制的"桥梁"项目文件,单击"打开"按钮,打开桥梁项目文件。

(2) 在项目浏览器中选择梁底视图后右击,在弹出的快捷菜单中选择"复制视图"→"带细节复制"命令,复制梁底视图,系统自动生成"梁底　副本 1"视图。

（3）在项目浏览器中选择"梁底　副本 1"视图后右击，在弹出的快捷菜单中选择"重命名"命令，输入视图名称为"平面图"。

（4）将视图切换至平面图。在"属性"选项板中设置"范围：底部标高"为"8＃桩基"，"范围：顶部标高"为"梁底"，如图 11-59 所示。

（5）在"属性"选项板的"视图范围"栏中单击"编辑"按钮，打开"视图范围"对话框，设置剖切面的偏移为"－1000"，底部和视图深度标高为"无限制"，其他采用默认设置，如图 11-60 所示。单击"确定"按钮，显示盖梁、垫块和支座，如图 11-61 所示。

图 11-59　"属性"选项板

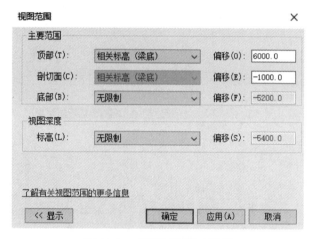

图 11-60　"视图范围"对话框

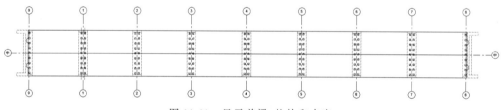

图 11-61　显示盖梁、垫块和支座

（6）单击"注释"选项卡"尺寸标注"面板中的"对齐尺寸标注"按钮 ，在"属性"选项板中单击"编辑类型"按钮 ，打开"类型属性"对话框。单击"复制"按钮，打开"名称"对话框，输入名称为"对角线-5mm RomanD"。单击"确定"按钮，返回"类型属性"对话框，更改文字大小为 5mm，引线类型为直线，其他采用默认设置，如图 11-62 所示，单击"确定"按钮。

（7）标注尺寸，如图 11-63 所示。

图 11-62 "类型属性"对话框

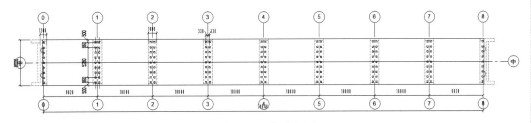

图 11-63 标注尺寸

（8）双击垫块中间的定位尺寸 5280，打开"尺寸标注文字"对话框，选择"以文字替换"单选按钮，输入文字为"6×880"，其他采用默认设置，如图 11-64 所示。单击"确定"按钮，完成尺寸文字编辑，如图 11-65 所示。

（9）选取轴线，在"属性"选项板中单击"编辑类型"按钮 ，打开"类型属性"对话框，取消选中"平面视图轴号端点 1（默认）"和"平面视图轴号端点 2（默认）"复选框，单击"确定"按钮，不显示轴号。选取轴线，拖动轴线的控制点，调整轴线的长度，如图 11-66 所示。

图 11-64 "尺寸标注文字"对话框

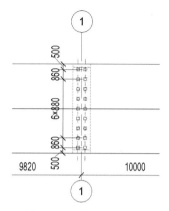

图 11-65 编辑尺寸文字

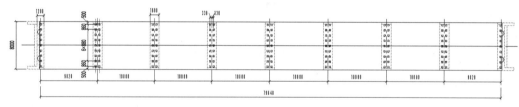

图 11-66 调整轴线

（10）单击"视图"选项卡"图形"面板中的"可见性/图形"按钮 ，打开"结构平面：平面图的可见性/图形替换"对话框，在"注释类别"选项卡中取消选中"参照平面"和"立面"复选框，单击"确定"按钮，使参照平面在平面图中不可见。

11.8.2 创建立面图

（1）在项目浏览器中选择南立面图后右击，在弹出的快捷菜单中选择"复制视图"→"带细节复制"命令，复制南立面图，系统自动生成"南 副本 1"视图。

（2）在项目浏览器中选择"南 副本 1"视图后右击，在弹出的快捷菜单中选择"重命名"命令，输入视图名称为"立面图"。

（3）将视图切换至立面图。单击"注释"选项卡"尺寸标注"面板中的"对齐尺寸标注"按钮 ，标注尺寸，如图 11-67 所示。

（4）选取标高线，拖动标高线的控制点，调整标高线的长度，然后选取所有的桩基标高线后右击，在弹出的快捷菜单中选择"在视图中隐藏"→"隐藏图元"命令，隐藏所选标高线，结果如图 11-68 所示。

（5）单击"注释"选项卡"尺寸标注"面板中的"高程点"按钮 （快捷键：EL），打开"修改|放置尺寸标注"选项卡和选项栏。在"属性"选项板中选择高程点类型为

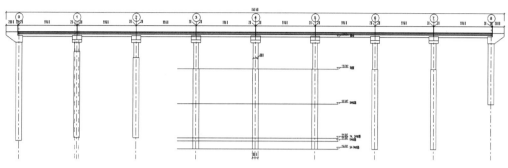

图 11-67　标注尺寸

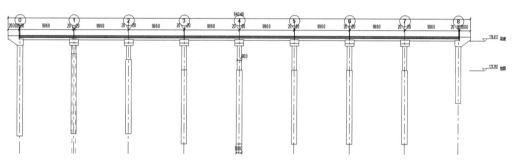

图 11-68　调整标高线

"三角形(项目)",单击"编辑类型"按钮 🔲,打开"类型属性"对话框,更改文字大小为 5mm。

(6)拾取 1 号桩的桩底边线为测量点,移动鼠标到适当位置单击,指定引线位置;采用相同的方法标注其他桩底标高,如图 11-69 所示。

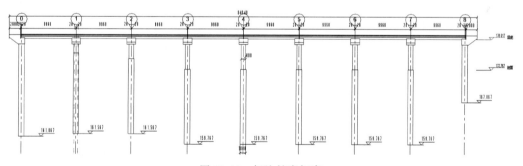

图 11-69　标注桩底标高

(7)选取轴线,拖动轴线的控制点调整轴线的长度,取消选中轴线上方的复选框,隐藏轴线上方的轴号,选中轴线下方复选框,显示轴线下方的轴号,如图 11-70 所示。

(8)单击"视图"选项卡"图形"面板中的"可见性/图形"按钮 🔲,打开"结构平面:平面图的可见性/图形替换"对话框,在"注释类别"选项卡中取消选中"参照平面"复选框,单击"确定"按钮,使参照平面在平面图中不可见。

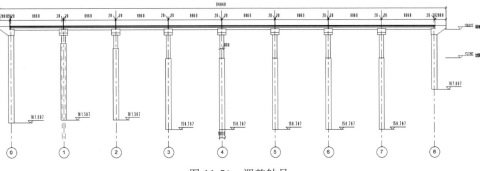

图 11-70　调整轴号

11.8.3　创建剖视图

（1）单击"视图"选项卡"创建"面板中的"剖面"按钮 ◇，打开"修改|剖面"选项卡和选项栏。

（2）在轴线 2 和轴线 3 之间绘制剖面线，生成剖视图，这时将出现剖面线和裁剪区域，如图 11-71 所示。

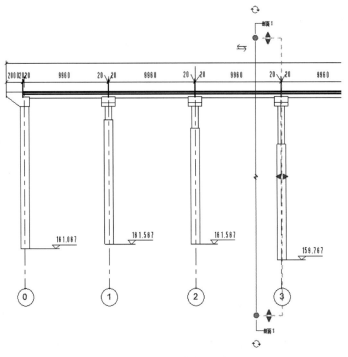

图 11-71　绘制剖面线

（3）在项目浏览器"剖面"节点下选择"剖面 1"视图后右击，在弹出的快捷菜单中选择"重命名"命令，输入视图名称为 1。

（4）双击 1 剖面图，打开 1 剖面图，视图中显示裁剪区域。拖动裁剪区域上的控制点，调整裁剪区域大小，如图 11-72 所示。

（5）在"属性"选项板中取消选中"裁剪视图"和"裁剪区域可见"复选框，如图 11-73

所示；此时剖视图中的裁剪区域不可见，如图 11-74 所示。

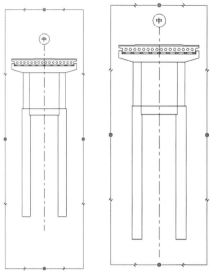

图 11-72　剖面图

图 11-73　"属性"选项板

（6）单击"注释"选项卡"尺寸标注"面板中的"高程点 坡度"按钮 ，在"属性"选项板中单击"编辑类型"按钮 ，打开"类型属性"对话框。单击"单位格式"栏中的 **12.35° (默认)** 按钮，打开"格式"对话框，取消选中"使用项目设置"复选框，设置"单位"为"百分比"，"舍入"为"3 个小数位"，"单位符号"为"％"，选中"消除后续零"复选框，其他采用默认设置，如图 11-75 所示。单击"确定"按钮，返回"类型属性"对话框，设置"引线长度"为 15mm，"文字大小"为 5mm，"文字距引线的偏移量"为 1mm，"文字背景"为"透明"，如图 11-76 所示。单击"确定"按钮，完成"坡度"类型的设置。

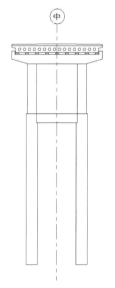

图 11-74　隐藏裁剪区域

图 11-75　"格式"对话框

（7）选取剖视图中的桥面铺装，标注路面坡度，如图 11-77 所示。

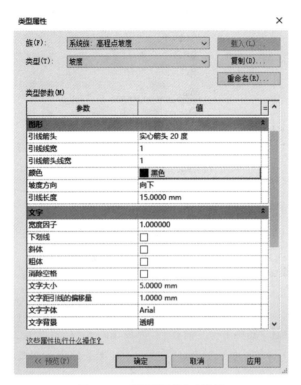

图 11-76 "类型属性"对话框

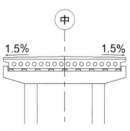

图 11-77 坡度标注

（8）单击"注释"选项卡"符号"面板中的"符号"按钮 📲，在"修改│放置符号"选项卡中单击"载入族"按钮 📥，打开"载入族"对话框。选择 Chinese→"注释"→"标记"→"建筑"文件夹中的"标记_多重材料标注.rfa"族文件，如图 11-78 所示，单击"打开"按钮，载入文件。

图 11-78 "载入族"对话框

（9）在"属性"选项板中选择"标记_多重材料标注 垂直下"类型，将多重材料标记
放置在适当位置，如图 11-79 所示。

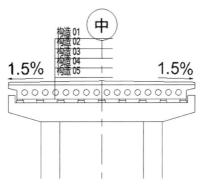

图 11-79　放置多重材料标记

（10）选取上步放置的多重材料标记，在"属性"选项板中设置"行编号"为 2，"长度"为
32，输入 01 构造为"10cm 厚 C40 防水砼铺装"，其他采用默认设置，如图 11-80 所示。

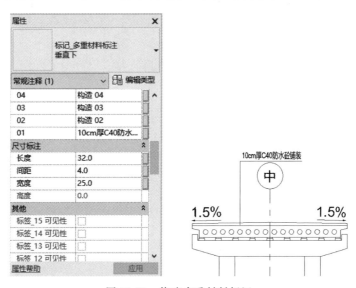

图 11-80　修改多重材料标记

（11）单击"插入"选项卡"从库中载入"面板中的"载入族"按钮，打开"载入族"
对话框，选择 Chinese→"注释"→"标记"→"建筑"文件夹中的"标记_材料名称.rfa"族
文件，单击"打开"按钮，载入文件。

（12）单击"注释"选项卡"标记"面板中的"材质标记"按钮，打开如图 11-81 所示
的"修改|标记材质"选项卡和选项栏，在选项栏中选中"引线"复选框。

（13）在"属性"选项板中选择"标记_材料名称"类型，单击桩，拖动鼠标到适当位置
单击放置材质标记。采用相同的方法，添加墩柱、系梁、盖梁和空心板的材质标记，如
图 11-82 所示。

（14）单击"注释"选项卡"尺寸标注"面板中的"对齐尺寸标注"按钮，标注尺寸，
如图 11-83 所示。

图 11-81 "修改|标记材质"选项卡和选项栏

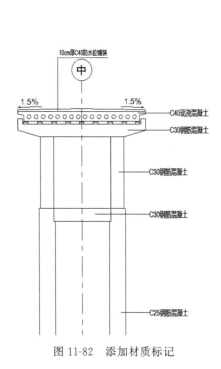

图 11-82 添加材质标记

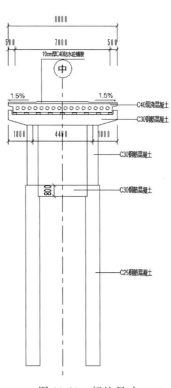

图 11-83 标注尺寸

11.8.4 创建图纸

（1）单击"视图"选项卡"图纸组合"面板中的"图纸"按钮 ，打开如图 11-84 所示的"新建图纸"对话框。单击"载入"按钮，打开"载入族"对话框，选择 Chinese→"标题栏"文件夹中所有文件，单击"打开"按钮，将所有图纸载入到对话框中。在列表中选择"A0 公制"图纸，单击"确定"按钮，新建 A0 图纸。

（2）单击"视图"选项卡"图纸组合"面板中的"视图"按钮 ，打开"视图"对话框，在列表中选择"结构平面：平面图"视图，如图 11-85 所示。然后单击"在图纸中添加视图"按钮，将视图添加到图纸中，如图 11-86 所示。

（3）选取图形中视口标题，在"属性"选项板中选择"视口 无标题"类型，然后将标题移动到图中的适当位置。

（4）采用相同的方法添加立面图和剖面图，剖面图选择"视口 无标题"类型，如图 11-87 所示。

Note

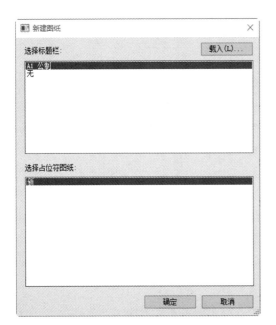

图 11-84 "新建图纸"对话框

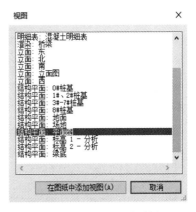

图 11-85 "视图"对话框

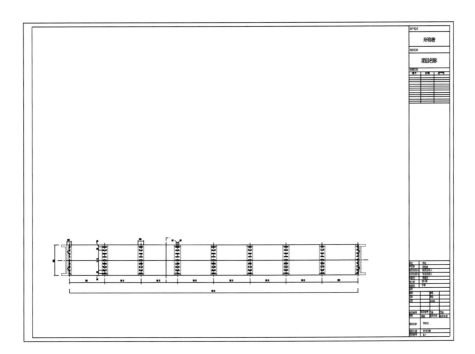

图 11-86 放置桩位布置图

（5）单击"注释"选项卡"文字"面板中的"文字"按钮 **A** ，在"属性"选项板中选择"文字 仿宋 7mm"类型,输入视图名称,然后选择"文字 仿宋 5mm"类型,输入比例"1：100",结果如图 11-88 所示。

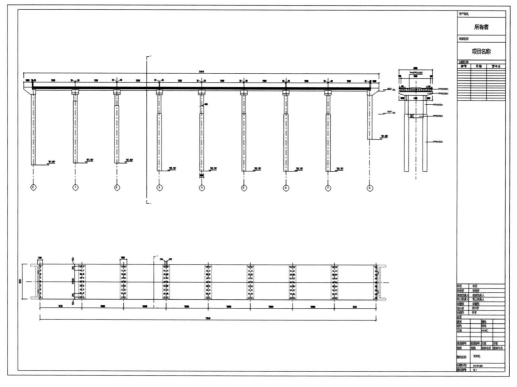

图 11-87　放置立面图和剖面图

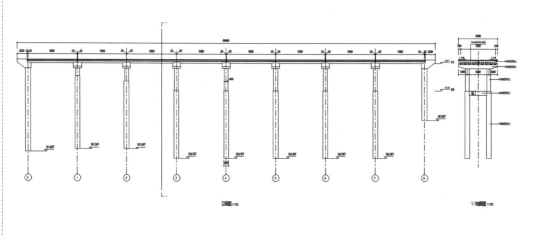

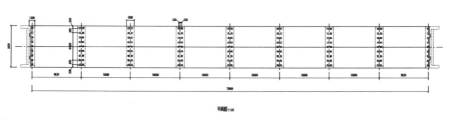

图 11-88　输入标题

（6）单击"注释"选项卡"详图"面板中的"详图线"按钮，打开"修改|放置 详图线"选项卡和选项栏，在"线样式"下拉列表框中选择"宽线"样式，在标题下方绘制水平直线，结果如图 11-89 所示。

（7）在项目浏览器"图纸"节点的"J0-1-未命名"上右击，在弹出的快捷菜单中选择"重命名"命令，打开"图纸标题"对话框，输入名称为"桥梁工程图"，如图 11-90 所示。单击"确定"按钮，完成图纸的重命名，结果如图 11-91 所示。

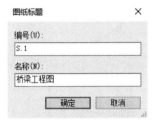

立面图 1:100

图 11-89 绘制直线

图 11-90 "图纸标题"对话框

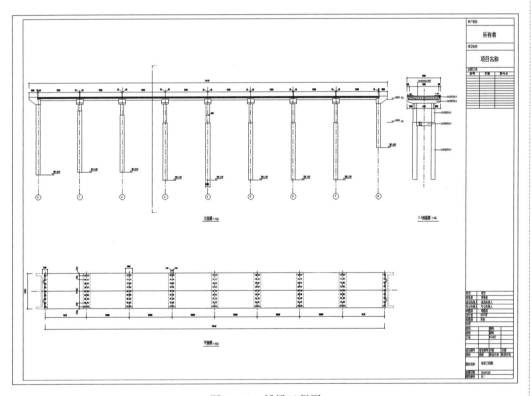

图 11-91 桥梁工程图

第12章

工程量统计

知 识 导 引

> 　　工程量统计利用明细表实现。通过定制明细表，用户可以从创建的模型中获取项目应用中所需要的各类项目信息，然后以表格的形式表达。
>
> 　　施工工程量统计包括土方工程量、混凝土工程量、钢筋工程量、各种坊工工程量等。

Note

12-1

12.1 土方开挖及回填

12.1.1 土方开挖及回填的方法

（1）单击"文件"→"新建"→"项目"命令，打开"新建项目"对话框，在"样板文件"下拉列表框中选择"建筑样板"，选择"项目"单选按钮，单击"确定"按钮，进入建筑建模环境。

（2）单击"体量和场地"选项卡"场地建模"面板中的"地形表面"按钮 ，打开"修改│编辑表面"选项卡和选项栏，系统默认激活"放置点"按钮，在选项栏中输入高程值为400，在绘图区域中放置点，接续更改高程值为200，然后在绘图区域中放置点。采用相同的方法，更改高程值放置点，如图12-1所示。单击"表面"面板中的"完成表面"按钮 ，完成地形的绘制，将视图切换到三维视图，结果如图12-2所示。

图 12-1 放置点

图 12-2 创建地形

（3）选取上步创建的地形，在"属性"选项板中将"创建的阶段"更改为"现有类型"，如图12-3所示。

（4）单击"体量和场地"选项卡"修改场地"面板中的"平整区域"按钮 ，打开"编辑平整区域"询问对话框，如图12-4所示。

图 12-3 "属性"选项板

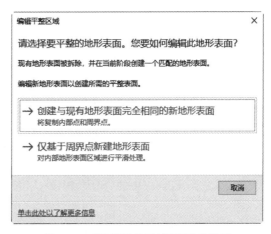

图 12-4 "编辑平整区域"询问对话框

（5）单击"创建与现有地形表面完全相同的新地形表面"选项，选取地形，打开"修改|编辑表面"选项卡，进入地形编辑环境。单击"放置点"按钮，在选项栏中输入高程值为500，在绘图区域中放置点，如图12-5所示，此时"属性"选项板中的"净剪切/填充"和"填充"会显示挖填方的量，如图12-6所示。单击"表面"面板中的"完成表面"按钮 。

图12-5　添加点

（6）单击"体量和场地"选项卡"场地建模"面板中的"建筑地坪"按钮，在"属性"选项板中单击"编辑类型"按钮，打开"类型属性"对话框。单击"复制"按钮，打开"名称"对话框，输入名称为"道路"。单击"编辑"按钮，打开"编辑部件"对话框，输入厚度为300，如图12-7所示。

图12-6　显示挖填方的量

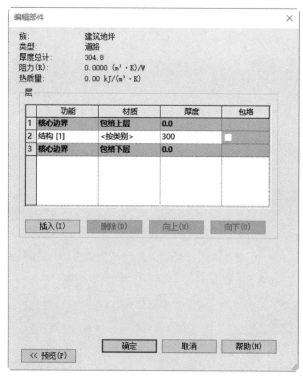

图12-7　"编辑部件"对话框

（7）单击"绘制"面板中的"边界线"按钮和"样条曲线"按钮，绘制闭合的道路边界线，如图12-8所示。

（8）在"属性"选项板中设置"自标高的高度偏移"为"－200"，其他采用默认设置，如图12-9所示。

（9）单击"模式"面板中的"完成编辑模式"按钮，完成道路地基的创建，如图12-10所示。

（10）单击"体量和场地"选项卡"场地建模"面板中的"建筑地坪"按钮，打开"修改|创建建筑地坪边界"选项卡和选项栏。单击"编辑类型"按钮，打开"类型属性"对

话框。单击"复制"按钮,打开"名称"对话框,输入名称为"别墅"。单击"编辑"按钮,打开"编辑部件"对话框,输入厚度为200。

图 12-8 绘制道路边界线   图 12-9 "属性"选项板

(11)单击"绘制"面板中的"边界线"按钮 和"矩形"按钮 ,绘制闭合的别墅地基边界线,如图 12-11 所示。

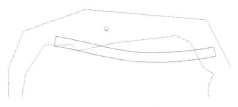

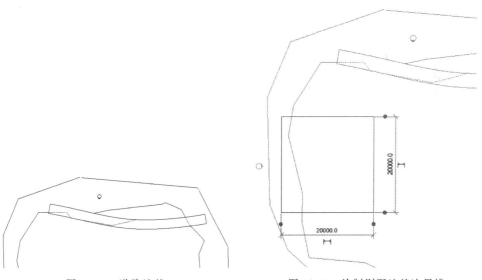

图 12-10 道路地基   图 12-11 绘制别墅地基边界线

(12)在"属性"选项板中设置"自标高的高度偏移"为 0,其他采用默认设置。单击"模式"面板中的"完成编辑模式"按钮 ,完成别墅地基的创建,如图 12-12 所示。

(13)在三维视图中,选取"现有类型"的原始地形,单击"修改|地形"选项卡"视图"面板中的"隐藏" 下拉列表框中的"隐藏图元"按钮 ,隐藏地形,结果如图 12-13 所示。

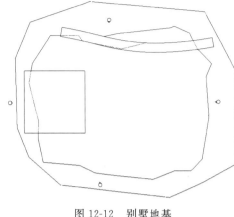

图 12-12　别墅地基　　　　　　　　　　图 12-13　显示地基

12.1.2　土方开挖及回填工程量统计

（1）单击"视图"选项卡"创建"面板"明细表" 下拉列表框中的"明细表/数量"按钮 ，打开"新建明细表"对话框，如图 12-14 所示。

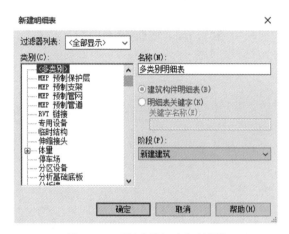

图 12-14　"新建明细表"对话框

（2）在"类别"列表框中选择"地形"对象类型，输入名称为"挖填方明细表"，选择"建筑构件明细表"单选按钮，其他采用默认设置，如图 12-15 所示。

（3）单击"确定"按钮，打开"明细表属性"对话框，在"选择可用的字段"下拉列表框中选择"地形"，在"可用的字段"列表框中选择名称，单击"添加参数"按钮 ，将其添加到"明细表字段"列表中。然后依次添加"填充""截面""净剪切/填充"字段，单击"上移"按钮 和"下移"按钮 ，调整"明细表字段"列表中的排序，如图 12-16 所示。

"明细表属性"对话框中的选项说明如下。

➢ "可用的字段"列表框：显示"选择可用的字段"下拉列表框中设置的类别中所有可以在明细表中显示的实例参数和类型参数。

➢ 明细表字段：显示添加到明细表的参数。

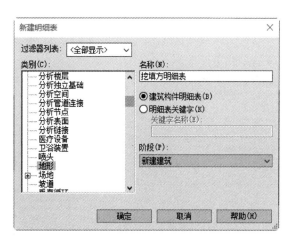

图 12-15 设置参数

图 12-16 "明细表属性"对话框

➤ "添加参数"按钮 🢒: 将字段添加到明细表字段列表中。

➤ "移除参数"按钮 🢐: 从"明细表字段"列表中删除字段,移除合并参数时,合并参
数会被删除。

➢ "上移"按钮 🔼 和"下移"按钮 🔽：将列表中的字段上移或下移。

➢ "新建参数"按钮 📄：添加自定义字段。单击此按钮，打开"参数属性"对话框，选择是添加项目参数还是共享参数。

➢ 包含链接中的图元：选中此复选框，在"可用的字段"列表框中包含链接模型中的图元。

➢ "添加计算参数"按钮 f_x：单击此按钮，打开如图 12-17 所示的"计算值"对话框。

① 在对话框中输入字段的名称，设置其类型，然后输入使用明细表中现有字段的公式。例如：如果要根据房间面积计算占用负荷，可以添加一个根据"面积"字段计算而来的称为"占用负荷"的自定义字段。公式支持和族编辑器中一样的数学功能。

② 在对话框中输入字段的名称，将其类型设置为百分比，然后输入要取其百分比的字段的名称。例如，如果按楼层对房间明细表进行成组，则可以显示该房间占楼层总面积的百分

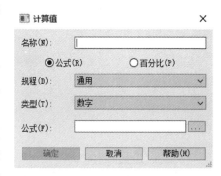

图 12-17 "计算值"对话框

比。默认情况下，百分比是根据整个明细表的总数计算出来的。如果在"排序/成组"选项卡中设置成组字段，则可以选择此处的一个字段。

➢ "合并参数"按钮 📋：合并单个字段中的参数。单击此按钮，打开如图 12-18 所示的"合并参数"对话框，选择要合并的参数以及可选的前缀、后缀和分隔符。

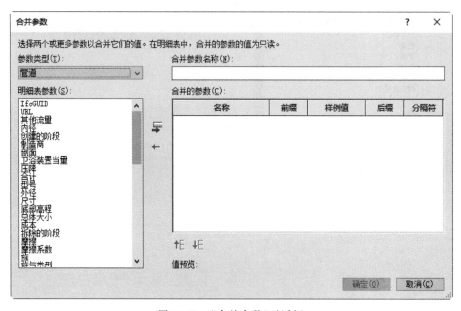

图 12-18 "合并参数"对话框

（4）在"排序/成组"选项卡中设置"排序方式"为"名称"，排序方式为"升序"，选中"逐项列举每个实例"复选框，如图 12-19 所示。

Note

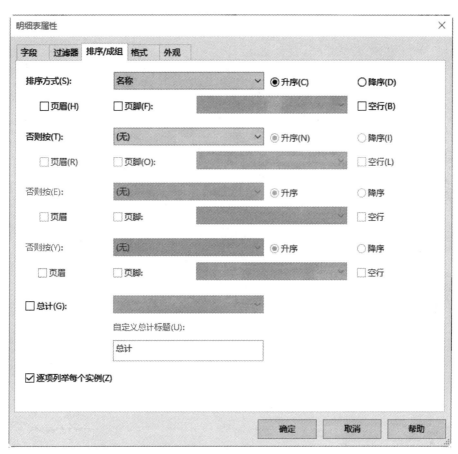

图 12-19 "排序/成组"选项卡

"排序/成组"选项卡中的选项说明如下。

➢ 排序方式：选择"升序"或"降序"单选按钮。

➢ 否则按：在此栏中设置的条件作为第二种排序方式对明细表进行升序和降序
排列。

➢ 页眉：选中此复选框，在排序组上方添加页眉信息。

➢ 页脚：选中此复选框，在排序组下方添加页脚信息。

➢ 空行：选中此复选框，在排序组间插入一空行。

➢ 总计：选中此复选框，在明细表底部显示总计概要。

➢ 逐项列举每个实例：选中此复选框，在单独的行中显示图元的所有实例；取消选
中此复选框，则多个实例会根据排序参数压缩到同一行中。

（5）在"格式"选项卡的"字段"列表框中选择"填充"，设置标题为"填方"，计算方式
为"计算总数"。采用相同的方法，将"截面"和"净剪切/填充"的标题分别更改为"挖方"
和"挖方/填方"，计算方式都为"计算总数"，如图 12-20 所示。

（6）在"外观"选项卡的"图形"选项组中选中"网格线"和"轮廓"复选框，设置网格
线为"细线"，轮廓为中粗线，取消选中"页眉/页脚/分隔符中的网格""数据前的空行"
"在图纸上显示斑马纹"复选框，在文字选项组中选中"显示标题"和"显示页眉"复选框，

Note

图 12-20 "格式"选项卡

分别设置标题文本、标题和正文为"仿宋_3.5mm",如图 12-21 所示。

"外观"选项卡中的选项说明如下。

➢ 网格线：选中此复选框，在明细表行周围显示网格线。从下拉列表框中选择网格线样式。

➢ 轮廓：选中此复选框，在明细表周围显示轮廓线。从下拉列表框中选择轮廓线样式。

➢ 页眉/页脚/分隔符中的网格：将垂直网格线延伸至页眉、页脚和分隔符。

➢ 数据前的空行：选中此复选框，在数据行前插入空行。它会影响图纸上的明细表部分和明细表视图。

➢ 斑马纹：选中此复选框，在明细表中显示条纹。单击 ▢ 按钮，打开"颜色"对话框，设置条纹颜色。

➢ 显示标题：显示明细表的标题。

➢ 显示页眉：显示明细表的页眉。

➢ 标题文本/标题/正文：在其下拉列表框中选择文字类型。

Note

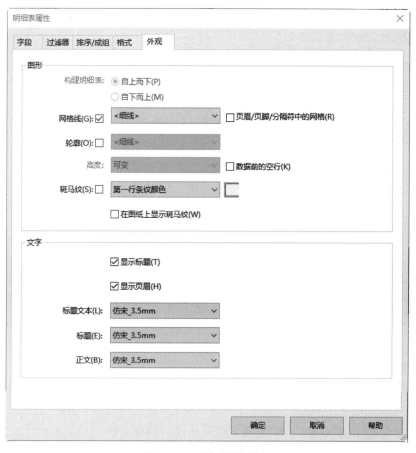

图 12-21 "外观"选项卡

（7）在"明细表属性"对话框中单击"确定"按钮，完成明细表属性设置。系统自动生成"挖填方明细表"，如图 12-22 所示。

图 12-22 生成明细表

（8）选择挖填方明细表最后一行，打开如图 12-23 所示的"修改明细表/数量"选项卡，单击"在模型高亮显示"按钮，打开如图 12-24 所示的"显示视图中的图元"对话框,并高亮显示别墅地基,单击"关闭"按钮,关闭对话框。

图 12-23 "修改明细表/数量"选项卡

"修改明细表/数量"选项卡中的选项说明如下。

图 12-24 "显示视图中的图元"对话框

> "插入"按钮 ：将列添加到正文。单击此按钮,打开"选择字段"对话框,其作用类似于"明细表属性"对话框中的"字段"选项卡。添加新的明细表字段,并根据需要调整字段的顺序。

> "插入数据行"按钮 ：将数据行添加到房间明细表、面积明细表、关键字明细表、空间明细表或图纸列表。新行显示在明细表底部。

> "在选定位置上方"按钮 或"在选定位置下方"按钮 ：在选定位置的上方或下方插入空行。注意：在"配电盘明细表样板"中插入行的方式有所不同。

> "删除列"按钮 ：选择多个单元格,单击此按钮,删除列。

> "删除行"按钮 ：选择一行或多行中的单元格,单击此按钮,删除行。

> "隐藏"按钮 ：选择一个单元格或列页眉,单击此按钮,隐藏选中单元格的一列;单击"取消隐藏 全部"按钮 ,显示隐藏的列。注意：隐藏的列不会显示在明细表视图或图纸中,位于隐藏列中的值可以用于过滤、排序和分组明细表中的数据。

> "调整"按钮 ：选取单元格,单击此按钮,打开如图 12-25 所示的"调整柱尺寸"对话框,输入尺寸,单击"确定"按钮,根据对话框中的值调整列宽。如果选择多个列,则将它们全部设置为一个尺寸。

> "调整"按钮 ：选择标题部分中的一行或多行,单击此按钮,打开如图 12-26 所示的"调整行高"对话框,输入尺寸,单击"确定"按钮,根据对话框中的值调整行高。

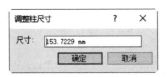

图 12-25 "调整柱尺寸"对话框

图 12-26 "调整行高"对话框

> "合并/取消合并"按钮 ：选择要合并的页眉单元格,单击此按钮,合并单元格;再次单击此按钮,分离合并的单元格。

> "插入图像"按钮 ：将图形插入到标题部分的单元格中。

> "清除单元格"按钮 ：删除标题单元格中的参数。

➢ "着色"按钮 ：设置单元格的背景颜色。

➢ "边界"按钮 田：单击此按钮，打开如图 12-27 所示的"编辑边框"对话框，为单元格指定线样式和边框。

➢ "重置"按钮 ✍：删除与选定单元格关联的所有格式，条件格式将保持不变。

➢ "拆分和放置"按钮 ▦：将明细表拆分为多个段，并放置在选定图纸上的相同位置。

（9）在明细表的最后一行输入名称为"道路地基"，重复上一步操作，输入其他行的名称，如图 12-28 所示。

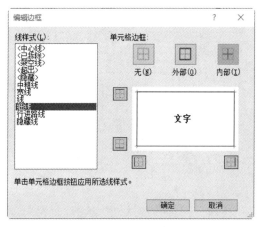

图 12-27 "编辑边框"对话框

<挖填方明细表>			
A	B	C	D
名称	填充	挖方	挖方/填方
别墅地基	0.60	159.50	-158.90
增加地形	108.66	1.26	107.40
道路地基	0.00	76.58	-76.58

图 12-28 输入名称

（10）选取明细表的标题栏，单击"修改明细表/数量"选项卡"外观"面板中的"着色"按钮 ▦，打开如图 12-29 所示的"颜色"对话框，选取颜色。单击"确定"按钮，为标题栏添加背景颜色，如图 12-30 所示。

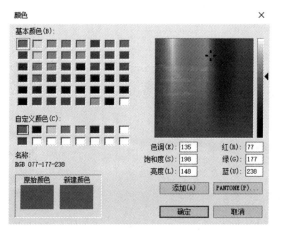

图 12-29 "颜色"对话框

<挖填方明细表>			
A	B	C	D
名称	填充	挖方	挖方/填方
别墅地基	0.60	159.50	-158.90
增加地形	108.66	1.26	107.40
道路地基	0.00	76.58	-76.58

图 12-30 标题栏添加背景颜色

（11）选取表头栏，单击"修改明细表/数量"选项卡"外观"面板中的"字体"按钮 A，打开"编辑字体"对话框，设置字体为"宋体"，字体大小为 5，选中"粗体"复选框。单击"字体颜色"色块,打开"颜色"对话框,选取红色。单击"确定"按钮,返回"编辑字体"对话框,如图 12-31 所示。单击"确定"按钮,更改字体,如图 12-32 所示。

图 12-31 "编辑字体"对话框

<挖填方明细表>			
A	B	C	D
名称	填充	挖方	挖方/填方
别墅地基	0.60	159.50	-158.90
增加地形	108.66	1.26	107.40
道路地基	0.00	76.58	-76.58

图 12-32 更改字体

12-3

12.2 混凝土工程量统计

(1)单击快速访问工具栏中的"打开"按钮 ,打开"打开"对话框,选择"桥梁",单击"打开"按钮,打开桥梁模型文件。

(2)单击"视图"选项卡"创建"面板"明细表" 下拉列表框中的"材质提取"按钮 ,打开"新建材质提取"对话框,如图 12-33 所示。

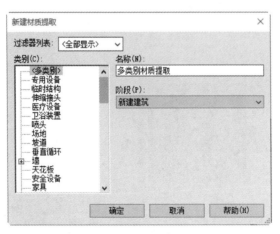

图 12-33 "新建材质提取"对话框

(3)在"类别"列表框中选择"常规模型"对象类型,输入名称为"混凝土明细表",其他采用默认设置,如图 12-34 所示。

(4)单击"确定"按钮,打开"材质提取属性"对话框,在"选择可用的字段"下拉列表框中选择"常规模型",在"可用的字段"列表框中选择"族",单击"添加参数"按钮 ,将

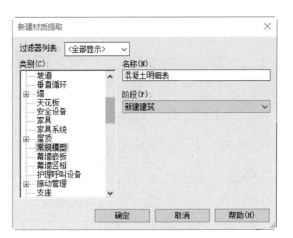

图 12-34　设置参数

其添加到"明细表字段"列表框中。然后依次添加"族与类型""材质：名称""材质：体积""合计"字段。单击"上移"按钮 ↑Ⅲ 和"下移"按钮 ↓Ⅲ，调整"明细表字段"列表框中的排序，如图 12-35 所示。

图 12-35　"材质提取属性"对话框

（5）在"排序/成组"选项卡中设置"排序方式"为"族"，排序方式为"升序"，选中"逐项列举每个实例"和"总计"复选框，如图12-36所示。

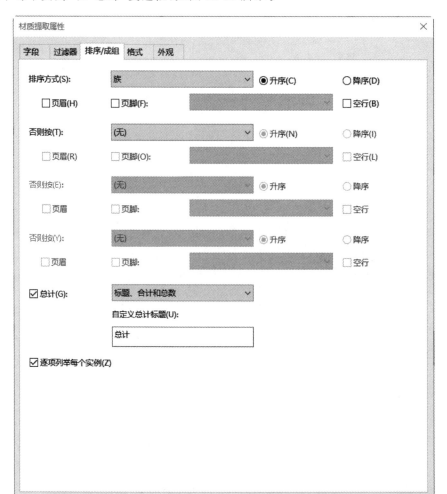

图12-36 "排序/成组"选项卡

（6）在对话框中单击"确定"按钮，完成明细表属性设置。系统自动生成"混凝土明细表"，如图12-37所示。

（7）在"属性"选项板的"字段"栏中单击"编辑"按钮，打开"材质提取属性"对话框的"字段"选项卡，在"明细表字段"列表框中选择"族与类型"字段，单击"移除参数"按钮 将其移除，如图12-38所示。

（8）切换到"过滤器"选项卡，设置过滤条件为"材质：名称""包含""混凝土"，如图12-39所示。

（9）在"排序/成组"选项卡中取消选中"逐项列举每个实例"复选框，在"格式"选项卡的"字段"列表框中选择"材质：体积"，设置标题为"体积"，计算方式为"计算总数"，如图12-40所示。

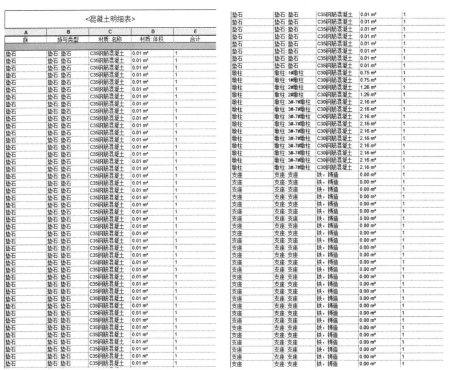

图 12-37　生成明细表

图 12-38　"字段"选项卡

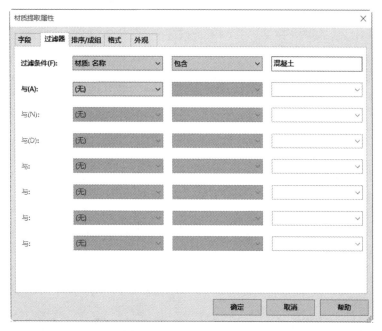

图 12-39 "过滤器"选项卡

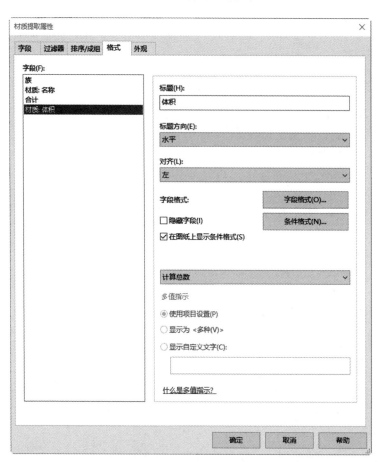

图 12-40 "格式"选项卡

（10）在"外观"选项卡中取消选中"数据前的空行"及"在图纸上显示斑马纹"复选框，如图 12-41 所示。

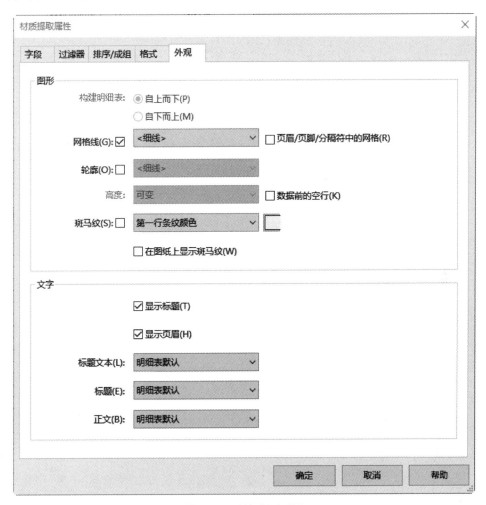

图 12-41 "外观"选项卡

（11）单击"确定"按钮，修改后的混凝土明细表如图 12-42 所示。

A	B	C	D
族	材质:名称	合计	体积
垫石	C35钢筋混凝土	144	1.30 m³
	C30钢筋混凝土	14	25.63 m³
桥台	C30钢筋混凝土	2	27.47 m³
桥面铺装	C40防水混凝土	1	83.20 m³
	C25钢筋混凝土	18	185.35 m³
盖梁	C30钢筋混凝土	7	67.42 m³
空心板	<多种>	16	297.40 m³
系梁	C30钢筋混凝土	7	11.64 m³
总计: 209		209	699.41 m³

<混凝土明细表>

图 12-42 混凝土明细表

Note

12.3　工程量统计成果导出

打开明细表文件，在明细表视图中单击"文件"→"导出"→"CAD 格式"命令，导出 CAD 格式的选项不可用，如图 12-43 所示。所以明细表不能导出为 CAD 格式。

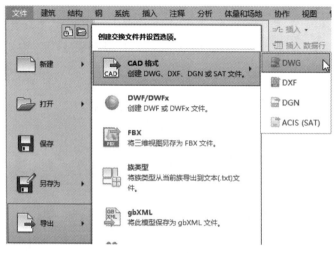

图 12-43　菜单

（1）单击"文件"→"导出"→"报告"→"明细表"命令，打开"导出明细表"对话框，设置保存位置，并输入文件名为"挖填方明细表"，选择文件类型为"文本（已分隔）（ * . txt）"，如图 12-44 所示。

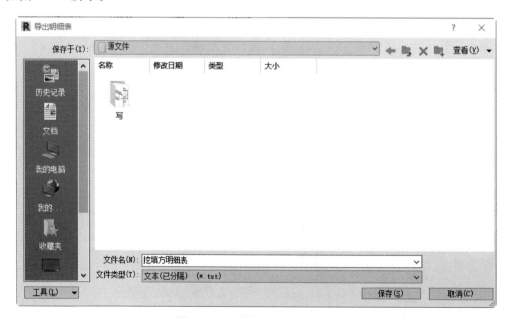

图 12-44　"导出明细表"对话框

（2）单击"保存"按钮，打开如图 12-45 所示的"导出明细表"对话框，采用默认设置，单击"确定"按钮，导出明细表。

Note

图 12-45 "导出明细表"对话框

二维码索引

Note